青藏高原人居环境与乡土建筑丛书　王　军　主编
上海"十三五"重点图书出版规划项目
教育部人文社会科学研究青年基金项目（17XJC760001）
国家自然科学基金资助项目（51308431）

青海乡土民居更新
适宜性设计方法研究

崔文河　著

同濟大學 出版社
TONGJI UNIVERSITY PRESS

图书在版编目(CIP)数据

青海乡土民居更新适宜性设计方法研究/崔文河著.
—上海：同济大学出版社，2018.5
（青藏高原人居环境与乡土建筑丛书　王军主编）
ISBN 978-7-5608-7804-1

Ⅰ.①青… Ⅱ.①崔… Ⅲ.①民居-建筑设计-研究
-青海 Ⅳ.①TU241.5

中国版本图书馆CIP数据核字(2018)第071491号

青藏高原人居环境与乡土建筑丛书　　　王　军　主编

青海乡土民居更新适宜性设计方法研究

崔文河　著

出品人　华春荣　　责任编辑　胡　毅　　责任校对　徐春莲　　封面设计　陈益平

出版发行　同济大学出版社　　www.tongjipress.com.cn
　　　　　（地址：上海市四平路1239号　邮编：200092　电话：021-65985622）
经　　销　全国各地新华书店、建筑书店、网络书店
排版制作　南京展望文化发展有限公司
印　　刷　江苏凤凰数码印务有限公司
开　　本　787mm×1092mm　1/16
印　　张　18.75
字　　数　468 000
版　　次　2018年5月第1版　　2018年5月第1次印刷
书　　号　ISBN 978-7-5608-7804-1

定　　价　78.00元

自　序

　　青海是青藏高原的生态安全屏障和西北多元民族文化汇聚的重要地区，乡村人居环境建设直接影响着高原生态安全、民族的团结和社会的稳定，当前面临着生态环境恶化及民族文化消亡的突出问题。纵观乡土民居建筑演变发展规律，始终处于一种连续性的更新生成过程，但从当前民居建设现状来看，其营建方法正处于"新旧断层"的转型阶段，缺乏基于当代背景下乡土民居更新适宜设计模式的研究。

　　本书基于国家自然科学基金项目"青海多民族地区传统民居更新适宜性设计模式研究"（51308431）的研究成果。研究以寻求高原人居环境可持续发展为目标，采用历时与共时、定性与定量等综合研究方法，对青海乡土民居建筑原型、现型、新型进行整体性思考。主要的研究内容如下：

　　首先，研究了青海乡土民居建筑原型生成与演变规律。经过青海全省及周边省市地区系统调研以及文献的综合分析，指出"自然生成、文化驱动"是民居建筑原型演变发展的客观规律，并进一步对建筑背后隐含的自然与人文要素进行分析，提出"资源气候共性与民族文化差异性"的地区建筑特质。

　　其次，研究了青海传统民居的生存智慧。从自然气候、资源利用、地形地貌、文化观念四个方面，概括传统民居地区适应性，总结出"形态规整、内聚向阳、北高南低、大面宽小进深"等生存智慧特征。

　　再次，分别对青海乡土民居更新生态技术策略和多元民族文化传承策略进行研究。在生态技术方面，强调优化提升传统营建智慧，对民居更新绿色设计方法及本土新型适宜性技术进行探讨。在文化传承方面，基于多元民族建筑文化多样性的地区背景，在民居地域性、生产生活方式、建筑语言等方面提出了"多样性表达"的设计策略。

最后，对乡土民居更新适宜性设计模式进行研究。从"气候适应、技术适宜、文化传承"融合的角度，提出乡土民居更新的"整合设计"理论，并对理论内涵及运行机制进行探讨。本书还结合设计实践及典型民居更新建设实施案例进行实证研究，进一步建构民居更新适宜设计模式的理论框架及设计方法。

全书对青海乡土民居进行了全方位、多角度的深入阐述，书中涉及青海几乎所有市县地区的乡村聚落，对农区、牧区民居有较全面的分析，并总结出青海省东部、环湖、海西、海南4个自然综合区划的乡土民居的建筑特色。同时，本书还针对青海乡土民居所具有的西北少数民族多元建筑文化，进行了深入而系统的概括，分别阐述了汉、藏、回、土、撒拉、蒙古等6个世居民族建筑特色，并进行了大量的民居测绘，在书中分别配有大量民居测绘图，这些都是基于长期实地调研、田野考察的成果。本书还对青海东部庄廓民居生成与演变进行了历时性的系统分析，提出传统庄廓是西北游牧文化与农耕文化的结合，具有"自然生成与文化驱动"的自然与人文双重属性。

此外，在近两年的时间内，研究团队分别完成了青海东部、环湖、海西、海南四区的特色民居建设图集的汇总工作，书中附有大量新民居更新建设的方案，其中不乏作者亲自绘制、拍摄的大量图表素材。因而，本书内容不仅对相关地域建筑研究、传统村落民居保护等有重要的参考价值，同时也对西北多元民族文化、民俗及民族学研究具有重要意义。

崔文河

目　　录

1 绪 论

建筑师作为一个协调者,其工作是统一各种与建筑物相关的形式、技术、社会和经济问题……新的建筑学将驾驭一个比如今单体建筑物更加综合的范围;我们将逐步地把个别技术进步结合到更为宽广、更为深远的作为一个有机整体的设计概念中去。

——格罗皮乌斯(W. Gropiws)①

1.1 研究缘起

青海地理区位特殊,青藏高原是国家生态安全屏障和西北多元民族文化汇聚的重要地区,乡村建设面临着生态环境保护和民族文化传承的双重历史使命。

1.1.1 对高原生态环境的关注

随着科学技术的发展,人们意识到技术文明在给人类带来幸福的同时,也带来了灾难性的后果:生态环境的破坏和开发建设的无序,使得人居环境日益恶化;资源被无节制地消耗,生态危机进一步加剧。这提醒着人们,人类在获得极大物质享受的同时,地球环境却在不断地恶化,在这种背景下,人类开始反思自己的所作所为,重新思考人与生态环境的关系。

青海是青藏高原的主体,在中国乃至亚洲具有显著的生态战略地位,被称为中国的"江河源""生态源",其生态意义十分重要。黄河、长江、澜沧江发源于青海,境内河流密集,湖泊沼泽众多,雪山草原广布,是我国海拔最高的天然湿地,也是全球高海拔地区生物多样性最集中、影响力最大的生态调节区,被誉为"地球之肾",在维护区域生态平衡方面起着举足轻重的作用②。时至今日,在全球化和人类活动的综合影响下,青藏高原呈现出生态系统稳定性降低、资源环境压力增大等问题,突出表现为:土地退化形势严峻、水土流失加剧、生物多样性威胁加大、自然灾害增多等。由于草地牲畜过载、工矿资源开发等人类活动加剧,据2005年调查,青海省水土流失面积为38.2万 km²(占青海省总面积的52.89%),成为水土流失的重灾区③。青海是我国西部生态安全战略格局重要地区,随着经济和旅游业的快速发展,资源环境的消耗与高原生态压力的不断加大,成为当前青海可持续发展的瓶颈之一。

关注高原生态,保护天蓝地美"大美青海"的自然环境,是人居环境建设的重要方面。青海地理区位特殊,自然气候与资源环境具有强烈的高原特征,其民居建筑

① 吴良镛.国际建协《北京宪章》——建筑学的未来[M].北京:清华大学出版社,2002:259.
② 曹文虎,李勇.青海省实施生态立省战略研究[M].西宁:青海人民出版社,2009:6.
③ 孙鸿烈.青藏高原国家生态安全屏障保护与建设[J].地理学报,2012(1):3-12.

具有适应高原寒冷气候条件和有效利用地区资源的建造特点。面对当下聚落转型民居更新的巨大变迁,乡土民居何去何从,需要我们认真思索和解答。

1.1.2　对高原多元民族文化的关注

经济全球化、信息网络化潜移默化地改变着人们的思想观念,冲击着地域文化,多元地区特色文明大有单一化趋势,民族传统文化濒临消亡。虽然,也有学者指出,"在未来世界上将不会出现一个单一的普世文化,而是将有许多不同的文化和文明相互并存……走向多级的和多文化的历史阶段"①。但是,事实上,全球化的发展与所在地的民族文化与经济日益脱节,面临席卷而来的"强势"文化,处于"弱势"的地域文化如果缺乏内在活力,将会湮没在世界"文化趋同"的大潮中②。民族传统文化如何在现代语境下得以延续,西北少数民族文化如何与现代文明相融合,是当前面临的重要课题。

人类社会从氏族部落发展为民族共同体之后,每个民族的文化都以它鲜明的民族特性在世界文化宝库中闪耀着光彩。我国是个多民族国家,从郝时远的《中国少数民族分布图集》③来看,多民族聚居地区集中在西北、西南、东北和华南地区,西北又可划分为"青甘宁地区"和"新疆北部地区",前者中青海是多民族最为集中的地区,现有54个民族成分。据2011年青海省第六次人口普查统计,青海省各少数民族人口为264.32万人,占总人口562.67万人的46.98%,少数民族人口比例仅低于西藏自治区和新疆维吾尔自治区,高于广西壮族自治区、内蒙古自治区、宁夏回族自治区④。青海的世居少数民族主要有藏族、回族、土族、撒拉族和蒙古族。这里是中原儒家文化与西北佛教文化、伊斯兰文化相互碰撞交融的地区,是我国多元文化最为密集的地区之一,也是西北民族走廊的重要节点⑤。各民族之间和谐相处,面对高原特殊自然资源条件,共同创造出高原特色地域文化,同时也表现出鲜明的民族个性。

青海气候高寒、资源匮乏,虽然各少数民族宗教习俗不同,但对自然环境充满了敬畏之情,建筑与环境和谐相处。近年来,随着经济和旅游业的快速发展,原先相对封闭独立的乡村聚落环境,逐渐被现代化生产生活方式影响,传统人与自然的关系正发生着改变,人们已不再满足传统的生存方式,取而代之的是现代城市化的居住方式和生活习惯,自身民族特色的传统文化正逐渐丢失,多元的地域文化正逐渐呈现出单一化的趋势。

文化是人类适应环境不断发展的产物,人类发展的历史实际上可看成是各种文化不断适应其境遇的变迁历程。今天我们看到的丰富多彩、风格迥异的民俗文化是特定地区的人们在适应当地自然环境和不断生存与发展的磨炼中创造出来的。多样的民族文化是文化生态系统生命力和活力的表现,也是适应地域自然环境生态平衡关系的体现,因此保护和传承地域多元民族文化是新时期下迫切需要面对的历史任务。青海是西北多民族聚居的典型省份,乡村环境建设离不开对少数民族传统文

① 塞缪尔·亨廷顿.文明的冲突和世界秩序的重建[M].北京:新华出版社,1998.
② 吴良镛.中国建筑文化研究文库总序——论中国建筑文化的研究与创造[J].华中建筑,2002(6):2.
③ 郝时远.中国少数民族分布图集[M].北京:中国地图出版社,2002:7.
④ 马成俊,贾伟.青海人口研究[M].北京:民族出版社,2008:120-121.
⑤ 秦永章.费孝通与西北民族走廊[J].青海民族研究,2011(3):1-6.

化的继承与发展,民居建筑又是民族文化表征的物质载体,传统民居更新发展应体现出民族文化的地域性和民族性。

1.1.3 研究课题的提出

青海是青藏高原生态安全屏障和西北多元民族文化汇聚的重要地区,乡村人居环境建设直接影响着高原生态安全、民族的团结和社会的稳定,当前面临着生态环境恶化及民族文化消亡的突出问题。

残酷的自然气候环境和多元的民族文化造就了青海传统民居独特的生存智慧和鲜明的高原特色。青海省地处青藏高原东北部,位于青藏高原与黄土高原的交汇处,平均海拔3 500 m,该地区高寒缺氧、自然气候恶劣、建设资源匮乏。按照《民用建筑热工设计规范》(GB 50176—93)属高原严寒地区(图1.1),除海拔较低的河谷地区,大部分地区冬季气温在-12℃以下,比同纬度东部地区低约15℃;受山地环境影响,城乡之间交通不便,多数乡村区位偏僻且经济落后。青海是西北少数民族聚居的典型省份,居住着汉、藏、回、土、撒拉、蒙古等民族,各民族群众面对高原自然环境特征,有效利用地区自然资源,创造出与高原气候环境相适应的传统民居建筑类型,其中不乏有利避风保温的空间布局,尽量增加日照的建筑形体以及就地取材的本土技艺等民居营建智慧。当前高原生态环境恶化、资源承载力下降,传统民居营建模式中绿色生态的设计经验对新民居的建设具有非常重要的学习和借鉴意义。

然而,时至今日,传统营建模式正逐渐被脱离地域环境的所谓"现代"建设模式所取代,传统民居适应气候环境的优秀生存智慧被抛弃,引发一系列生态与社会问

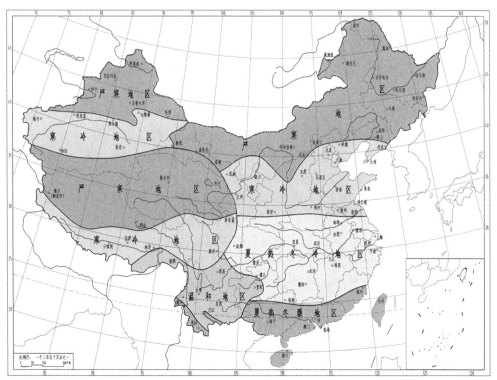

图1.1
全国建筑热工设计分区图
资料来源:《建筑设计资料集》编委会.建筑设计资料集(第二版)[M].北京:中国建筑工业出版社,1994.

题。青海是长江、黄河、澜沧江的发源地,生态环境十分脆弱,目前由于人类活动的增加,地区生态安全面临着严峻的挑战,位于其中的民居建设,脱离本土营建模式盲目采用城市化建设方式,消耗着大量自然资源,同时也带来生态环境的破坏,加重了原本脆弱的高原生态环境压力。青海是我国多元民族文化最为密集的地区之一,文化空间呈现出中原儒家文化与西北佛教文化、伊斯兰文化交融叠加的特点,当前新民居建设中,工业化现代建筑材料、构件及技术与传统民族文化融合,出现一系列混乱现象,多元民族文化正呈现出单一化的趋势,少数民族优秀传统建筑文化濒临消亡。抛弃本土经验、无视民族文化,盲目套用城市化的建设模式,如此发展下去,大美青海的生态环境和高原特色乡村景观将不复存在。

纵观民居建筑演变发展规律,总是处于一种连续性的更新生成过程。但从当前民居建设问题看,其营建方法正处于"新旧断层"的转型阶段,缺乏基于现代化背景下传统民居更新适宜模式的研究。对于青海乡村环境建设面临的突出问题,学界至今没有清晰认识,人与环境、资源之间的矛盾仍在加剧,建立本土民居建筑模式是地区人居环境可持续发展的重要保证。本书基于地区自然气候条件和多元民族文化背景,分析传统民居建筑原型及其优秀生存智慧,引入现代生态设计理念,优化提升传统营建技艺,梳理多元民族传统文化,归纳传统民居更新建筑设计模式语言,从环境适应、技术适宜、文化传承等方面,系统建构青海多民族地区传统民居更新适宜设计模式。研究不但有助于推动传统营建方法的绿色革新与进步,而且对于青海多元民族建筑文化的保护与发展及促进民居更新改造的科学化、规范化具有重要意义。

1.2　研究对象及内容

1.2.1　研究对象的界定

本书研究对象的界定表现在空间和时间两个层面。从空间方面看,研究对象主要位于青海省行政区划内,考虑不同地区之间自然与文化环境的关联性,研究范围有所拓展。众所周知,青海是我国少数民族聚居的典型省份,少数民族占全省总人口的47%,世居的少数民族主要有藏、回、土、撒拉、蒙古族。受地理环境的影响,民族分布不均,多元民族较为集中聚居的地区主要位于黄河、湟水及大通河流域,这里被称为青海东部的河湟地区,青南、环青海湖及柴达木地区多为牧区和戈壁,人口分布分散,数量相对较少。虽然各个地区人口密度不尽相同,但是按照民族分布看,表现为"大杂居、小聚居"的特点①。同时,青海乡土民居建筑类型多样,主要有东部庄廓民居、南部碉房民居、西部绿洲民居和游牧地区的帐篷,它们之间并不是互不关联独立发展的,而是处于"局部交错、整体分立"②的状态,在应对高原自然气候环境方面的建造方法、建筑形态等方面存在较大的相似性。从时间方面看,研究侧重

---

①　鲁光,解书森.青海省的人口状况及其特点[J].人口与经济,1983(3):22-25.

②　"局部交错"指在不同自然地理环境之间的过渡地带,民居建筑类型较为多样且依据地貌环境交错分布。"整体分立"指在相对单一的地理自然环境下,民居建筑类型趋于一致。

于运用动态思维审视乡土民居的生成、演变和发展,将当前高原城乡一体及产业结构调整所带来的乡土民居更新作为研究的主要对象。为了能够将民居更新问题论述清楚,首先对青海传统民居建筑原型的生成与演变进行分析研究,总结传统民居的营建智慧,针对当前农牧区新村建设及既有民居更新改造中所面临的生态及文化困境,重点论述乡土民居更新的绿色设计及文化传承整合设计策略。全书整体思路依据民居建筑"原型—现型—更新"展开,呈现出开放和动态的研究过程。

1.2.2 研究内容

本书主要研究内容分为四部分:

第一部分主要是对青海传统民居建筑原型及其生态智慧的研究。从地区自然资源及地理气候方面,分析传统民居所呈现的地域特征,归纳建筑形体、建筑材料、空间形态等建筑原型语言,总结出建筑背后的自然气候的主导因素;从民族宗教、文化差异、生活习俗等人文方面,分析不同民族之间民居建筑的异同点,指出其背后的地区自然资源的共性和民族宗教风俗的差异性,提炼出传统民居的地域建筑原型,总结绿色生态的营建智慧,揭示民居建筑演变的运行机制及其规律,为传统民居更新模式建构打下基础。

第二部分主要是对青海乡土民居营建技艺优化及绿色更新设计策略的研究。基于青海高原严寒脆弱生态环境及有限的自然资源条件,挖掘归纳传统民居中适应气候、节约资源的营建模式语言,同时引入现代生态设计理念,结合绿色技术材料,优化和提升传统营建技艺;研究以本土被动式技术为主体,注重多层次技术的综合运用,利用本地太阳能、生物质能等可再生能源优势,进行建筑一体化综合设计研究,在本土资源有效利用、节能环保的基础上,探讨制定传统民居绿色更新设计策略。

第三部分主要是对青海乡土民居更新多元民族建筑文化传承途径的研究。技术材料的革新变化,不应忽视地域建筑文化的保护。本书在传统民居的气候共性与文化多样性的研究基础上,结合现代生产生活方式,尊重不同宗教信仰和生活习俗,从建筑形态、平面布局、空间组合等方面,制定了多元民族传统民居更新设计方法;在本土技艺优化的绿色更新设计中,融入少数民族传统建筑文化,在阳光暖廊、节能门窗、檐口样式等建筑构件上形成系列化、模块化的设计标准,实现现代生态设计与民族文化的有机融合。

第四部分主要是对青海乡土民居更新设计基本理论及方法建构的研究。本书在系统总结青海多民族地区气候自然资源与民族传统建筑文化基础上,吸收生态学、民族学等多学科相关研究成果,注重现代生态设计与地域多元建筑文化相融合,对传统民居更新设计策略进行综合分析、论证和归纳,结合民居更新建设实践,从"环境适应"(即传统营建智慧的延续)、"技术适宜"(即本土技艺与现代绿色技术相结合)、"多元共生"(即多元民族建筑文化传承与发展)等方面,系统建构青海多民族地区传统民居更新适宜性的设计模式。

1.2.3 研究现状

1. 在整合思考与模式建构方面

当代科学研究方法注重突破传统单一思维局限,兼顾还原论和整体论,强调整合思维和体系建构，建筑学科同样面临这一现实。随着全球资源及生态环境的变化，从符合生态文明的整合视角去探索乡村可持续发展，已成为国内外研究的重要课题。保罗·萨西（Paola Sassi）从场地、社区、能源和身份认同等方面，说明了可持续建筑设计的重要性（*Strategies for Sustainable Architecture*, 2006）；西安交通大学周若祁教授研究团队，整合生态、生产、生活系统，长期对黄土高原沟壑小流域人居环境生态发展模式进行了综合研究（《绿色建筑体系与黄土高原基本聚居模式》，2007）；华中科技大学李晓峰教授在乡土建筑研究理论与方法方面，提出运用整合思维，进行全方位多角度的跨学科研究（《乡土建筑——跨学科研究理论与方法》，2005），并从乡土建筑保护与更新的角度，对整体、局部、有机更新模式做了深入分析（《乡土建筑保护与更新模式的分析与反思》，2005）；哈尔滨工业大学梅洪元教授从建筑适应性技术角度，倡导多种技术整合的适用技术观（《东北寒地建筑设计的适应性技术策略》，2011）；浙江大学王竹教授学术团队从乡村现状出发，协调考虑自然、社会、经济，探讨建立适宜江南地区的"生态人居"模式（《新乡村"生态人居"模式研究》，2011）。

2. 在乡村节能、绿色住宅方面

维护高原生态安全意义重大，这要求传统民居的更新必须走绿色低能耗发展之路。近30多年来，绿色建筑由理念到实践，在发达国家逐步完善，形成较为体系的设计方法和评估标准，各种新技术、新材料层出不穷。比尔·邓斯特（Bill Dunster）设计的贝丁顿零能耗社区住宅（BedZED），利用太阳能发电、风力驱动的通风系统和雨水综合循环利用技术，其中体现出多种生态建筑设计理念，实现了资源有效利用、节能减排的绿色效益［《走向零能耗》（*From A to ZED*），2008］；仇保兴部长在严寒和寒冷地区绿色建筑联盟成立大会上，指出绿色节能的建筑设计应从传统民居中汲取营养，为乡村建设的可持续发展寻求绿色低碳发展之路（《北方地区绿色建筑行动纲要》，2012）；清华大学江亿院士研究团队针对农村的用能现状和用能特点，开展了农村住宅节能研究，指出从被动式节能技术入手，通过新能源利用技术，降低农村商品能源消耗（《深刻认识我国农村用能现状和用能特点》，2012）；西安建筑科技大学刘加平院士研究团队依据绿色建筑原理，围绕西部乡村民居的绿色再生与发展问题，对陕西、云南、四川、西藏等地进行了系列研究（《新农村建设与建筑节能对策》，2012），并针对建筑设计阶段，系统介绍了节能设计方法（《建筑创作中的节能设计》，2009）；哈尔滨工业大学金虹教授结合东北寒冷地区气候特征，进行了低能耗、低技术、低成本应用建造实践（《低能耗低技术低成本——寒地村镇节能住宅设计研究》，2010）。

3. 在地域文化与乡土民居方面

技术的进步未必能够带来生活环境的全面改善，地域建筑文化历来是业内人士关注的重点。拉普卜特（Amos. Rapoport）认为，"宅形"从原始型到风土型再到现代型的演化是由生活形态和建筑行业的"分化"引发的，而其形态各异的演化特征，则是物质与非物质因素综合作用的结果，并强调物质上的"可为"总是受到文化"不可为"的反制［《宅形与文化》（*House, Form & Culture*），1969］；克里斯·亚伯（Chris Abel）从建筑对文化和技术变化回应的角度，论述了低技术、中层技术和高技术的建造模式，强调建筑创新不应中断传统，地区营建模式应是连续性整合的过程（《建筑与个性——对文化和技术变化的回应》，2010）；西安建筑科技大学王军教授长期关注西北地域文化与乡土建筑，从《中国窑洞》（1999）到《西北民居》（2009）对地域建筑文化及其背后的生存智慧做了大量研究，为本书提供了坚实的研究基础；昆明理工大学杨大禹教授对云南多民族地区建筑文化多样性保护与发展进行了系列研究（《云南少数民族住屋形式与文化研究》，1997），其研究成果对本书具有借鉴意义；浙江大学王竹教授分析传统地域营建体系生成与生长的调控机制，提出基于传统文脉下的"地域基因"概念（《地区建筑营建体系的"基因说"诠释——黄土高原绿色窑居住区体系的建构与实践》，2008）；香港吴恩荣教授研究团队在黄土高原地区，发掘本土传统建造技术，利用生态设计要素，发动当地群众参与建造过程，对建立地区适宜乡土营建模式进行了有益探索（《基于传统建筑技术的生态建筑实践：毛寺生态实验小学与无止桥》，2007）；清华大学单军教授以地区性与民族性之间互动关联性为导向，指出地域性与民族性在乡土建筑形成、发展和演变的决定性作用（《地域性应答与民族性传承滇西北不同地区藏族民居调研与思考》，2010）。

4. 青海乡土民居研究方面

针对青海乡土民居的研究来看，主要有两条主线，第一条主线是从建筑学学科角度的研究，另一条主线是从民族学、民俗学、历史学等相关学科角度进行的研究。

建筑学学科主线从研究侧重点来看，主要有以下几个方面：传统单体建筑空间形态研究，如青海建筑勘察设计院崔树稼《青海东部民居——庄窠》（1963）和晁元良《青海民居》（1991）。青海省考古研究所张君奇《青海民居庄廓院》（2005）。从民族建筑视野的研究，如青海建设厅李群《中国民族建筑青海篇》（1998）和梁琦《青海少数民族民居与环境》（2005）；对青海寺庙等古建筑的研究，如天津大学吴葱《青海乐都瞿昙寺建筑研究》（1994）和张君奇《青海古建筑论谈》（2002）。我国古建筑学家刘致平教授的《中国伊斯兰教建筑》（1985）书中，也多次涉及青海及其周边省份的清真寺建筑，如西宁市东大寺、湟中县洪水泉村清真寺、循化县街子镇撒拉族清真寺、大通县猴子河杨氏拱北等建筑，虽然多为宗教建筑，但对于理解青海回族、撒拉族聚落特征及民居空间、室内外装饰等建筑要素具有一定的价值。陈耀东《中国藏族建筑》（2007）一书涉及我国藏族居住类建筑，多围绕在西藏、川西、甘南等地的居住建筑，青海境内的藏族建筑论述不多，但仍可从中考察对比不同地域环境下藏族民居的建筑特质。还有一些学者从建筑技术的角度对青海民居建设进行研究，较早的有张维善《青海泉吉太阳房》（1981），建筑位于刚察县泉吉乡，于1979年建成，是青海早期的被动式太阳房建设案例，通过热工计算和测试，被动式太阳房具有优良的节能与经济社会效益。虽然该建筑为乡公社邮电所的一座平房，但对于之后的城乡民居建设起到了重要的示范作用。青海建筑职业技术学院庾汉成《太阳能与青海民居建设》（2009）探讨了现阶段青海村镇规划中被动式太阳能供暖技术在村庄建设中的应用。青海大学土木工程学院刘连新通过对青海东部农区传统庄廓墙体围护结构保温性能的探究，指出传统建筑材料在当今新农村建设中依然具有旺盛的生命力。以2010年玉树灾后重建为契机，建筑领域相关学科开展了高原地区村镇建设的研究，如冯新刚《关于青海玉树地震灾后恢复重建农牧区住房建设的思考》(2010)，李桦《藏式民居灾后重建设计研究——以青海省玉树州结古镇新寨村实施方案为例》(2011)和白国良《青海玉树地震村镇建筑震害分析及减灾措施》(2011)等。近年来随着高原地区经济社会的全面快速发展以及交通条件的改善，青海乡村建设越来越受到众多学者和相关科研院所的关注，自2012年至今，青海农区牧区民居建设的研究成果不断涌现，相比以往研究广度与深度均有较大提高。

相关学科研究主线主要体现在以下几个方面。一是针对青海当地民间习俗的研究，其中涉及青海不同民族生活习俗以及宗教文化观念在建筑营造、装饰乃至空间布局上的影响等相关方面的研究，如陈秉智、次多《青藏建筑与民俗》(2004)，赵宗福、马成俊《青海民俗》(2004)等。二是历史考古方面的研究，例如崔永红《青海通史》(1999)以及谢瑞据《甘青地区史前考古》(2002)等，涉及青海及其周边省份远古时期早期聚落产生及其与地区自然环境的关系。三是有关地理学的研究，如自然地理学卓玛措《青海地理》，历史地理学朱普选《青海藏传佛教历史文化地理研究》(2006博士论文)和人文地理学马灿《青海河湟文化演变以及文化景观的地理组合特征》(2009博士论文)。四是有关民族学的研究，如江道元《西藏卡若文化的居住建筑初探》(1982)对西藏昌都一带以及青海南部、川西等地藏族先民早期碉房(碉楼)建筑特征进行了研究；四川大学藏学研究所石硕《青藏高原"碉房"释义》(2011)对青藏高原碉房词源的来历、内涵、区别进行了梳理和探讨。还有一些是硕博论文研究成果，如民族学裴丽丽《土族文化传承与变迁研究》(2007博士论文)、冯霞《青海循化撒拉族自治县汉族移民乡村社会文化变迁研究》(2010博士论文)；文化人类学艾丽曼《青海海南蒙旗文化变迁研究》(2009博士论文)；社会学侯晓琳《青海牧民定居意愿研究》(2012硕士论文)等。

1.2.4　研究意义

1. 促进青海民居传统设计方法的更新与发展。

本书通过分析总结传统民居绿色生存智慧，引入现代生态设计理念，优化改进传统营建技术，充分结合高原太阳能、生物质能等可再生能源应用，进行传统民居绿色更新设计方法探索，推进高原民居建筑设计方法的重大变革和进步，为实现节约资源、保护高原生态环境，提供切实可行的民居建设理论与方法指导。

2. 促进现代绿色设计与民族传统建筑文化的融合。

建筑技术材料的更新必然推动建筑文化的发展，在多元文化聚集地区，民居更新更应强调技术与民族文化的融合。在以本土技术材料为主体，在现代生态设计基础上，本书协调考虑少数民族不同宗教文化习俗与现代生活方式，为传统民居空间布局优化设计制定少数民族特色民居更新建设标准，提高居住质量，增加民族文化认同感，这对青海多元地域建筑文化的保护与发展具有重要意义。

3. 促进传统民居更新改造的科学化规范化，并取得显著的社会和经济效益。

改变地区民居建筑研究片段化的局限，整合现代生态绿色设计与民族传统建筑文化,建构地区适宜性更新设计模式,有助于改善当地农牧民人居环境质量,促进传统民居更新改造的科学化和规范化;通过研究形成适应现代化条件下的本土绿色生态技艺和户型方案,一方面有助于减少资源的浪费和能源的消耗,另一方面可推动民居更新设计的标准化和规范化,并为适应多元民族文化建筑构件的工业化加工订制起到一定的指导作用,研究成果将会取得积极的社会和经济效益。

1.3 研究的理论支撑

1.3.1 人居环境科学理论

受希腊建筑师道萨迪亚斯(C.A. Doxiadis)"人类聚居学"的启发,吴良镛在20世纪80年代初著有《广义建筑学》,之后长期关注人居环境的研究,1993年8月第一次提出要建立"人居环境科学"[①]的理论。人居环境科学是针对当前城乡建设中的实际问题,尝试建立一种以人与自然环境协调为核心任务,以居住环境为研究对象的新的学科群。

人居环境科学(The Science of Human Settlements)是一门以人类聚居(包括乡村、集镇、城市等)为研究对象,着重探讨人与环境之间相互关系的科学。它强调把人类聚居作为一个整体,而不像城市规划学、地理学、社会学那样,只涉及人类聚居的某一部分或某一个侧面。学科的目的是了解、掌握人类聚居发生、发展的客观规律,以更好地建设符合人类理想的聚居环境[②]。人居环境科学是一个开放的学科体系,是围绕城乡发展诸多问题进行研究的学科群。在研究方法上进行融贯的综合研究,即先从建设的实际出发,以问题为切入点,主动地从涉及的相关学科中吸收研究智慧,有意识地寻找城乡人居环境建设的新范式(Paradigm)。

1.3.2 复合生态系统

青藏高原位于世界屋脊,其生态安全意义关系重大。当前人类对自然环境的破坏和对资源的过度消耗,使得世界面临严峻的生态危机,高原人居环境建设无疑首先需要解决人与环境的关系问题。建筑是人与环境的中介,作为人工产品的建筑与自然生态系统的环境相融合,谋求大的复合生态系统的和谐与稳定,是当代人居环境建设的重要导向,尤其在生态环境脆弱、资源匮乏的青藏高原地区,更应以生态、绿色、节能作为规划设计的理论基础。

我国学者马世骏(1915—1991)在20世纪80年代初提出"复合生态系统"理论,他认为社会、经济、自然三者相互作用、相互依赖、相互制约,共同构成庞大的复合生态系统[③]。这与英国作家詹姆斯·洛夫洛克(James Ephraim Lovelock)20世纪60年代末

---

① 吴良镛,周干峙,林志群.中国建设事业的今天和明天[M].北京:中国城市出版社,1994.

② 吴良镛.人居环境科学导论[M].北京:中国建筑工业出版社,2001:序言.

③ 马世骏,王如松.社会—经济—自然复合生态系统[J].生态学报,1984(1):1-10.

提出的"盖亚假说"有相似之处,盖亚假说把地球视为一个超级有机体,认为各种生物随着自然环境的演化,已形成一个错综复杂的自我调适系统,维持着有利于地球生命环境的平衡和稳定①。从东方生存哲学中,儒家的"中和"自然观、道家的"无为"哲学观、佛家的"普度"生态观,共同蕴含着人与环境和谐共生的价值体系②。传统自然哲学观,强调建筑与自然之间是一种尊重自然的因地制宜的关系,是一种共生共存的关系,这种人居观与当代世界所积极倡导的生态、绿色环保、可持续发展的建筑思想不谋而合,所寻求的都是人、建筑、自然的和谐统一。

现代工业模式是线性非循环模式,以"资源—产品—废物"的运行模式为特征,在过程中产生大量废料,造成资源破坏和环境污染。生态复合系统观给我们以启示,在生态系统中,每一物种均与其他事物相依赖和影响,它表明生态系统中各元素存在的关联性和循环利用的生存智慧,这些在人居环境建设中具有积极的启示和理论意义。

1.3.3 绿色建筑与生态美学

绿色建筑(Green Building)是一个热门词,民居建筑研究着眼当下生态环境问题,离不开对绿色建筑的关注和应用,绿色已成为民居建筑更新发展的重要原则。按照《绿色建筑评价标准》(GB/T 50378—2006),绿色建筑是指,在建筑的全寿命周期内,最大限度地节约资源(节能、节地、节水、节材),保护环境和减少污染,为人们提供健康、适用和高效的使用空间,与自然和谐共生的建筑。绿色建筑、生态建筑(Ecological Building)、可持续建筑(Sustainable Building)、低碳建筑(Low-carbon Building)概念间虽有区别,但都关注建筑的建造与使用对资源的消耗和给环境造成的影响③。绿色建筑立足生态原则,坚持可持续发展的理念,在设计原则方面强调有效利用地域资源,使用环境友好的建筑材料,同时让建筑适应本地气候、自然及人文环境。

如今我们环顾四周,身边对资源的浪费和对环境的破坏触目惊心,引人深思。这难道就是我们应当遵循的生存观念吗?二十世纪六七十年代起,工业文明的弊端日趋暴露,资源问题、环境问题日益严峻,生态环保的呼声日渐高涨,人们的价值观念也随之转向④。突破人与自然二元对立的阻碍,走向人与自然环境和谐共生价值观,已成为人们的普遍诉求,这要求我们重新审视自身传统价值观念,建构新型的生态美学观。生态美学主张摒弃"人类中心主义"的思维方式,强调"自然的伦理观",探寻人与大自然的和谐关系,努力保持生态平衡,以自然生态的完整、稳定、和谐为审美评价标准,追求自然和人工的完美结合⑤。青海少数民族宗教习俗中,存在多种与自然环境相适应的宗教教义和价值观念,体现出丰富的生态理念和对自然美的追求。高原之大,需要宽广的视野,综合考虑高原环境的可持续发展;高原之美,

① 肖广岭.盖亚假说:一种新的地球系统观[J].自然辩证法通讯,2001,23(1):87-91.
② 曾坚,蔡良娃.建筑美学[M].北京:中国建筑工业出版社,2010:162.
③ 刘加平.绿色建筑概论[M].北京:中国建筑工业出版社,2010:2.
④ 杨通进,高予远.现代文明的生态转向[M].重庆:重庆出版社,2007.
⑤ 曾坚,蔡良娃.建筑美学[M].北京:中国建筑工业出版社,2010:268.

需要人与环境和谐共生的价值观念,呵护高原的美丽。

1.3.4　地域建筑与乡土民居

在全球经济一体化、全球信息网络化的环境中,地域建筑日益受到关注和重新认识。地域,指某一地区的自然地理环境、经济地理环境和社会人文环境方面所表现出来的特性,是某一地区有别于其他地区的特点。地域性既是一个空间概念,也是一个时间概念,同时也是自然地理和人文地理的综合概念。如果说自然地理多与空间条件相关,那么人文地理则多与时间背景相关,而地域性往往是两者互动的结果。适应性、连续性、本土性是地域建筑的重要特点,这种特性反映在自然环境方面,如地理、气候、资源、技术、材料等,也反映在文化结构方面,如宗教、民俗、信仰、习惯等。相似的自然环境,使传统建筑往往体现出相同的营建模式和设计手法。自然和资源条件的限制,使建筑常选用类似的形制、材料、色调,它导致建筑个体形式的相似,并使建筑群保持协调一致的关系,从而使同一地域的建筑具有某些自然环境的共性特征。地域建筑理论有助于更为清晰地认知民居建筑,便于从整体视角审视周边貌似纷繁杂乱的建筑现象。

乡土(vernacular),意为土生土长、本乡本土。乡土建筑包含聚落和民居两个层面,应是地域建筑的典型代表,其中乡土民居具有丰富的生活气息和与地域环境密切关联的建筑特性,是地域建筑的基本原型。乡土民居和传统民居有共同的民居属性,但两者也存在时空上的差异:乡土民居是一个动态发展的概念,既有传统也有现代的含义,它代表的是此时此地的民居建筑;而传统民居是相对现代民居而言的,它是彼时彼地的民居建筑。概念之间虽有理解上的不同,但都体现出本土本乡的自然和人文的环境因素。随着研究的不断深入,乡土人居环境越发引起学界的关注,民居建筑在与地域环境相适应的过程中发展而得的乡土生存智慧,为当前生态问题提供了有益的启示及生存经验。

1.4　研究方法与框架

1.4.1　研究方法

(1)多学科交叉法:采用多学科交叉、系统整合的方法,针对高原特殊生态与人文环境,结合环境效益、社会效益、经济效益的综合分析,将民居更新中绿色环保和民族文化传承作为考量要素,通过生态学、建筑学、民族学等学科为一体的理论平台,从定性到定量的角度对青海乡土民居更新模式进行研究。

(2)田野考察法:对乡土民居进行田野调查,采用现场数据测试和问卷统计等科学方法进行分析和归纳,为建构民居更新设计模式提供基础资料。

(3)比较综合法:考虑到青海地域景观特征分异明显,采用跨地域横向自然资源、气候环境的宏观比较研究,并从时间纵向维度上,对传统民居中遗留的历史经验进行分析和提炼,与现代技术和社会文化背景做比较综合。

1.4.2 研究框架

研究按图1.2的框架展开。

图 1.2
研究框架
资料来源：作者
绘制。

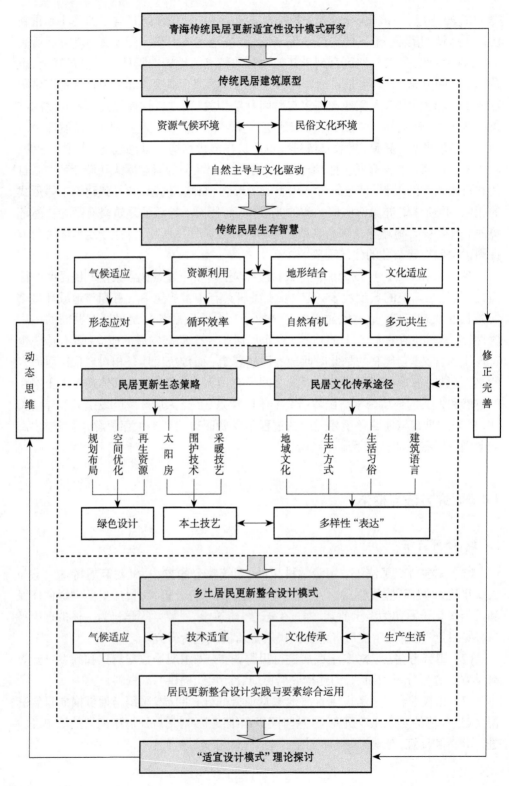

2 青海多民族地区乡土民居建筑原型

我国地大物博、地理环境多样,在不同的地理自然环境条件下孕育着不同类型的乡土民居,从而形成了丰富多样的地域建筑,青藏高原的碉房民居、黄土高原的窑洞民居、云贵高原的干栏吊脚楼等民居建筑都与地区自然资源气候环境相适应。随着时间推移、社会变迁,地域民居原型不断演变发展,逐渐形成特定地区自然环境下的民居建筑类型,成为当地独具特色的地域建筑文化。从地区自然地理环境和资源气候条件来看,每个地区民居建筑类型无不反映出适应当地地形、气温、降雨量、日照等自然环境因素的特点,由此生成出本土营建模式及建筑原型。

2.1 青海乡土民居建筑地域类型划分

青海省是我国面积大省,省域面积71.21万km²,约占全国国土总面积的7.5%,南北纬度之间约800 km,东西经度之间1 200 km。南北之间温差、降雨有较大差别,东西之间虽是同一纬度,但地势东低西高,自然环境截然不同(图2.1)。地

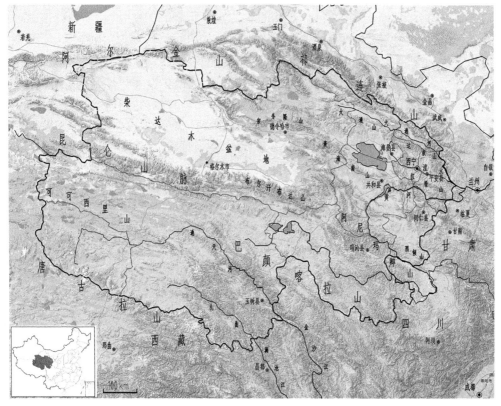

图 2.1
青海地理区位图

图 2.2
青海省农牧业经济区划

资料来源:
张忠孝.青海地理
[M].北京:科学出版社,2009:163.

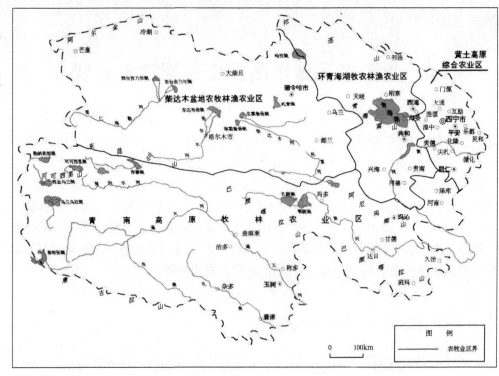

理学界对青海自然地理划分存在不同的划分方案,向理平将青海划分为5个地带16个自然区(1986),郑度将青藏高原划分为2个温度带10个自然地带(1998),张忠孝将青海省划分为3个大区25个小区(2004),卓玛措将青海省划分为4个自然区26个亚区(2010)。依据卓玛措的方案,青海自然地理综合自然区划为:河湟、环湖、柴达木、三江源4个自然区①,方案综合考虑不同地区气候、地势、地貌、土壤、植被及人类活动各因素,并坚持了行政区划完整性,具有一定的代表性。同时该方案与青海农业分区一致,东部为黄土高原综合农业区,中部为环青海湖牧农林渔农业区,西部为柴达木盆地农牧林渔农业区,南部为青南高原牧林农业区(图2.2)。

4个自然区自然气候及地理环境各不相同,地质地貌、土质属性也各有不同。青海省土地利用类型基本划分为草地、水域、耕地、林地、其他用地、城市用地等,由此形成农耕、游牧、半农半牧的农业生产方式。与地域自然地理环境及农业生产方式相适应的传统民居建筑可分为以下四种类型。

2.1.1 河湟地区——庄廓民居

1. 河湟地区自然与人文环境

河湟地区位于青海省东部,地理及文化区位相较于其他三区较为特殊。地理气候方面,该区位于东部黄土高原和西部青藏高原的交汇处,地貌景观分异明显,按海拔高度可分为川水地区(1 650～2 300 m)、浅山地区(1 800～2 800 m)、脑山地区(2 700～

---

① 卓玛措.青海地理[M].北京:北京师范大学出版社,2010:136.

3 200 m)、高山草甸(3 200 m以上)。降水和风向随季节变化明显,年均气温2～8℃,年降水量为300～500 mm,属西北干旱高寒地区。民族文化方面,该区是四区之中民族分布最为多元地区,世居少数民族有回、藏、土、撒拉、蒙古等民族,是东部中原文化、西部伊斯兰文化与西南藏传佛教文化叠加交融的地区,是我国典型的多元民族聚居区。

2. 河湟地区乡村聚落形态

河湟地区海拔多在1 650～4 000 m,以农耕方式为主的汉、回、撒拉族多居住在川水地区和浅山地区,以半农半牧方式为主的土族和少量藏族、蒙古族多居住在脑山地区,高山草甸地区多为藏族和蒙古族游牧范围,因此位于不同区位的乡村聚落形态有很大不同。总体来看海拔较低的川水、浅山地区聚落形态较为集中,人口也相对密集,海拔较高的脑山、高山草甸地区聚落形态较为分散,从中可以看出聚落的生成发展很大程度上基于其所在自然环境资源承载下的农业方式。从文化环境来看,聚落形态特征带有鲜明的民族特色,如信奉伊斯兰教的回、撒拉族村落以清真寺为核心进行四周发散性发展,是典型的"围寺而居"的聚落形态;信奉藏传佛教的藏、土、蒙古族,每个村子并不一定都有寺庙,只有在规模较大的村落中有围寺而居的现象,并且依照习俗聚落形态多为"上寺下村"的布局方式(图2.3)。

3. 河湟地区庄廓民居建筑特征

庄廓是该地区多民族共同的民居建筑类型,庄廓也为青海省所特有,是西北传统民居建筑类型的典型代表(图2.4)。河湟地区黄土广布、干旱严寒,在自然资源和气候条件共同作用下,庄廓民居建筑形体封闭规整、厚重敦实,没有过多凹凸空间,这有利于减少热损耗,起到节约能源的效果。庄廓墙高于屋顶0.5～1.0 m,利于防沙避

图 2.3
河湟地区地貌
及聚落特征

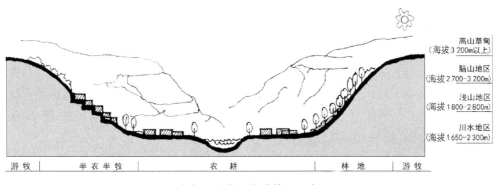

(a) 河湟地区地貌特征示意

(b) 回族聚落(化隆县下沟滩村)

(c) 土族聚落(同仁县郭麻日村)

（a）同仁县曲库乎乡瓜日则村　　　　　　　　　（b）贵德县河东乡查达村

图2.4　河湟地区庄廓民居

图片来源：作者拍摄（拍摄时间：2013年8月）。

风，同时房屋面南背北，正屋与西厢房呈L形空间布局，形成避风保温的效果。庄廓民居为土木结构，房屋外观粗犷古朴，但院内房屋木雕精细，装饰色彩浓厚，具有"外拙内秀"的品质。庄廓之所以能够在河湟地区普遍采用，正是出于对地区本土材料的应用和对干旱严寒气候的有效适应，具有丰富的生存智慧和生态绿色的建造经验。[①]

2.1.2　环湖及周边牧区——游牧民居

1. 环湖地区自然与人文环境

环湖地区位于青海省中部地带，境内有我国最大的咸水湖青海湖，该地区自然景观南北差异大，北部是祁连山地，南部是共和盆地，区内多以高原草甸为主。环湖地区人口分布不均衡，大部分人口分布在北部祁连山黑河谷地、中部青海湖滨湖地带、南部共和盆地等人口聚集的县城河谷地区，除人口密集区的乡镇地区以外，多为草原游牧地区。草原牧场面积占环湖地区土地资源的74.53%，这决定了环湖地区传统民居建筑多为适应游牧的帐篷和少量聚集在乡镇地区的土木类建筑。该区少数民族有藏族、蒙古族、回族等，藏族人口比重最大，地域文化呈现藏族牧业文化为主体的格局特征（图2.5）。

2. 环湖地区游牧民族聚落形态

环湖地区地广人稀，人口密度为4.61人/km²，大部分土地面积为高原草甸，牧区聚落的分布较为分散，受大山阻挡，多数乡镇之间相距35 km左右。如今乡镇大多位于公路周边，形态往往沿公路进行线状展开，呈带状发展。牧区的乡镇规模一般不大，例如祁连县的阿柔乡包含3个自然村，人口0.33万人。每村一般由4～9户构成，每一户都有属于自己的大片牧场，因此乡村形态布局自由松散。乡村大多分布于高原海拔较低的高山冲积平原与河谷地带，背山面水之处往往是村落的最佳选址地点。该区大部分土地多为游牧点，牧民的放牧点十分分散，即使在草场较好的地区，每个放牧点的间距也在40 km左右。聚落形态与地区游牧方式紧密相连，这与

---

① 崔文河，王军，岳邦瑞，李钰.多民族聚居地区传统民居更新模式研究——以青海河湟地区庄廓民居为例［J］.建筑学报，2012（11）：83-87.

（a）祁连县阿柔乡

（b）共和县石乃亥乡切吉村

（c）祁连县长江一队牧民民居

（d）共和县江西沟乡牧民帐篷

图2.5
环湖周边牧区聚落形态及民居建筑

资料来源：(a)(b)来自google地图；(c)(d)为作者拍摄（拍摄时间：2012年7月）；(e)为作者绘制。

1—客厅；2—卧室兼厨房；3—佛堂；4—阳光廊；5—备用及储物；6—杂物间；7—牲畜暖棚；8—露天牲畜圈；9—草原

（e）牧民民居测绘图

17

青海东部农业地区有显著区别。

　　3. 环湖地区游牧民居建筑特征

　　牧民的放牧点有冬季牧场和夏季牧场之分。受气温的影响,冬季牧场位于海拔较低的河谷谷地,每户的放牧点由牧民居住用房和牲畜圈两大部分组成。居住用房面积一般都不大,常在50～60 m²,结构形式多为土木和石木结构的一层房屋。房屋朝向为面南背北,如今居住房屋前廊基本都为玻璃的阳光间,房屋不设围墙,仅有大大小小的牲畜圈布置在居住房周围,房屋周边往往装饰着彩色经幡。夏季气温回升,牧场分布多在海拔较高的高山台地,这时牧民生活多以帐篷为主,分民居帐篷、行旅帐篷。民居帐篷一般用牦牛毛线编织而成,帐篷的顶部有一活动帘,开启可排烟通风,关闭可遮风挡雨。帐篷内陈设简单,正中沿活动帘方向设炉灶,炉灶由生土砌筑,灶后供佛,摆放礼佛的松油灯,内部四周铺有羊毛地毯,供坐卧休息。行旅帐篷用白色帆布制成,有马脊式、尖顶式等。帐篷结构简单、支架容易、拆装灵活、易于搬迁,是游牧民族为了适应草原环境、利于游牧生产而创造出的一种极具草原特色的居住建筑。

2.1.3　柴达木地区——戈壁绿洲民居

　　1. 柴达木地区自然与人文环境

　　柴达木区位于青海省西北部内陆腹地,约占全省面积的37.86%。寒冷、干燥、富日照、太阳辐射强、多风是该区的主要气候特征。该区地域辽阔,地质地貌类型多为荒漠戈壁,分盆地干旱荒漠中心区和盆地四周高寒区。年均气温在1～5℃,相对低于河湟和环湖地区,降雨量极为稀少,年均降雨量115.9 mm,年均蒸发量却在2 658.6 mm,依靠盆地四周高山积雪融水缓解地区水资源短缺的问题,在荒漠戈壁之中形成大大小小的绿洲。地区自然条件严酷,新中国成立前该区只是藏族、蒙古族等少数民族的游牧地,人口也极为稀少。新中国成立后,随着荒地开垦、资源开发,人口迅速增加,少数民族多为汉族、蒙古族和藏族。经济上以第二产业为主,第一产业仅占产业结构的2.9%[①],农业方式基本为绿洲灌溉农业,因此该区大部分土地为荒漠戈壁,仅在高山融水密集地区存在少量的绿洲聚落分布。

　　2. 柴达木地区戈壁绿洲聚落形态

　　新中国成立前,柴达木中西部戈壁地区基本没有耕地,20世纪50年代由山东、河南等地迁入的内地汉族群众,利用中原农业种植经验开垦土地,大力发展灌溉农业,形成大大小小的绿洲农场[②]。农场大多位于高山冰雪融水河流下游地区,这里海拔多在1 760～3 200 m,在山前的冲积扇地区水资源相对有保障。农场的发展完全受控于地区的水土资源,聚落形态依据河流走向展开。农场由若干个生产队组成,生产队如同村的概念,居住点相对集中,被四周大片的井田形制的农田所围合,生产队之间以笔直的田间道路相连,共同构成戈壁绿洲聚落形态(图2.6)。

①　2006年产业结构呈现"二三一"型,其中第一产业占2.9%,第二产业占76.3%,第三产业占20.8%,第二产业中工业占69.7%,这反映了柴达木地区产业结构以工业为主的格局。引自:卓玛措.青海地理[M].北京:北京师范大学出版社,2010:196.

②　马成俊,贾伟.青海人口研究[M].北京:民族出版社,2008:514.

（a）都兰县诺木洪农场

（b）诺木洪农场早期社区平面

图2.6
柴达木地区聚落及民居
资料来源：(a)、(b)网络google地图；(c)、(d)作者拍摄（拍摄时间：2011年5月）；(e)作者绘制。

（c）农场早期土坯民居

（d）乌兰县移民新居

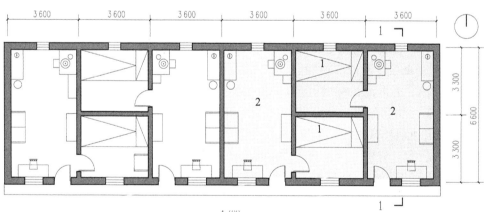

注：民居两户（35 m²/户）为一组合模数，并联建筑总长度达45 m，形成12户为一居住单元，体现出新中国成立初期海西地区简便集约的居住特点。

1—卧室，炕；2—客厅兼厨房

（e）农场早期土坯民居测绘图

3. 柴达木地区戈壁绿洲民居建筑特征

农场居住建筑早期为土木结构的土坯单层房屋，农场的居民点很大一部分由政府统一建设，形成联排式布局，每栋房屋长 30 m、宽 7 m，一排建筑可供 5 户家庭居住。房屋较为简陋，土坯砌筑，建筑材料就地取材，这成为新中国成立初期居住建筑的主要建筑形式。每栋联排房屋整体排列，前后对应，形成相对集中的居住环境。随着时间的推移，人口的不断迁入，村落空间的扩大，砖木房屋逐渐替代了早期低矮的土木房屋。当前民居以砖木和有经济条件的砖混房屋为主，建筑形体也由联排式改为独立房屋，并配有完整的宅院围墙。如今随着生态移民不断迁入，柴达木乡镇地区出现了许多移民村。例如，乌兰县柯柯镇赛纳村由青海东部的互助、平安贫困山区的移民而来，人口 838 人，多为土族和藏族及一部分汉族农户。不同民族民居建筑建造方式相同，仅在门楼、门窗、檐口等处装饰具有民族特色的符号或者经幡。

2.1.4　青南地区——碉房民居

1. 青南地区自然与人文环境

青海南部位于我国三江源地区，平均海拔 4 200 m，属高原严寒地区。气温低、空气稀薄、大气干洁、日照充足，年降雨量 170～700 mm，南北差异较大，地质地貌构成多为高山寒漠和草甸。青南地区人口密度相对其他三区是最低的，西部三江源头地区为广阔的无人区，中东部以游牧为主，东南部少量谷地人口相对集中。青南地区主要居住有藏族、蒙古族，其中藏族人口占绝大部分，宗教信仰以藏传佛教为主。玉树州为康巴藏区，巴颜喀拉山作为黄河、长江的分水岭，其东北方向的果洛州及黄南州的泽库、河南县属于安多藏区。二者除方言不同，建筑样式基本相同，仅在不同地区存在材料与装饰上的差别（图 2.7）。

2. 青南地区乡村聚落形态

青南西北方向海拔多为 4 500～5 000 m，为可可西里的无人区，也是长江、黄河、澜沧江三江发源地，自然环境生态意义十分重要。该区的东南部多山且河谷密集，与四川阿坝和西藏昌都接壤，海拔高度逐渐下降，乡村聚落多分布与此，人口比重也相对较大。青南地区乡村多为山地聚落，聚落形态依据地形展开，聚落遵循着"上寺下村"的布局方式，沿河谷方向线性伸展，聚落规模一般在 20 户左右，大大小小地分布在高山河谷之间。聚落选址多在高山脚下河谷地带的河流交汇处，山间河流穿村而过，此处水草相对丰足，成为聚落生成的主要原因之一。同时，避风向阳也是选址的重要原则，当地聚落极为重视"背山面南"，背山处最好位于山体的凹地，面南处最好有河流穿过，这成为青南山地聚落形态的突出特征。

3. 青南地区碉房民居建筑特征

青南地区河流纵横、水系众多，加之地质地貌多为高山草甸，广布其间的多为片状岩石和经河流冲刷而形成的砾石，这与青海东部河湟地区的黄土地貌有着明显的不同，也为青南地区碉房民居的产生提供了必要的物质基础。民居建筑原型多为石木结构为主，建筑主体用片石砌筑，泥浆填缝，自下而上做收分处理。果洛州南部的班玛地区，为青海省最大的原始林区之一，其碉房在石砌基

（a）玉树州称多县郭吾村　　　　　　　　（b）玉树州称多县郭吾村

（c）果洛州班玛县灯塔乡班前村　　　（d）果洛州班玛县灯塔乡班前村擎檐柱碉楼

图2.7　青南地区乡村聚落及民居建筑

资料来源:(a)、(c)网络google地图;(b)、(d)作者拍摄(拍摄时间:2011年8月)。

础上,利用当地木料,广泛采用"擎檐柱",顶层局部墙体往往采用井干式(木楞子)建造。青南民居平面布局多为凹形、L形,这与河湟庄廓民居有很大的相似性,充分反映出传统民居在应对自然气候方面的相似性。①

2.1.5　民居不同地域类型背后的主导因素

通过以上四区的跨地区传统民居对比分析,得出如下结论:地区自然地理和资源气候条件,是民居类型差异性的决定性力量,假设地区自然环境没有发生大的变动,其所孕育的乡土民居建筑特征也不会发生大的变化。从跨地域整体考察来看,由青藏高原自然环境过渡到海拔较低的黄土高原自然环境,在这两大地理板块碰撞交融地区,自然地理环境呈现多样性,我们也可以把此看作由一种常态到另一种常态的"变态过渡地带",这里往往会生成多样的生物物种,以及多种地域建筑类型,因此该区域也成为地域建筑研究的敏感地区(表2.1)。

---

① 崔文河,王军.青海南部地区传统碉房民居更新探索[J].南方建筑,2012(6):13-17.

表2.1　资源气候导向下青海传统民居类型特征

	河湟地区	环湖地区	柴达木地区	青南地区
建材资源	黄土广布 树木稀疏	草原广大 黄土、高山岩石	戈壁荒漠 砂石、黄土	高山岩石 树木稀疏
地形地貌	海拔1 650～4 000 m 山谷相间 沟壑纵横	海拔2 800～5 800 m 山、谷、盆相间 雪山草原	海拔2 650～4 500 m 山、盆相间 地形平坦	海拔4 000～6 000 m 高山相间 峡谷纵横
气候降水	年均气温2～8℃ 年降雨量300～500 m 干旱少雨	年均气温3～4℃ 年降雨量180～500 mm 干旱,雨量分布不均	年均气温1～5℃ 年降雨量25～179 mm 最为干旱	年均气温0℃ 年降雨量170～700 mm 干旱,雨量分布不均
日照辐射	日照时数3 000 h/年 太阳辐射6 500 MJ/m² 太阳能资源丰富	日照时数3 000 h/年 太阳辐射6 200 MJ/m² 太阳能资源丰富	日照时数3 200 h/年 太阳辐射6 900 MJ/m² 太阳能资源最为丰富	日照时数2 300 h/年 太阳辐射6 300 MJ/m² 太阳能资源丰富
聚落形态	选址背山向阳 农耕聚落中心发散 围寺而居(伊斯兰) 上寺下村(藏传佛教)	选址背山向阳 游牧聚落自由松散 上寺下村(藏传佛教)	沿高山融水河流方向 绿洲聚落,村落密集 绿洲农场兵营式布局	沿河谷谷地分布 向阳避风最佳选址 上寺下村(藏传佛教)
民居类型	庄廓民居(为主)	游牧民居(为主) 帐篷(夏季牧场)	土坯房(为主)	碉房(为主) 班玛"擎檐柱式碉房"
民居特征	形体封闭规整 面南背北 平缓屋顶 墙体高大	形体封闭规整 避风保温 拆装方便(帐篷) 结构简单(帐篷)	形体封闭规整 避风保温 空间矮小 面南背北	形体封闭规整 避风保温 墙体厚重 面南背北
民族分布	汉、藏、回、土、撒拉、蒙古(为主)	藏、回、蒙古(为主)	蒙古、藏(为主)	藏、蒙古(为主)

资料来源:作者制作。

　　地区自然地理环境和资源气候条件相对稳定,而地域文化相对变化较大,随着时代的发展,文化总是处在动态运行中,脱离本土自然环境的建筑文化是不真实的,只有建立在本地区自然资源气候基础上的建筑革新,才是具有生命力的。在相同自然地理环境和资源气候条件下,文化对民居建筑形式的变异作用明显,即便如此,植根于地区自然环境下的地域文化依然带有深刻的自然烙印,成为地域固有的文化特色或者民族风格。认知地域乡土民居,发现民居建筑背后资源气候的自然属性,有助于重新审视当前快速发展及失范的建筑乱象。在如今生态环境日益恶化、资源浪费、能源枯竭的时代背景下,尊重自然已不再是口头的华丽辞藻,而应成为实际的行动。

2.2　青海多元民族建筑文化多样性

　　青海乡土民居建筑文化具有鲜明的多样性特征,这种多样性既体现在不同民族之间，也体现在同一民族内部。不同民族之间建筑文化的差异不难理解，同一民族建筑的多样性则体现在不同地域环境下他们所做出的不同选择。这种多样性从文化生态学的视角来看，是各民族应对地区自然气候环境所采取的一种生存策略，随着时间的推移久而久之逐渐形成本民族的一种建筑文化。本章节将从多元民族文化视角探讨民居建筑文化的多样性及其多样性产生背后的主导因素。

2.2.1 汉族民居

1. 青海汉族概况

汉族占青海总人口的53.68%（2010年）。先秦时期，青海主要是古羌人居住的地区，自秦汉开始，随着中原王朝统治势力的进入，汉文化随之进入青海地区，开始与羌人融合共存。历代汉人通过从军、移民、屯垦、经商等途径，从内地进入青海，成为本土民族的一员。汉族主要分布在青海东部农业地区，多数从事农业、手工业和兼营畜牧业，兼信儒、道、佛三教（儒家思想是青海汉族文化体系的重要因素），此外汉族也素信鬼神，这与道教、佛教宗教思想的影响密不可分。汉族所聚居的农业地区普遍建有神庙、关帝庙、龙王庙、娘娘庙等民间建筑，风俗观念认为"万物皆有灵"，具有泛神论倾向。除了偶像崇拜，诚信特异事物，如山峰、河流、湖泊、名泉、古树等也常在祭典仪式中。信仰观念接受道家"天人合一"的宇宙观、儒家"忠、孝、仁、义、礼、信"思想。青海汉族因主要从事农业生产，故生产习俗多与农业有关。在生活习惯上，汉族依然保持着与中原相类似的中原农耕生活模式、习俗和节庆观念，但是位居多元民族聚居地区，一些生活方式和文化观念也受到藏族、回族等民族的影响，呈现一种以儒家思想为主体的多元化特点。

2. 聚落特征

青海汉族多聚居在海拔较低的河谷川水平原地带，以青海东部农业区较为集中。这里土地肥沃、地势平缓，聚落形态相对其他民族变化较小，整体较为规整，尤其在汉族聚居的传统城镇中，民居排列相对整齐，多形成并排和联排的布局形态。如在贵德、湟源的老县城中的居民区，街道整体呈现东西、南北的井田式布局形式，与中原汉族地区传统城镇居民区形态相似。如图2.8所示，贵德老县城中央街道正对玉皇阁，西侧为城隍庙，城内分布着众多民宅。汉族多以同姓聚族而居，在贵德老城内的大户人家还建有家族祠堂（图2.9）。古城外的汉族民居虽然离开了相对统一规整布局的城池，但所居住的地理环境依然属于川水平原地貌类型，聚落形态依然较为有序，因地形高差变化较小，村落整体形态较为规整。同时受土地资源的局限，汉族聚落形态普遍比较紧凑，民居之间墙连墙、户临户，空间的利用度相对较高。聚落紧凑的另一原因是因为生产方式的不同，汉族多从事手工业、商业、种植业，宽大宅院及分散的布局并不符合汉族的生产生活方式。

3. 住居形态

汉族多数以合院式民居为主，受中原文化的影响，住居形态具有以下特征：

图 2.8
汉族传统乡镇聚落形态

资料来源:(a)(c),来源 google 地图;(b)(d)作者拍摄(拍摄时间:2011年4月、3月)。

（a）贵德老县城　　　　　　　　　（b）玉皇阁上远眺贵德老城

（c）湟源老县城　　　　　　　　　（d）湟源县丹噶尔古城街巷

图 2.9
民国时期贵德古城复原推想图

资料来源:阴帅可.硕士论文:青海贵德玉皇阁古建筑群建筑研究[D].天津:天津大学,2006:18.

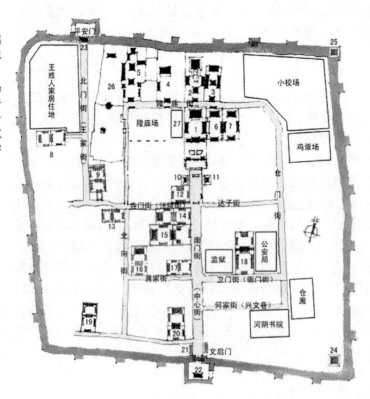

1—文庙;2—万寿观;3—关羽庙;4—大佛寺;5—城隍庙;6—崇圣祠;7—文昌宫;8—王家祠堂;9—赵家宅院;10—文昌阁;11—菩萨楼;12—法院;13—许贡爷宅;14—承公祠;15—关帝庙(山陕会馆);16—福神祠;17—县党部;18—县政府;19—回教教育促进会小学(马朝选会馆);20—四川会馆;21—酒坊;22—关帝庙;23—真武殿;24—魁星阁;25—文昌阁;26—民众教育馆;27—县立女校

（1）南北有序、东西有别。汉族自古以"礼"、"乐"文化为民族思想基础，讲究尊卑有别和等级观念，这在民族观念中根深蒂固。随着时代的进步，等级观念逐渐被人们所摒弃，但汉族传统文化中"长幼有序"的思想在民居空间布局中依然发挥着作用。受此影响，面南背北的正房往往是老人和家庭主人居住，两侧厢房一般为家庭其他成员的房间。西厢房获取日照热量相对充足，常做居住空间，而东厢房一般作为厨房和储物间使用。

（2）院中花园和菜地。汉族四合院中往往种植观赏花木，而青海民居面宽大，院中空间相对较大，为院中花园提供了空间，空余的院落空间常用来种植蔬菜和瓜果，满足日常生活之需，这与乡村民居生活环境比较吻合。与中原地区汉族院中花园不同的是，青海汉族院内花木树种一般不高，多种植的是低矮植物，其中主要原因是避免过高植物遮挡房屋的采光从而影响建筑蓄热的功能要求，这一点与青海邻近省份甘肃天水汉族民居院内的花园有明显不同。

（3）空间组织及装饰丰富。民族装饰是民族身份的重要表现形式，入口的照壁是典型代表。一般大户汉族人家为庄廓四合院，入口从倒座一侧进入，直接面对的是雕刻精美的照壁，再从入户大门转折进入内院。这种空间组织深受中原汉文化的影响，即使在财力不及的情况下，哪怕省去砖雕木雕这类昂贵的装饰，也要努力实践这种空间转折的意象。青海汉族与其他民族装饰方面最大的不同之处在于对联和装饰的题材。大门贴有对联的住户往往就是汉族，这在多民族聚居地区很有辨识性。汉族的装饰题材相对丰富，在檐口、门窗、木雕、砖雕中，常以"八仙过海""琴棋书画""文房四宝"等作为装饰元素，这与内地中原地区汉族建筑装饰艺术基本相同。

4. 汉族庄廓民居

汉族庄廓主要分布于青海东部地区的黄河两岸的川水地带，在环湖地区的海北、海南州及三江源地区的海南、黄南州和柴达木地区的乌兰、都兰等地的河谷地带也有少量分布。

汉族庄廓形制既有传统风水格局的讲究，又有儒家理智的要求，同时还受到佛、道等宗教的影响。通常庄廓坐北朝南，院内靠墙建房，中留庭院，面阔五间或三间，单坡平顶。正房内明间靠墙摆放条几、八仙桌，两边为官帽椅，墙上挂古训字画，寝室常做满间炕，炕中摆放炕桌。庄廓主体为土木结构形式，建造顺序为"地基砌筑—外墙夯筑—搭木框架—屋顶及内墙"。建造时序较为灵活，可依据家庭条件逐项完成建造。庄廓外墙厚实，最宽处可达近 1 m，墙基多为河谷卵石砌筑并高于地坪 0.5 m 左右，内部木框架构建多与外墙交接，屋顶多为素土压实，并向内院放坡，坡度较缓为 5% 左右。汉族庄廓装饰兼容并蓄，佛教、道教等文化素材在民居中均有体现，装修木料为木材本色，木雕多以暗八仙、梅兰竹菊、文房四宝等题材为主。青海汉族庄廓空间规整、厚重密实，相对中原汉族合院民居，其建筑特征具有鲜明的高原特征，这与南方天井式民居有很大不同，它的形成完全是由高原严酷的自然地理气候环境决定的，是一个自然与人文各要素长期综合作用的结果（图 2.10）。

图 2.10
汉族庄廓民居
（贵德县河东乡下
罗家村，户主：关
生财）

资料来源：作者拍
摄、绘制（拍摄时
间：2011年4月）。

（a）庄廓入口

（b）内院1

（c）室内装饰

（d）内院2

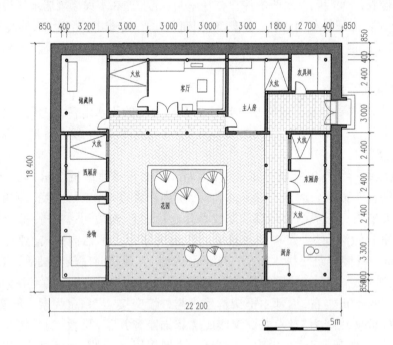

（e）平面图

（f）剖面图

26

2.2.2 藏族民居

1. 青海藏族概况

藏族是青海主要世居民族,占全省人口的24%。青海的藏族主要分布在果洛、玉树、黄南、海南、海北、海西6个藏族自治州,另散居在海东各县和西宁市。藏族由古代吐蕃族群发展而来,7世纪30年代藏王赤松德赞时期,吐蕃势力日盛不断东进,一度占领青海全境。进入青海的吐蕃人同青海地区土著的羌人及鲜卑吐谷浑人等交错杂居,长期融合形成今天的青海藏族。藏族素以牧业为主,兼营少量农业和手工业,因此游牧文化是藏族文化的主要内容。青海藏族中绝大多数人信仰藏传佛教,少数人信奉古老的苯教。按藏族语言划分,青海除玉树地区以康巴语系为主以外,其他地区均以安多方言为主,这主要是受巴颜喀拉山阻隔的影响(图2.11)。巴颜喀拉山不仅划分出东部黄河源头水系和西部长江源头水系,也阻隔了交通和信息的交流,逐渐形成康巴和安多的藏族语系。

2. 聚落特征

(1)类型多样。青海地域广阔、地理自然环境多样,加之藏族分布范围较广,因此藏族相对其他民族聚落类型多样,基本包含青海东部农耕藏族聚落、南部山区藏族聚落、中部牧区藏族聚落三种类型(表2.2)。

农耕藏族聚落特征:青海东部河湟地区多民族聚居,按照海拔高度划分,藏族多生活在脑山及高山地区,这里海拔多在3 000 m左右,多从事的是半农半牧的生产方式。如在尖扎县坎布拉山区,藏族聚落相比河谷川水地区的汉族和回族聚落,布局形式就相对松散,他们拥有相对独立的院落和围墙以及自家的牲畜圈。由于位

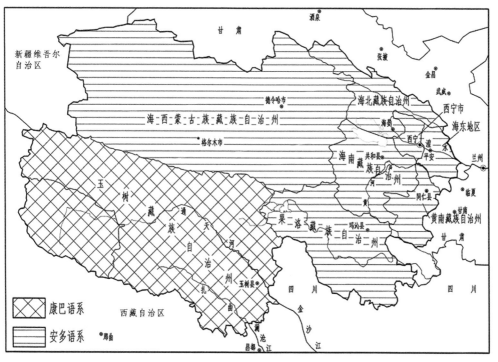

图2.11
青海藏族语系分布示意图
资料来源:作者绘制。

表2.2　青海藏族聚落特征分析

聚落类型多样	农耕聚落 （尖扎县尖藏村）	山区聚落 （称多县德达村）	牧区聚落 （尖扎县尖扎滩乡游牧点）
上寺下村	寺庙居于高处 （贵南县鲁仓寺）	寺庙多白色 （同仁县瓜什则村）	寺庙体量较大 （循化县文都寺）
宗教设施鲜明	经幡 （班玛县马可河村落入口）	玛尼石 （囊谦县班达村）	佛塔 （囊谦县多那昂村）

资料来源：除地图来源google网络，其他图片均为作者调研拍摄（拍摄时间：2011年及2013年）。

处脑山及高山地区，地形多变，河谷纵横，建筑依山就势，聚落整体形态灵活且松散。仅在一些河谷台地地势较为平坦的地区，聚落相对紧凑，但是依然受到山地地形的限制，民居之间参差错落。

青南山区藏族聚落特征：青海南部藏族聚落多分布在大山山谷地带，受青海南部整体海拔高度的影响，即使聚落是在河谷谷底，海拔也多在3 600 m左右，与此相比，山顶海拔多接近于5 000 m，落差将近2 000 m，高落差与山峰较小的水平间距，使得山体的坡度较大，约达50%，因此聚落形态受地形地貌的限制极为明显，属于典型的陡坡山地聚落。受到大山的阻隔，这里多交通不便，加之高海拔冬季严寒，常有大雪封山等自然条件的限制，致使聚落之间较为分散，只有沿同一河谷居住的村民相对联系较为紧密。藏族的风水文化在这里也极为盛行，"靠山面水""背北向阳"等河谷两岸的台地多是聚落选址的优选位置。青南山区藏族聚落整体上呈现规模小、形态松散的特征。

牧区藏族聚落特征：牧区严格来说，聚落的概念一定程度上是牧民的放牧点，牧民帐篷流动性极大，同时牧民临时固定式的住屋变动性也较大，不同季节住居存在使用和闲置两种状态。从牧区放牧点较为集中的部分游牧点来看，聚落形态极为松散和自由，聚落形式几乎完全与游牧的生产生活方式相一致，除小面积的居住空间以外，聚落中大面积的空间均为牲畜圈，各家院墙的形式也从农业区高大院墙变为低矮的牲畜院墙。聚落以外即是广袤的草场，聚落中看不到类似农耕区的密集巷道和树木，唯有远山、牛羊和草场。

（2）上寺下村。不论是东部农业区聚落和南部山区聚落还是牧区藏民游牧点，在聚落附近不远处往往分布着大大小小的佛教寺院，形成藏族聚落典型的特征，即"上寺下村"。有的村落紧邻寺庙，寺庙居于高处，居民区位于地势相对较低的位置，二者之间留一定距离，这一点与回族、撒拉族围寺而居的聚落形态有很大不同。有的寺庙相对独立，远离聚落，拥有寺院和僧人住宅区，该类型寺庙多选择在地势较高的山体上建造。

（3）宗教设施鲜明。藏族聚落中"佛塔""经幡""玛尼石堆"等宗教设施十分普遍。虽然有些村落距离寺庙较远，但村中的佛塔必不可少，这是藏族聚落的重要标志。在牧区经幡往往用色彩丰富的"风马旗"组成宗教图案，大量经幡布置在村落附近的山腰处，规模庞大，甚是壮观。玛尼石堆在石材充足的地区如青南山区，分布较密集，有的玛尼石在道路两侧山体石壁上雕刻，有的在村头入口处堆放。

3. 住居形态

（1）类型多样。与多样的聚落特征一样，由于青海地域广阔、地理自然环境多样，民居类型多样，以至于居住形态也存在较大的差异。青海传统民居划分为东部庄廓、牧区帐篷及冬居房、南部碉房及少量碉楼5种基本类型。庄廓多位于青东的农业地区，碉房多位于青南高山峡谷的半农半牧地区，帐篷多分布于高原草甸海拔相对较高的地方，冬居房多位于高原草甸海拔较低的河滩处（图2.12）。

① 碉房。"碉房"多为石砌或土筑的二层或局部三层民房，大都建在背风向阳，能够防御侵袭的河谷山坡地段。青海藏族碉房分布的区域海拔较高，多在3 500 m左右，气候寒冷，碉房具有较好的保温及防御功能，很好地适应了该地区气候及人文环境，成为青海三江源地区藏族独具特色的传统民居之一。藏族碉房主要分布在玉树、果洛、黄南州的一些农牧兼营的半农半牧地区，且这些地区多是盛产石材的山川河谷地带，以玉树州通天河流域为主，根据所处的地域不同，其碉房建筑材料有细微的差异，但整体形制没有大的变化（图2.13）。

青海藏族碉房多为石木或土木结构，一般为两至三层，底层为牲畜圈和储藏室，二层为居住层，分客厅（厨房）、卧室等，三层多为佛堂和晒台。碉房外形端庄厚重，风格古朴粗犷，空间布局紧凑合理，生产生活功能完善，体现出当地藏族群众的生活智慧和高超的建造技艺。碉房建造技艺复杂且精细，用料考究，所选石材为当地的片石，厚度一般不能超过20 cm，黄土经过筛选，预先调制，从而保证最佳的黏性，根据地势，有的还要在墙内加入木筋，来增加墙体的稳固性。房屋建造时先搭建木框架再砌筑墙体，建造先从两个基角砌起，然后螺旋向上砌筑，片石与片石间需确保压实，所有的缝隙必须用黄泥填缝。土木结构的碉房采用夯筑或土坯砌筑墙体，再以黄泥抹面。

受地域环境和材料所限，藏区碉房装饰构件较少，风格粗犷而厚重。总体色彩

图2.12
青海藏族住居
类型多样

资料来源：作者
拍摄［拍摄时间：
(a) 于2011年8月；
(b) 于2013年8月；
(c)(d) 于2012年
7月］。

（a）青南山区碉房（碉楼）
（果洛州班玛县灯塔乡）

（b）农区庄廓
（海东地区化隆县查普藏族乡）

（c）牧区帐篷
（海北藏族自治州祁连县默勒镇）

（d）牧区定居房
（果洛藏族自治州达日县上贡麻乡）

图2.13
玉树地区碉房
民居

资料来源：(a)青
海省住房和城乡
建设厅村镇建设
处；(b)(c)作者拍
摄（拍摄时间：
2011年8月）。

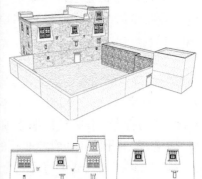

（a）玉树县电达村碉房民居（隆宝百户府邸）

（b）称多县拉布乡兰达村尕松文江家碉房

（c）尕松文江家碉房室内

朴素协调，基本采用材料的本色。泥土、石块、木料相得益彰，与周边的自然环境和谐统一。窗多采用藏式牛头窗，开窗面积较小，特色鲜明，屋檐、窗檐下轻巧灵活的木质出挑与大面积宽厚的石墙、土墙形成虚实的对比，使得碉房外观变化趋向丰富。这种做法不仅体现出功能所需，且兼顾了视觉艺术效果，使其自成体系，展现出浓郁的高原地域特色。

地区自然气候与人文环境的特殊性造就了独特的藏族碉房民居。其分布区域均为高原河谷地区，为碉房的产生提供了丰富的石、木、土等基本材料。这些地区的藏族同胞以农业或半农半牧的定居生活为主，房屋保温、防御的功能要求对碉房建筑形制具有较大影响。青海藏族碉房是藏式民居的一种地区形式，与四川羌族碉楼有相似之处，但其防御功能弱于羌族碉楼，建筑构造也更适应高海拔地区的气候条件，青海玉树地区碉房与西藏昌都地区藏族碉房有较大相似之处。

玉树县电达村隆宝百户府邸是石木结构的四层藏式碉房。该碉房内隔间错落严谨，客厅、寝室、佛堂、厨房、粮仓、肉仓、牢房、厕所、杂物间一应俱全，四楼只有坐北朝南的度母佛堂和风干肉仓，两间房屋的东西两侧设有煨桑台。三楼是百户的起居室，有佛堂、客厅、寝室、厨房等，二楼是家人的生活用房，一楼为杂物间和牢房。所有建筑中佛堂装饰最为精美，比其他房屋高 2 m 左右，从三楼房顶伸出凸形，凸出部分为自然采光及通风的天井窗。

② 碉楼。碉楼汉代称"邛笼"，多矗立在高山坡陡的河谷地带，藏族碉楼在青藏高原分布广泛，西藏东南、云南西北均有分布，但碉楼分布最为密集的地区为四川西部与青海果洛和西藏昌都接壤的广大藏羌地区[①]。川西高原碉楼分布又以岷江上游河谷到大渡河上游一带的嘉绒藏族地区为核心区，青海果洛州的班玛县马可河即为大渡河的上游地区，该地区碉楼为典型的擎檐柱式碉楼形制。青海碉楼民居主要分布在班玛县灯塔乡马可河河谷一带，相对青海庄廓、碉房和牧区帐篷民居来说，青海的碉楼民居规模较小，数量也较为稀少。

擎檐柱式碉楼建筑石砌主体厚重稳固，外围木质廊架灵活轻盈，碉楼一般分为三层，一层为牲畜间，二层住人，三层多为佛堂和储物间，建筑整体高约 10 m，屋面多为平顶，墙体为石、木交错。一层牲畜间多为四梁八柱，各楼层由独木楼梯上下，二层主要由居室、佛堂、厨房、走廊组成，房与房之间用木隔断分割，外墙留有窗户和烟道，窗洞形状为"外小内大"呈喇叭口状，具备很好的采光和防御功能。房屋外沿由柳条编织的篱笆墙分隔出檐廊空间，并在西北侧设架空厕。碉楼墙体、门窗、天棚、独木楼梯为本色石材及木材，与地区自然环境和谐统一，浑然天成。

碉楼由藏族专门的石匠修建，在建造过程中，不吊线、不绘图，全凭经验信手而成，其墙壁能达到光滑平整、不留缝隙的程度，建造技艺十分精湛。碉楼建筑为石木建筑，相对玉树地区的碉房，木的成分相对较多，室内外的木柱和石砌墙体共同承重，楼层地面以藤蔓、石片、木柱铺设地板。青海藏族碉楼民居色彩朴素协调，基本采用材料本色，如土黄色的泥土，青灰色的石块，但在顶层木质房屋墙面常涂有藏红色涂料，并在檐口椽头涂有白、蓝、黄、红等亮丽色彩用以装饰。青海马可河一带的

① 石硕,刘俊波.青藏高原碉楼研究的回顾与展望[J].四川大学学报(哲学社会科学版),2007(5):74-80.

碉楼多建在河谷高山台地上,集居住、生产、防御为一身。受地形影响,碉楼民居相邻但不相连,顺应山势高低错落(图2.14)。

③ 庄廓。庄廓是东部农业区藏族民众普遍采用的一种居住建筑类型。从跨地域建筑视角看,庄廓是我国青藏高原藏族碉房建筑文化与黄土高原生土合院建筑的一种结合,它集藏族碉房的厚重规整与汉族合院民居的院落空间双重特质于一体,呈现出西部游牧文化与东部农耕文化的融合,是青海特有的一种民居类型。藏族庄廓民居突出的特点就是占地面积较大,长宽多在20 m见方,面积多在400 m²左右,这主要是受到藏族半农半牧的农业生产方式的影响。内院空间规整没有过多的空间转折,且内院一般不种植植被,这与汉族、回族、撒拉族内院花园式庄廓不同,主要是受到草原牧业文化的影响。

藏族庄廓民居主要分布于青海东部黄河湟水河流域、海北及海南州河谷地带,柴达木乌兰、都兰等有少量分布。青海藏族庄廓院墙四角多置石,庭院内常设“中宫”,并设有煨桑炉,在庭院中树立经幡旗杆等宗教设施。藏族房屋装饰以佛八宝为主,房顶、墙头上或院内挂有印玛尼经的五彩风马旗(图2.15)。

④ 帐篷。帐篷(亦称帐房)是青藏高原高山草甸地区游牧民族普遍的居住类型。高山草甸地域广袤,山谷、河溪、草场、牛羊是其地域景观的主要内容,石、木等建材资源极为有限,特殊的自然地理环境为帐篷民居的产生提供了重要前提。帐篷民居取材牛羊毛,生活燃料来源晒干牛羊粪,建筑与高原环境和谐共生,可以说是传统民居中最为朴素的“绿色建筑”。

青海藏族帐篷民居主要分布在高山草甸地区,这里海拔多在3 300～5 000 m之间,在环青海湖地区和三江源地区以及柴达木的都兰和乌兰地区多有分布。帐篷的分布受到游牧农业生产方式的影响,带有明显的“流动性”特点。“逐水草而居”帐篷具体位置并不固定,但它始终离不开高山草场特殊的自然地理环境。藏族帐篷民居主要分为黑帐(牦牛毛)、白帐(羊毛)、花帐(布及牛羊毛)三种。帐篷由篷顶、四壁、横杆、撑杆、橛子等构成。篷顶正中有盖布,白天打开,夜晚盖上,可通风防雨。

搭建帐篷选址多在“靠山且高低适中,北高南低,帐篷正前或左右有清泉流淌”的地方。帐门朝东,搭建时将帐篷顶部的四角缝绳拉向远处,系于地上的木橛子,然后在帐篷中架一根木杆做横梁撑开篷顶,用两根木立柱支撑横梁两端,然后用橛子固定帐篷四壁底部,最后在帐篷内部中央建有灶台。为挡寒风,常在帐篷内壁处用草皮砌有一尺高的矮墙。

作为游牧民族,帐篷是藏族广泛使用的一种流动性的居住形态。黑色牦牛毛编制的帐篷作为一个家庭中核心的生活空间,可满足必要的住宿、饮食、储物等生活要求。与固定式民居不同的是,帐篷民居“地为床、天为被”,逐水草而居,是一种流动的家。帐篷的构造形式相对简单,主要由牦牛毡布、绳索、支撑木柱三大部分组成,根据家庭人口数量和具体功用,帐篷的大小分为不同的规格,大部分牧民家庭用帐篷尺寸约为长7 m、宽6 m的长方形的平面形式。除大型的牦牛毡帐篷以外,还有一种是行旅帐篷,空间较小,一般长宽仅2 m左右,可满足1～2人使用。从帐篷结构上看,其结构形式简单、拆装灵活、运输方便,很好地满足了游牧生活的要求。

勤劳淳朴的藏族牧民,大多对藏传佛教笃信不移,故在帐篷正中尊位设有神龛,

图 2.14
青海果洛州班
玛县马可河流
域的擎檐柱式
碉楼
资料来源:作者拍
摄[拍摄时间:(a)
(c) 于 2014 年 1 月;
(b)(d) 于 2011 年
8 月]。

（a）班前村碉楼聚落景观　　　　　　　（b）果芒村单体碉楼

（c）擎檐柱,碉楼主体木材用量较大　　　　（d）碉楼室内

图 2.15　青海藏
族庄廓民居
注:藏族庄廓相对
其他民族的庄廓
民居,建筑整体较
为规整、封闭,空
间布局多为"回"
形,具备西北游牧
文化与农耕文化
融合的典型特征。
资料来源:作者
拍摄[拍摄时间:
(a)(b) 于 2013 年 8
月;(c)(d) 于 2014
年 6 月]。

（a）同仁县曲库呼乡,瓜什则村　　　　　（b）瓜什则村,藏族庄廓大门

（c）同仁县扎毛乡,牙什当村　　　　　　（d）牙什当村,村路小巷

除供奉佛教诸神外,还有用黄绸缎包裹的佛经。位于神龛附近的立柱是帐篷里的"上柱",上面除了念珠、转经筒、护身佛盒等敬神器物外,不许悬挂他物。青海藏族牧区帐篷的外面常插有一些五色经幡,它们随风飘曳,抖动着神圣的经文,为帐篷的主人祈福消灾、驱鬼慰神。

以青海海南州江西沟乡一户牧民家帐篷为例,其位于青海湖南岸。该户有祖孙三代,帐篷共有黑帐、白帐、花帐三种类型,老人居住在空间较大的黑帐中,子女分别居住在白帐和花帐中。黑帐帐内占地面积约 40 m^2,形状基本为正方形(长 6.4 m,宽 6 m),白帐及花帐形状为尖顶式和马脊式。黑帐帐内与入口正对的中央位置布置长条形灶台,篷顶为通风天窗,便于室内烟气排出,灶台端头正位设佛龛矮柜,灶台东侧为居住空间,篷壁处堆放一些被褥和卧毯,灶台西侧为做饭洗漱空间,多放置食物、餐具及燃料。该户帐篷空间虽然矮小,但各功能空间完备且十分紧凑(图2.16,图2.17)。

游牧作为藏族的主要生活方式之一,是藏族对高原生存环境做出的一种适应性选择。藏族牧民在漫长的游牧生涯中,将探索生命世界所获得的思想智慧镌刻在了集生产生活为一体的帐篷民居上,它作为藏族牧民世世代代的住屋,不仅反映了游牧

(a) 黑帐室内,顶部有通风帘　　　(b) 生土灶台　　　(c) 正位设佛龛

(d) 牧区黑帐　　　　　　　　(e) 马脊式行旅帐篷

图2.16　牧区藏族帐篷民居(海南州江西沟乡牧民帐篷)

资料来源:作者拍摄(拍摄时间:2012年7月)。

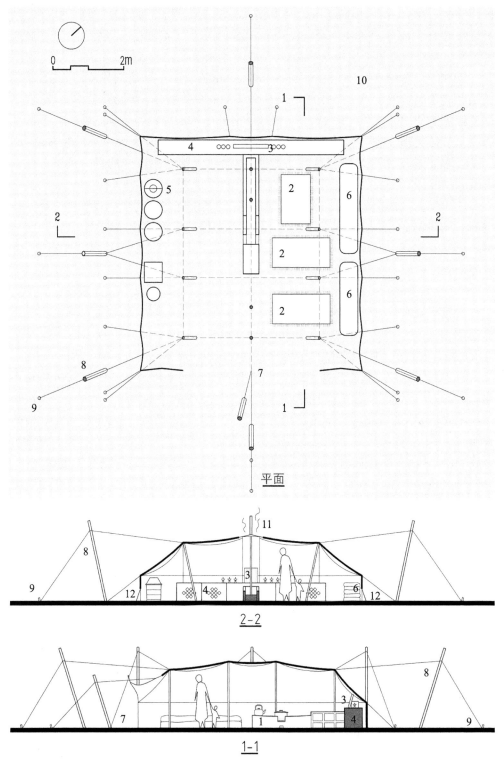

平面

2-2

1-1

1—生土灶台；2—卧毯；3—佛龛；4—藏柜；5—厨具；6—被褥；7—入口；8—木柱；9—木楔子；10—草甸；
11—通风帘；12—帐布卷起可做通风孔

图 2.17　牧区藏族帐篷民居测绘图（海南州江西沟乡牧民帐篷）

资料来源：作者根据海南州江西沟乡牧民帐篷调研绘制。

民族的生活特点，而且反映了与自然和谐共生的文化特质。自20世纪后期以来，环境退化进一步加剧，高原生态环境变得更加脆弱，依赖于高原生态环境而存在的藏族传统游牧文化随之呈现出蜕变的趋势，传统藏族帐篷也日渐减少。

　　⑤ 牧区"冬居房"。该民居是牧区藏族冬季牧场的一种建筑类型，它具有冬季使用和夏季闲置的特点。冬季游牧民从海拔高的夏季牧场，转场到冬季牧场，在冬季里帐篷的使用率降低，海拔较低、相对固定的土木房即成为冬季游牧民主要的住居建筑。该类房屋空间较小，往往紧邻草原溪流，周围配有大大小小的牲畜圈（图2.18）。牧区中土木房的分布也极为普遍，是游牧民除帐篷以外的另一种重要住居类型。

　　（2）佛堂。虽然藏族居住建筑类型多样，但其中居住空间多会设置佛堂等宗教空间［图2.19（a）］。佛堂紧邻卧室，内部供奉佛像等宗教信物，佛堂也常作为起居室。碉房佛堂多设在顶层，庄廓的佛堂多设置在正房左右一侧。帐篷空间有限，佛像等宗教信物放置在帐篷的中轴线上，与帐篷入口相对。

　　（3）宗教设施。藏族不论碉房还是庄廓，宗教设施必不可少。住居院落中常见的宗教设施有煨桑炉、经幡旗杆、中宫等［图2.19（b）］。煨桑炉、经幡旗杆多与中宫组合，放置在内院中间。中宫多是长宽3 m、高0.7 m的方形池台，地下埋设宗教信物，中宫体现出藏传佛教中天圆地方的宇宙观，中宫这种宗教设施多出现在东部庄廓民居中。

　　（4）独立旱厕。藏族厕所与其他民族有着很大的不同。从事游牧的藏族是不建厕所的，从事定居生活的藏民也多属牧业地区或半农半牧地区，认为人的粪便是不洁之物，在建造房屋时一般将厕所布置在室外。受到藏族"洁净观"文化习俗的影响，厕所一般相对独立于建筑以外且高于地面一定的距离（图2.20）。例如在青南藏族碉房民居中，厕所被设置在北墙建筑主体以外，一般会在二层高度以上设厕所，粪便可直接排向室外地面。这种旱厕高于地面的建筑特点在青海东部农业地区也有体现，厕所与地坪高度保持一定距离，一方面满足了民族文化习俗的要求，另一方面可收集肥料，满足农业生产需要。

（a）果洛州玛沁县牧区冬居房　　　　　　　　（b）果洛州甘德县牧业聚居点

图2.18　牧区藏族"冬居房"

资料来源：作者拍摄［拍摄时间：(a)于2014年1月；(b)于2011年8月］。

图 2.19
藏族民居的佛堂、宗教设施
资料来源: 作者拍摄(拍摄时间集中在2011—2014年)。

"庄廓中的佛堂",同仁县吾屯上庄　　　　"碉楼中的佛堂",班玛县灯塔乡

(a) 藏族民居的佛堂

"煨桑炉",同德县巴沟乡　　　"中宫",贵德县罗汉堂乡　　　"风马旗",班玛县亚尔堂乡

(b) 藏族民居的宗教设施

图 2.20
藏族民居独立旱厕
资料来源: 作者拍摄。

"碉房旱厕",囊谦县巴麦寺　　　"碉楼架空厕",班玛县灯塔乡　　　"庄廓旱厕",海晏县

2.2.3 回族民居

1. 青海回族概况

青海回族是地区多元民族中的重要一员,据统计,回族人口占全省总人口的14%。青海回族主要居住在青海省东部农业区,其中西宁市城东区、大通回族土族自治县、民和回族土族自治县、化隆回族自治县、门源回族自治县等地较为集中,与我国其他地区回族居住情况一样,呈现大分散、小聚居的特点。青海回族的来源有多种解说,主要认为元代从阿拉伯等地迁入,也有明朝时期从中原南京一代移民而来。元代是青海回族定居及初期活动的时期,明代是民族形成时期。回族信奉伊斯兰教,宗教始终成为一种凝聚力量,规范着这里人们的生活方式和社会组织形式。回族有独特的生活习俗,以清真寺为中心的社区组织,与其他民族有着明显区别,形成鲜明的民族特色。

2. 聚落特征

(1)围寺而居:围寺而居是穆斯林民族普遍的居住习惯,这也成为回族、撒拉族区别于其他民族最为鲜明的特点之一。青海回族多从事农耕,分布在海拔较低的川水和浅山地区,川水地地形相对平缓,但在浅山地区地形变化相对较大。聚落形态以清真寺为中心做放射状发展,形成典型的"围寺而居"的聚落形态。根据地形的不同,村中道路变化丰富,清真寺往往位于村中干道附近,与民居建筑面南背北不同,清真寺是面东背西,且寺庙建筑体量较大,是聚落中规模最大的建筑,清真寺西侧多为大片的穆斯林墓地。

(2)高耸的礼拜塔:从聚落天际轮廓线来看,聚落最高的建筑即是清真寺的礼拜塔和大殿屋顶。清真寺建筑群由礼拜大殿、礼拜塔(邦克楼)、沐浴室等组成,礼拜塔是清真寺最高建筑。青海东部地区多元民族聚居此地,不同民族村落交错相连,仅从聚落外观上很难分辨出民族身份,但穆斯林的清真寺高耸的礼拜塔距离很远就清晰可见,并配有极具民族风格的建筑色彩及符号,因此回族穆斯林聚落的民族特色十分鲜明。中国穆斯林清真寺存在两种建筑样式,一种是中国特色的歇山屋顶四合院形制,另一种是阿拉伯中亚穹顶形制,其中中国传统歇山屋顶形制在我国西北穆斯林聚居区较为普遍,例如宁夏、甘肃以及青海的东部地区就广泛采用中国传统歇山屋顶作为礼拜大殿,礼拜塔也类似中国传统重檐塔,成为西北地区穆斯林清真寺的典型特色。

(3)"尚绿"的建筑色彩:色彩在穆斯林建筑装饰以及生活服饰上特色鲜明。穆斯林崇尚绿色,不论中式歇山顶还是阿拉伯式穹顶的清真寺,屋顶颜色多采用绿色。除绿色以外,穆斯林也喜爱白色、黑色和蓝色。服饰上多采用白色和黑色,部分清真寺屋顶也有选用蓝色的,可以说以绿色为主,白、黑、蓝是青海穆斯林常用色彩(图2.21)。

3. 住居形态

虽然与鲜明特征的清真寺建筑相比,青海回族民居建筑特色并不十分鲜明,但从住居空间形态和宗教生活方面,依然能够发现其中的民族建筑特征,主要集中体现在民居庭院空间布局、屋顶形式、宗教空间等方面(图2.22)。

(1)院内空间较为宽松:回族相比汉族和撒拉族而言,其生活地区多在浅山地区,住居形态要比前者松散,但比藏族和土族高山地区民族而言,住居形态又相对紧凑。青海回族同样以庄廓民居为主,但相对藏、土族的民居封闭感较弱,如回族多在北墙单面建房,院落空间围合程度不高,因此院内空间较为宽大。院内空间有余,回族常在院内种植植物和蔬菜,一方面美化内院空间,另一方面满足生活需要。

图2.21 青海回族聚落特征

资料来源：
(a) google地图；
(b)、(c)、(d) 作者拍摄[拍摄时间：
(b)、(d)于2015年3月；(c)于2015年4月]。

（a）围寺而居的聚落平面
（祁连县八宝镇冰沟村）

（b）清真寺位居聚落核心位置
（祁连县八宝镇冰沟村）

（c）高耸的礼拜塔
（化隆县二塘乡）

（d）绿色、白色为主体颜色的宗教建筑
（祁连县八宝镇上庄村）

（2）正房多"一"字形为主：居住房屋在院内空间布局多以"一"字形为主，院落整体面宽较大。回族多由西往东对正房进行分期建设，先在西侧盖好若干间并在东侧墙面留有建筑连接构件，以备后期加建，这种一字形布局很好地满足了分期建设的需要。如居住面积不足，多在西侧建有西厢房，形成"钥匙头"（L形）的平面形式，这种形式对抵御西北方向的寒风很有利。

（3）屋顶形式"平坡兼有"：回族在青海分布较为广泛，在民居建筑形式上略有不同。在门源和大通之间达坂山区降雨量达到400～500 mm，但受到日照蒸发量大的影响，屋顶多为缓坡屋顶，屋顶构造多以"垫墩"的民间建造方法控制屋顶坡度，因此在湟水河以北的大通等回族聚居地区，民居建筑的屋脊与屋檐高差并不大。在降雨量较少的地区（湟水河以南地区），如华隆、尖扎、同仁等地，民居屋顶就多以平屋顶为主，其庄廓民居的建造较为典型，是平顶庄廓分布较为集中的地区。

（4）净房：受伊斯兰教义的影响，净身是每个穆斯林必须遵守的宗教习俗，所以对青海回族、撒拉族等穆斯林群众来说，净房是一个必不可少的生活用房。净房多设置在居住房间的一侧，房中淋浴的器具多为自制吊桶、唐瓶（汤瓶）①等，并在房中设排水地漏。

---

① 穆斯林有使用唐瓶洗漱的习惯。穆斯林不用脸盆而多用唐瓶，他们认为洗过的脏水不能重复使用，这也是穆斯林不用"回头水"的一种生活习俗。

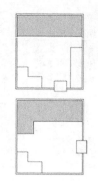

化隆县扎巴镇拉让滩村　　　　　　化隆县扎巴镇拉窑洞村　　　　　　示意图

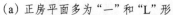
（a）正房平面多为"一"和"L"形

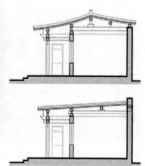

大通县良教乡凉州庄村　　　　　　化隆县昂思多乡　　　　　　　　示意图

（b）屋顶形式"平坡兼有"（湟水以北多为坡顶，以南多为平顶）

化隆县昂思多乡　　　　　　民和县官厅镇管中村　　　　　　化隆县扎巴镇拉让滩村

（c）回族民居室内装饰、大门图案、构造形式等多具有民族特色

图2.22　回族民居建筑特征

资料来源：作者拍摄、绘制［拍摄时间：(c)中间图于2014年5月；其余于2011年4月］。

4. 回族庄廓

青海回族庄廓民居主要分布于青海东部和东北部，以化隆、门源、民和、大通、湟中和西宁东关较为集中。回族典型庄廓院平面呈"钥匙头"（L形）或"一"字形为主。信仰伊斯兰教的回族在建筑布局中遵循"以西为贵"的传统，卧室多靠西布置，室内的西墙上贴有圣城的图样。由于生活中常有"大小净"的习俗，在卧室一侧常设有淋浴间，以满足日常的生活需要。在庄廓建造上与其他民族庄廓建造方法相似，仅在装饰装修中体现出本民族特点。回族信奉伊斯兰教，建筑装饰中遵循古

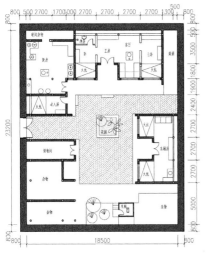

（a）平面

（b）建筑内外调研照片

（c）剖面

图2.23　青海回族庄廓民居调研测绘
（华隆回族自治县巴燕镇，户主：马成云）
资料来源：作者绘制、拍摄（拍摄时间：2014年2月）。

兰经教义，装饰题材中没有人物、飞禽走兽等，多以花草、经文纹样为主。回族、撒拉族均信奉伊斯兰教，其民居在建筑色彩、木雕、砖雕及庭院景观方面较为相似，不同之处多体现在正房平面形式上，回族多以"钥匙头""一"字形为主，而撒拉族多以"虎抱头"为主（图2.23）。

2.2.4　土族民居

1. 青海土族概况

土族是青海特有民族之一（图2.24），人口20万人，占全省人口562.67万人的3.6%。青海土族主要分布在青海互助土族自治县、民和回族土族自治县和大通回族土族自治县，另外在乐都、门源、同仁县等地也有土族聚居区，甘肃天祝县和永登县也有部分土族分布。土族是在

图2.24　土族
资料来源：中国邮政1999年邮票封面。

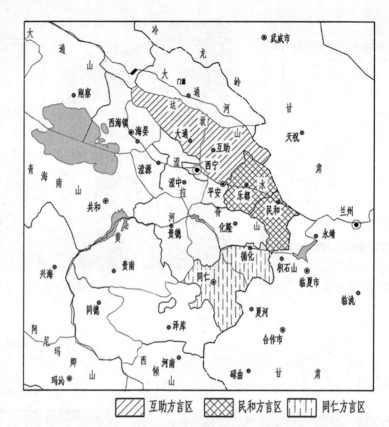

图2.25　土族方言区示意图

资料来源：作者绘制。

青海土地上经过长期历史发展而形成的民族。土族的起源众说不一，代表性的看法是，土族是以元代入居青海河湟地区的蒙古族为主体，吸收了汉、藏诸民族成分及其文化因素而形成的一个新的民族共同体①。土族先民信奉多神教、苯教和道教，元明以后普遍信奉藏传佛教。土族有自己的民族语言，属阿尔泰语系蒙古语种，但其历史上没有形成统一的文字，其文字多使用汉文和藏文。受地理环境的影响，族群交流不便，土族语言逐渐形成互助、民和、同仁三大方言区（图2.25）。如庄廓一词青海方言称作"庄廓"，而民和土族则称作"昂图"，互助土族称作"日麻"。

2. 聚落特征

（1）半农半牧：土族多生活在海拔2 700 m左右的脑山地区，这里多为高山与河谷的中间地带。土族先民多从事游牧，后与汉族及其他民族融合交流，学会种植后从高山游牧迁居到脑山地带，转变为半农半牧的农业生产方式②。在农业的同时兼营畜牧业，土族家庭多有牲畜，民居院落中或者周围多建有牲畜圈。为获得更多的牲畜饲料，土族将农作物废弃秸秆晾晒储存起来，堆积成垛，因此"麦垛场"是构成

---

①　崔永红.青海通史［M］.西宁：青海人民出版社，1999：268-272.

②　裴丽丽.土族文化传承与变迁研究［D］.兰州：兰州大学，2007：35.

土族聚落空间形态的重要内容之一。如在互助县丹麻镇乡村，大大小小的打麦场分布在每家每户宅院门口，这成为当地土族聚落的鲜明特征。

（2）依山傍水：土族聚落依山傍水，"依山"多是指脑山地带，"傍水"多是指山间河溪。如前所述，按照生产方式不同，汉、回、撒拉族多位于川水和浅山地区从事农耕种植业，土族多位于浅山和高山草甸之间的脑山地区，从事着半农半牧的农业，因此这里的依山傍水与撒拉族濒临黄河背靠大山的聚落形态有着明显不同。土族村落中或附近常会有山间溪流经过，成为土族聚落的又一特征元素。受地形地貌多变的影响，土族相比汉、回、撒拉族聚落形态更为多样。

（3）宗教景观：土族多信奉藏传佛教，聚落中宗教设施也是构成土族聚落特征的重要元素。土族村落入口常布置白色佛塔，有单独一座也有几座成列组合。同样，"上寺下村"藏传佛教影响下的聚落特征也在土族有所体现，如在同仁县郭麻日土族村落，寺庙位于地势较高的台地上，寺院与居民区被由东西向的河流所分割，寺院建筑群由佛殿、佛塔、活佛住宅、僧人住宅以及附属建筑组成，寺庙整体平面形态比较规整有序，而居民区则为密集的庄廓建筑群落（图2.26）。

（a）半农半牧，"上牧下耕"的聚落景观
（互助县丹麻镇普通沟村）

（b）依山傍水，脑山地区河谷纵横，村庄镶嵌其中
（互助县丹麻镇哇麻村）

（c）土族多信奉藏传佛教，村中普遍建有寺庙
（同仁县郭麻日村）

（d）土族村中宗教设施多样，此为村中的龙王庙
（互助县红崖子沟乡张家村）

图2.26　土族聚落特征
资料来源：作者拍摄［拍摄时间：(a)、(b)、(d)于2014年6月；(c)于2011年4月］。

3. 住居形态

（1）封闭紧凑：土族主要为半农半牧的农业生产方式，脑山地区可供耕种的土地面积有限，加之气候寒冷、辐射蒸发量大、土地产量不高，唯有增加种植面积提高产量，这造成居住面积的相对减少，因此土族村落街巷及住居空间相对封闭和紧凑。由此，土族庄廓平面形式多采用合院形式，最大化利用院内空间。住居中佛堂、卧室、厨房、畜舍、厕所、柴草房等空间合理划分，正房多为居住和佛堂，左右厢房多为厨房以及卧室，南墙附属空间多为入口过道、杂物间以及厕所，整体平面布局中居住空间占据较大比例而庭院空间相对较小，很少出现类似汉族和回族院内种植蔬菜、果树的现象（图2.27）。

（2）缓坡悬山屋顶：土族的庄廓屋顶与其他民族存在较大差别。如前所述，土族位于脑山地带，从人居环境的地理区位来看，处在藏族高山游牧与汉族川水农耕之间，其民居既有藏民碉房平屋顶的意向，又存在汉族民居坡顶的建造特点。从青海多民族屋顶形式对比来看，土族屋顶极具民族特色，主要表现在屋顶形式为平缓

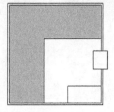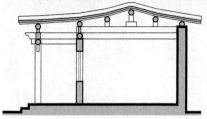

（a）土族民居典型平面　　　　　　　　（b）缓坡悬山屋顶

（c）土族角楼及门楼（互助县）　　　　（d）土族室内装饰（北京中华民族园土族园）

图2.27　土族民居建筑特征

资料来源：作者拍摄、绘制［拍摄时间：(c)于2011年1月；(d)于2012年3月］。

44

的悬山屋顶,并多采用双面放坡。除建造工艺上融合了藏、汉民居特点以外,根本原因还在于土族所在地区降水相对较多,土族人口较多的互助及同仁降雨量多在400 mm左右,正是位于农牧交错带的分水岭,排水以及防止雨水对墙体的侵蚀是民居建设中所要面临的重要问题。因此,平中带缓、双面放坡以及悬山屋顶的构造形式是土族民居的主要特征。

(3)角楼和坡顶门楼:青南藏族碉房多以二到三层为主,河湟谷地汉、回、撒拉族土坯房多以一层为主,居于游牧民族与农耕民族之间的土族,以一层为主体多在房屋一角建有二层的角楼,成为土族民居的一大特色。角楼的设置主要是考虑粮食的储藏,因为土族农业生产方式为半农半牧,种植的农作物多在房顶晾晒,为了收储方便,即多在房屋西北角设置角楼,利用木梯作为垂直交通工具到达二层。青海多民族民居有一共同的特点即为入口的门楼,但是每个民族门楼的具体形态有所不同,如藏族民居门楼多为平顶,而土族受到汉族坡顶建筑的影响门楼多为坡顶,有直接镶嵌在庄廊墙上的单坡门楼,也有高于院墙的双坡顶门楼。

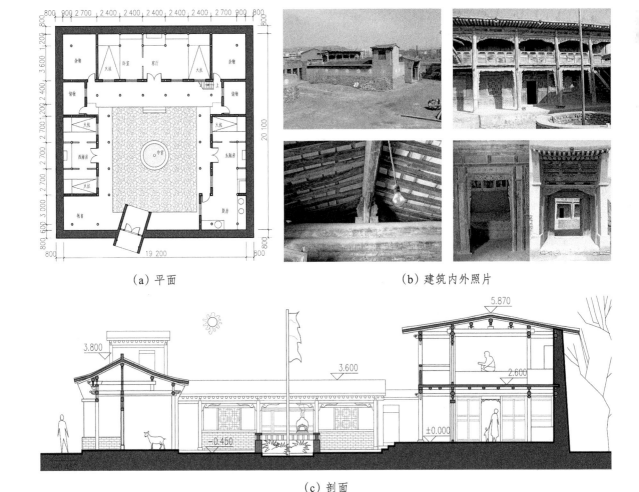

(a)平面　　　　　　　　(b)建筑内外照片

(c)剖面

图2.28　青海土族庄廓调研测绘(互助土族自治县土司民居)
资料来源:作者绘制、拍摄(拍摄时间:2011年1月)。

（4）宗教设施：中宫、煨桑炉、经幡旗杆等宗教设施在信奉藏传佛教的民居中十分普遍。土族宗教设施在藏式的基础上带有一定的汉式风格，如在煨桑炉的样式方面，藏式做法是椭圆形外观顶部为裸露的出烟口，在互助、民和一带土族多采用汉式双坡顶的房型煨桑炉，并与中宫组合放置在院落中间。但在同仁居住的土族，煨桑炉造型上还保留藏式风格，同时放置的地点也比较多样，有放置在入口大门上，也有放置在庄廓墙一侧的。

4. 土族庄廓

青海土族庄廓外观多为房高墙低，正房建筑平面多呈"虎抱头"或"一"字形。土族居民均信奉藏传佛教，通常在室内专辟一间供奉家佛，在庭院内常设置"中宫"，在其靠近正房的一侧设有煨桑炉，同时在庭院中常竖立一杆经幡，在院墙四角多放置大小适宜的白色卵石，这与藏族庄廓较为相似。土族庄廓多在正房檐枋处施以木雕，在保留木材本色同时刷有清漆，雕刻艺术题材多以佛八宝、文房四宝为主。土族庄廓区别于其他民族最大的特点在于屋顶形式多为双面放坡的缓坡歇山屋顶（图2.28）。

2.2.5 撒拉族民居

1. 青海撒拉族概况

撒拉族是青海特有的少数民族之一（图2.29）。他们主要分布在循化撒拉族自治县，也有分散在华隆县甘都镇及其周边州区，在循化以东甘肃积石山一带也有少量分布。青海省撒拉族人口有10.7万人，占全省562.67万人的1.90%。青海撒拉族人口相对较少，其民族居住范围相对集中，多分布在黄河青海下游段，集中于循化县街子乡、清水乡、白庄乡、孟达乡、查汗都斯乡、积石镇等地（图2.30）。

图2.29 撒拉族
资料来源：中国邮政1999年邮票。

关于撒拉族起源，学术界普遍认为，元朝初年中亚撒马尔罕一带突厥乌古斯部落分支，迁徙经新疆、河西走廊定居于青海循化县境内，经过长期发展与汉、藏、回等融合逐渐形成新的民族共同体。[①] 撒拉族主要从事农业种植兼营园艺业，多数人家都有大小不等的果园，所产的冬果梨、核桃、葡萄等驰名甘肃、青海。撒拉族信奉伊斯兰教，在生活、礼仪、习俗上均带有鲜明的伊斯兰文化特征。在宗教习俗方面，与回族、保安族等穆斯林有许多共同之处，如在饮食、节庆、礼仪、婚丧、禁忌等方面都大体一致，同时也具有自己本民族的独特文化的一面。

---

① 族史编写组.撒拉族简史［M］.北京：民族出版社，2008.

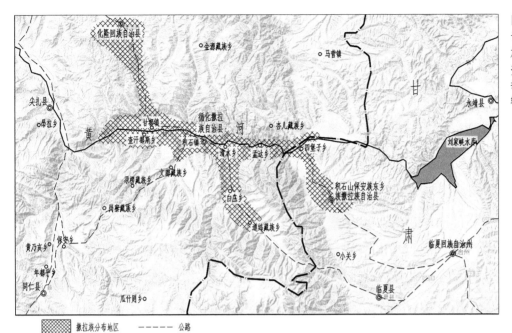

图 2.30 甘肃、青海两省撒拉族分布示意图
资料来源：作者根据相关文献资料绘制。

撒拉族分布地区　————　公路

2. 聚落特征

受到伊斯兰宗教和文化的影响，撒拉族聚落特征同样具备"围寺而居""高耸的清真寺""尚绿的建筑文化"等伊斯兰民族聚落特征的基本要素，但从撒拉族居住的地理环境来看，依然具有本民族的建筑特色（图2.31），主要表现在以下几个方面：

（1）逐水而居：撒拉族多聚居在河谷川水地区，这里平均海拔多在 2 000 m 左右，属青海境内的最东端，也是青海全省地势最低的地区之一，加之聚落多紧邻黄河，河谷谷地地下水位较高。与水量充沛的河谷谷地相比，周边海拔较高的山体多为喀斯特地貌，地形破碎、植被稀疏。根据青海气候资料显示，循化年降雨量259 mm，是青海东部降雨量最少的地区[1]。河谷谷地以上的高山地区常无人居住，在循化县城周边高山上地表裸露、水土流失严重，即使是游牧的藏族也很难在此生存。因此，从地理环境的景观垂直差异角度看，撒拉族聚居的河谷谷地的川水地区，犹如一片"绿洲"，撒拉族聚居此地聚落沿河谷呈带状发展。该地区紧邻黄河且海拔较低，因此地下水位较高，村中多有水井和水渠。如循化县街子镇修建了村中水利设施，使水溪穿村而过，溪旁种有树木使村中绿树成荫，素有青海的"小江南之称"。

（2）形态紧凑：川水地是青海境内最为肥沃、灌溉条件最好的农业土地类型，但作为多山的省份，川水土地资源也最为稀少。为此撒拉族在伊斯兰"围寺而居"的聚落形态的基础上，更强调聚落的紧凑和对空间的充分利用。聚落内街道窄小，道路曲折，每户之间往往共用一堵围墙，形成并联和联排式空间布局，以便减少对土地资源的浪费。

---

① 卓玛措．青海地理［M］．北京：北京师范大学出版社，2010：152.

（a）河谷"绿洲"，该地区降雨量仅300 mm　　　（b）为节约建筑占地面积，聚落形态紧凑
　　　　（循化县黄河谷地）　　　　　　　　　　　　（循化县白庄镇上白庄村）

　　　　（c）村中水景　　　　　　　　　　　　　　　（d）撒拉族墓地
　　（循化县街子镇三兰巴亥村）　　　　　　　　　（循化县街子镇上房村）

图2.31　撒拉族聚落特征

资料来源：(a)、(b)来源google网络；(c)、(d)作者拍摄（拍摄时间：2013年8月）。

　　（3）聚落类型较为单一：由于撒拉族人口相对较少，加之人口多分布在循化黄河谷地川水地区，地貌类型均属于河谷川水地貌，从与藏族人口多、分布广、聚落类型多样的对比来看，撒拉族聚落类型较为单一，基本为紧凑型川水聚落形态。

　　3. 住居形态

　　与类型单一的聚落相比，撒拉族住居空间形态却十分丰富，其主要表现在（图2.32）：

　　（1）篱笆楼：撒拉族传统住居类型主要为土木结构的生土民居，最具特色的是富裕人家建造的一种两层土木楼房。一层的围护结构是夯土或土坯墙，二层是使用当地柳条编制成篱笆，然后敷抹上草泥做围护墙面。这种墙体既取材方便、施工简单，又能防火、隔音且冬暖夏凉，当地人称之为撒拉族篱笆楼。[1]

　　（2）内院园林化：撒拉族并不像信奉藏传佛教的民族在庄廓内院设置中宫，而

---

① 王军，李晓丽. 青海撒拉族民居的类型特征及其地域适应性研究［J］. 南方建筑，2010(6)：40.

48

（a）撒拉族篱笆楼（循化县街子镇骆驼泉民俗村）

（b）庭院绿化（循化县街子镇）

（c）正房"凹"形平面（循化县街子镇骆驼泉民俗村）

（d）室内装饰（循化县街子镇）

（e1）正房四开间"凹"形平面，且南向多面开窗（循化县大庄村）

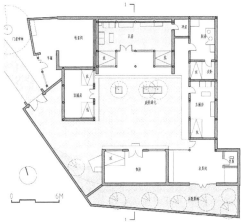

（e2）结合地形灵活多变的院落平面（循化县大庄村）

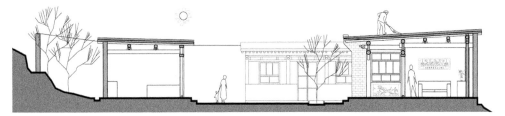

（e3）撒拉族正房典型剖面及院落空间（循化县大庄村）

图2.32　撒拉族民居特征

资料来源：作者拍摄、绘制［拍摄时间：（a）—（d）于2013年8月；（e1）于2015年4月］。

是在院内种植花木、果树用于观赏。庄廓入口也常设砖雕照壁，并由月亮门连接入口和内院，院中的花木成为住居空间的视觉焦点。

（3）空间形态丰富：撒拉族住居空间剖面高度变化相对较为丰富，生活用房往往要高出院内地坪40 cm，使正房整体高于周边地势，这有利于建筑防潮以及防止水患。同时在南侧房屋地下多设置果窖，这对种植果树的撒拉族来说十分必要，因此撒拉族住居垂直空间组织较为丰富。住居院落空间平面形态与多变的聚落形态相一致，住宅入口的方位不固定，往往为避免直通内院，常设有照壁阻隔，经月亮门转折进入内院。由此，撒拉族住居院落形态相对青海其他民族民居变化较大，其庄廓平面形态并不十分规整，趋向自由组合的方向发展。

（4）"凹"字形住居平面："凹"字形民居建筑形态，在青海各个民族均有采用，但相互之间又存在差别。藏族碉房的屋顶形状也常为凹字形，且平面与屋顶形状一致，中间部分是露天的，目的就是在高原严寒地区获得更多日照。撒拉族民居正房平面为凹字形，但凹处上面是带屋顶的，撒拉族将这种带屋顶的凹字形住居形态称之为"虎抱头"。从藏族和撒拉族所在地理气候环境不同角度看，循化地区相对气温较高带顶的凹字形住居空间可遮挡一定的日照和风雨，形成室外到室内的过渡空间。"虎抱头"型住居形式在青海东部河湟地区其他民族也多有采用，说明在自然气候相同的环境下民居建筑形态具有一定的相似性。

（5）正房空间开敞：与其他民族正房空间感不同，撒拉族正房空间是连通的，中间常不设隔墙。如前所述，周边民族民居均有采用"凹"字形住居形态，但唯有撒拉族多将隔断去掉，使住居空间连为一体，由此产生空间通透感，增加了室内的采光。

4. 撒拉族庄廓

青海撒拉族庄廓主要集中在循化县境内，这里是青海省海拔高度最低的地区，处在黄河两岸，海拔高度多在1 800～1 900 m。两岸山体溪流汇聚于此，柳树等植被较为丰富，撒拉族除沿用庄廓民居的一般做法之外，多在正房加盖二层的篱笆小楼。

撒拉族庄廓平面形态较为灵活多变，入口位置依据周边村落路网关系确定，面南背北的正房多为两层篱笆小楼。篱笆楼一层多为冬房、厨房之用，二层多为夏房、储物间。撒拉族庄廓相对其他民族建筑空间及建筑构件小巧紧凑，体现出撒拉族生活中秀气灵巧的一面，同时在建筑材料选择上体现出就地取材的原则，充分利用当地丰富的黏土资源，掺和麦秆等韧性材料以增加黏土的强度。一层庄廓墙体采用"分层夯筑"的方法，墙体不加粉饰，粗犷、天成、质朴的特征与高原相得益彰。二层框架均由木质良好的松木构成，墙体用河谷柳枝编制，两面抹泥，墙体中间为空，中空的墙体冬暖夏凉、透气性强，同时节省了材料，又减轻了楼体的重量。

"小巧清秀"是撒拉族庄廓院内景观的显著特点，空间尺度小巧宜人，体现出其节俭质朴的一面。撒拉族所处的川水地带，土地资源稀缺，房屋院落之间十分紧凑，装饰多体现在檐廊、梁枋的木雕以及山墙墀头的砖雕装修上。受伊斯兰宗教教义的影响，建筑装饰题材多为植物、花卉和经文图案，尤其是门窗花格样式，体现出浓郁的撒拉族民族特色。

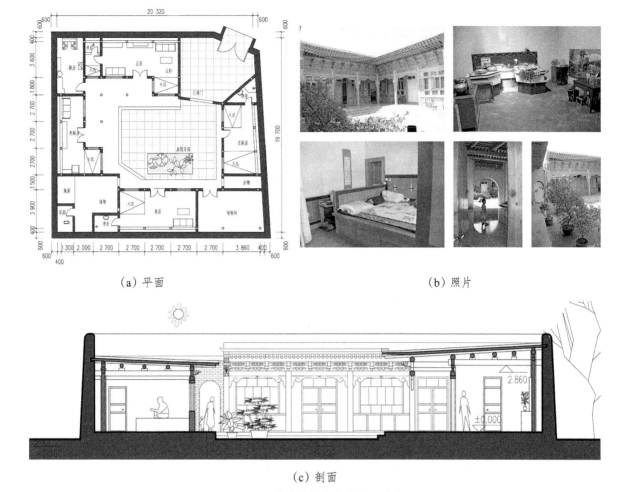

（a）平面   （b）照片

（c）剖面

图2.33　青海撒拉族庄廓调研测绘

（循化撒拉族自治县街子镇，户主：韩晓丽）

资料来源：作者拍摄、绘制（拍摄时间：2013年8月）。

青海撒拉族庄廓之所以有其特殊之处，就在于地区自然气候及资源环境的特殊性。这里干旱少雨，是青海东部地区降雨量（年均300 mm）最少的地区，但循化县又是青海省地理海拔最低的地区，周边高山峡谷河水溪流汇聚在此，地下水资源相对充裕，植被茂密，这为以土、木、枝条为主要建材的撒拉族庄廓提供了必要的物质条件。撒拉族庄廓是青海东部地区庄廓民居的一种表现形式，与土族两层小楼既有区别又有相似之处，循化为青海省年均气温最高的地区（年均气温8℃），小巧清秀是其最大建筑特色（图2.33）。

2.2.6　蒙古族民居

1. 青海蒙古族概况

据统计，截至2010年底，青海蒙古族人口达9.98万人，占全省人口的1.75%。青海蒙古族主要分布在海西蒙古族藏族自治州，黄南藏族自治州的河南蒙古族自治县，海北藏族自治州的祁连县默勒乡、海晏县的哈勒景乡和托勒乡、门源县的皇城乡以及省内其他地区。蒙古族进入青海的历史，可追溯到元朝。1225年，成吉思汗西征中亚东返,灭西夏占领河湟地区,蒙古族由此开始进入青海。青海蒙古族主要从事畜牧业生产,海西州的都兰、乌兰农业区的部分蒙古族从事农业兼营畜牧业。青海蒙古族信奉藏传佛教格鲁派(俗称黄教),受宗教文化的影响,蒙古、藏族都有祭俄博(敖包)、转山、转湖等传统习俗。

2. 聚落特征

(1)聚落松散:青海蒙古族相对其他民族人口数量并不多,以至于没有出现类似汉族、藏族等人口较多的大型乡村聚落,蒙古族牧民多分布在牧区,以乡镇为单位分散居住。蒙古族农业方式主要以畜牧业为主,受生产方式的影响,青海蒙古族聚落形态极为松散,即使在较为集中的乡镇,民居之间也多由牲畜圈、草料间阻隔,聚落空间宽松及形态自由发展。

(2)放牧点:每户牧民有属于自己的一片草场,在草场的端头是牧民的定居点,定居点沿道路两侧分布,每户之间相隔300 m左右,每户的草场并排相连,平面布局形态呈现鱼骨状发展(图2.34)。

(a)聚落形态松散
(海晏县托勒蒙古族乡)

(b)住居零散分布
(河南蒙古族自治县牧区放牧点)

(c)广袤的草原
(门源县皇城蒙古族乡)

(d)牧民冬居房沿公路零散分布
(门源县皇城蒙古族乡)

图2.34 蒙古族聚落特征

资料来源:(a)、(b)来源google网络;(c)、(d)作者拍摄(拍摄时间: 2012年7月)。

3. 住居形态

青海蒙古族多以蒙古包和土木房为主要住居类型,在东部河湟地区散居的蒙古族也多采用庄廓作为居住建筑,从民族特有民居类型来看,"蒙古包"是其典型代表。蒙古包是蒙古族特有的住宅类型,它是历史上"逐水草而居"的蒙古牧民游牧生活的一种物质载体。蒙古包古称穹庐、毡包或毡帐。青海蒙古包是北方蒙古族南迁带来的一种居住类型,正是因为蒙古包的拆装简单、运输便利等优点,才能在我国西北广阔的草原地区有广泛的分布。青海牧区往往在同一片草场同时存在藏民的牦牛帐篷和蒙古族的蒙古包,说明两种民居形态均能很好地适应高原草原的自然气候环境,但从外观上二者又存在较大差异。一种使用牦牛毛编制帐篷,形状多为长方形,另一种是用羊毛毡为材料的圆形毡包,表示两个游牧民族居住习惯、建造工艺的不同,这充分体现出民族文化在住居形态及建筑样式方面所起到的重要作用。

4. 蒙古包

青海境内的蒙古包主要分布在海西州柴达木地区、黄南州河南蒙古族自治县以及海北州海晏县等地。蒙古族所居地区地势开阔平坦、水草丰美,色彩亮丽的蒙古包与草原、蓝天交相呼应,构成草原牧区有别于藏族帐篷的另一番景观效果。

蒙古包底部呈圆形,上部为圆锥形,天穹一般似日月形,这不仅反映了蒙古族对日月的崇拜,还使蒙古包有了计时的作用。蒙古包入口一般朝向东南方向,便于采光和判断时辰,室内中央为炉灶,炉筒从天窗伸出,围绕炉灶的区域是饮食取暖之处,并摆放着矮桌和卧毯。进门正面及西南处为家中主要成员起居处,东面一般是晚辈的座位和寝所。

蒙古包由五个部分组成:套瑙、乌尼、哈那、毡墙和门,其中"套瑙"为蒙古语天窗的意思,乌尼即蒙古包顶端的伞形骨架,哈那即蒙古包的木质骨架。搭建蒙古包时要先根据包的大小画一个圆,沿着画好的圆圈将哈那架好,再加上顶端的乌尼,将

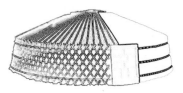

图2.35　青海蒙古族蒙古包

资料来源:青海省住房和城乡建设厅村镇建设处。

哈那和乌尼按圆形衔接在一起，然后在顶上和四周覆盖一到两层厚厚的毛毡，并用毛绳系紧，便搭建完成。蒙古包的外部圆顶、墙壁和门头都是装饰的重点，其传统图案有回纹、火纹、水纹、卷草纹等，随着与其他民族的长期融合交流，也吸收了其他民族的装饰元素，如龙凤、福寿、宝瓶、宝伞等图案。

青海蒙古包形制基本相同，只是根据主人经济条件不同，包的大小及装饰有所不同。由于青海省蒙古族多与藏族交错聚居，蒙古包的装饰、布局有较多的藏族元素，一户蒙古人家中多出现蒙古包、藏式帐房同时使用的现象，这在全国牧区独具特点（图 2.35）。

2.2.7 多样性成因分析

基于以上多元民族建筑文化的分析，青海乡土民居建筑文化具有典型的多样性特征。这源于地理自然环境、生产生活方式、民族宗教文化等自然与人文环境的多样。

1. 自然气候地理环境的多样性

如前所述，自然气候地理环境是民居类型生成的主导因素，青海地域广袤、土地类型多样，这势必形成风格多样的民居类型。青海民居建筑类型主要有庄廓、碉房、土坯房、帐篷等，它们都是基于本地区气候条件和资源环境所采取的适宜建筑模式，这也是高原特色乡土景观的重要组成部分。如今，高原乡村受到城市化的建筑模式的影响，建筑技术、材料、构造形式趋向一致，同时随着信息传播频率的快速扩展，标准化的建筑图纸不分地理环境的差异被盲目套用和移植，与高原多样的地理环境不符。因此，高原乡土民居更新建设应从具体地区的实际自然环境出发，延续本土建筑文化，进而在高原不同地区的自然环境条件下延续多样化的乡土民居地域性建筑。

2. 生产生活方式的多样性

自然地理环境决定了人们所从事的农业生产方式以及生活模式，青海高原多样的地质地貌类型必然形成多样的生产方式，生产方式又导致生活方式的多样化。青海土地类型分为草地、耕地、林地、水面等，受海拔高度的影响，气候地貌条件有较大差别，由此形成了畜牧业、农耕种植业，以及半农半牧的农业生产方式。在历史的长期演变发展中，各民族逐渐适应了不同海拔高度的自然环境，形成各自相对成熟的生产方式，各民族各居其位、各得其所，构成高原地区多元民族聚居、团结互助的社会环境。正是因为每个民族从事着对方民族不同的生产方式，利用着其他民族不善使用的种植技术，各民族之间形成了和睦相处、互通有无的社会关系。因为民族之间生产方式不尽相同，各民族的生活方式存在明显不同，其背后体现出的是生产方式的不同。对于乡土民居更新建设而言，对农户从事的农业生产方式应有充分的认识，民居建筑空间的规划和设计应与各民族多样化的生产生活方式相适应。

3. 民族宗教文化的多样性

青海世居着汉、藏、回、土、撒拉、蒙古等民族，他们信奉着不同的宗教文化，这在他们日常生产生活中占据着重要位置。除汉族以外，其他少数民族多为全民信教，按照教义的要求,他们的生活模式、社会关系都与宗教有着密切的联系,他们以宗教为纽带形成不同的民族共同体。各个民族均拥有本民族的宗教文化设施,用以强化民族身份,实现民族内在的凝聚力。如信奉儒家思想的汉族祠堂,信奉藏传佛教的藏、土、蒙古族白色佛塔,信奉伊斯兰教的回、撒拉族清真寺等,这些建筑均展现出一个民族的文化外在特征,是一个民族文化身份的物质载体。纵观青海各民族宗教及民俗文化,都拥有本民族的集体记忆、审美情趣以及生活方式,都基于民族文化认同感的建立。乡土民居的更新建设同样要考虑到民族宗教文化的多样性,尊重不同民族的生活习惯,建立多样性的民居更新方案,实现各民族多元共生且丰富多彩的乡村人居环境。

由于地区自然环境、生产方式、民族宗教习俗等因素共同的作用,生活在这里的人们在风俗、习惯、审美等方面必然存在较大的差异,进而必然形成多元的文化。丰富性和多元性成为青海乡土建筑文化的根本特征。建筑物作为人类栖居之所,它既是承载生活的物质实体,又是民族文化的容器。建筑因此也应该依据地理自然环境及民族习惯而展现出丰富多彩的状态。从建筑发展的历时性角度看,原始时期的居住方式是人们处理人与自然关系的最朴素和现实的做法,他们从自然界中发现材料的属性,并巧妙地使用和组合它们,克服了重力作用,构筑起遮风避雨和容纳生产的空间场所。随着时间的推移,在营建自己家园的过程中,逐步完善建筑构造及形式,积累建造经验,形成相对统一的建筑风格、建筑法则。同时,将本民族的民居性格、审美趣味、价值观念、思维方式融入建造活动中,形成特色鲜明的民族建筑文化,并在历史的长河中传承、创新与发展。

对于青海多元民族文化汇聚而言,一种民族建筑文化一旦形成,它并不是以封闭、独立的方式存在,而是在与其他民族建筑文化不断地相互碰撞、交流、接触的过程中融合发展的。对于具有健康和活力的建筑文化,不同民族之间建筑文化的交流,不但不会弱化其民族性质,反而会更加完善和充实本民族建筑文化内涵以及结构、功能和形式,更使其具有区别于他者的独立性。

2.3　青海东部地区乡土民居生成与演变

民居的生成与演变,可以说每个历史时期都在发生,我们现在所看到的传统民居并非地域民居建筑的原型,"传统"也只是相对现在而言。从一个地区有人类存在以来,人所建造的人工环境就几经自然、社会等因素的综合影响,而不断发生着改变。从影响民居发展变化的众多因素中,地区自然地理环境是相对恒常不变的,成为地区建筑原型产生的主导因素。

有学者从生态学视野考察传统聚落形成过程,指出聚落的发展与地区自然环境相融合,形成趋于平衡的"复合生态系统",总体上呈现出"平衡—干扰—调节—新的平衡"不断运行的过程①。就河湟地区传统民居而言,对地区自然资源与气候条件

---

① 李晓峰.乡土建筑——跨学科研究理论与方法[M].北京:中国建筑工业出版社,2005:210.

图 2.36 河湟地区区位图
资料来源：作者绘制（参考：卓玛措.青海地理[M].北京：北京师范大学出版社，2010：148，书中地区划分方法）。

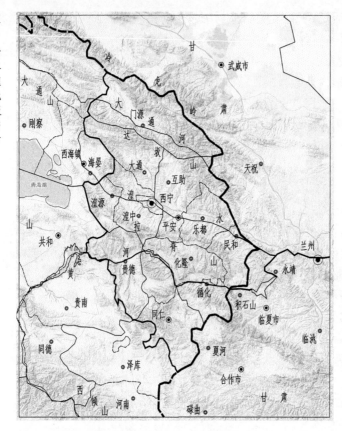

的适应，是每个历史时期共同遵循的基本原则。虽然河湟地区是多民族聚居、多元民族文化交融的地区，民居形制受文化环境因素的干扰频率相对较大，但面对当地资源匮乏、气候恶劣的自然环境，不同民族群众往往做出相似或者相同的选择。

如前所述，河湟地区相对青海其他三区相对特殊，该区在四区中面积最小，仅占全省总面积的5.18%，人口却占总人口的68%，是多元民族最为集中的地区（图2.36）。各民族共同面对河湟地区特殊自然气候环境，形成"庄廓"传统民居建筑类型，很大程度上庄廓民居已经成为青海传统民居的代名词，成为西北乡土民居建筑类型中独具特色的高原民居。对其民居原型生成发展的研究，有助于我们更为清晰地认知青海自然与人文环境，对于高原乡村人居环境建设以及高原特色乡村风貌的保护与发展具有重要意义。

2.3.1　地区自然资源与气候条件

地区民居建筑原型，是历代劳动人民在长期生活实践中，认识、利用、改造自然环境的智慧结晶，承载着丰厚的生存经验。地域民居原型的产生与地方自然地理环境密不可分，人类建筑活动的最初动机就是为自身的生存提供遮风挡雨的"庇护所"，在长期的建造实践中，人们积累了适应地区自然环境的建造经验，同时地方的资源气候条件也塑造出地域特色乡土民居与鲜明的建筑文化。

就单体民居而言，无论外部的建筑形态还是内部构造、材料都具有强烈的本土特点，自然环境是这些地方化的主导要素。与民居生成密切相关的自然地理因素主要包括地质地貌、气候条件、水资源植被等。

1．地质地貌条件

该区地理区位特殊，位于黄土高原与青藏高原两大地理板块的交汇处。东临农耕为主的黄土地貌，北临河西走廊绿洲农业为主的戈壁荒漠，西临青海湖广袤的大草原，南临高山隆起的高原雪山。河湟地区与其他三区最明显的地表差异是分布广泛的黄土及黄土地貌。该区的黄土主要分布在黄河沿岸和湟水流域，大通河流域

（a）浅山地貌（海拔多在1 800～2 800 m）　　　（b）川水地貌（海拔多在1 650～2 300 m）

（化隆县查甫藏族乡夏琼寺附近）　　　　　　（循化县文都藏族乡河谷地带）

图2.37　河湟地区地貌特征

资料来源：作者拍摄（拍摄时间：2013年8月）。

多为高山地区，仅在门源盆地有少量黄土分布，河湟地表大部分地区覆盖了一层很厚的风成黄土，经长期流水冲刷作用和其他外引力的剥蚀作用，发育成为黄土丘陵地貌景观。该区黄土层覆盖厚度一般为15～20 m，个别地区厚薄不一。黄河及湟水的河谷两侧，多为墚、峁、残塬低山丘陵，是典型的黄土沟壑地形，其上覆盖着马兰黄土。

　　从该区整体地形分布看，呈现"四山夹三谷"的地貌特点。四山是指由北向南的祁连冷龙岭、达坂山、拉脊山、阿尼玛卿山，三谷是指四山相间的河谷谷地，它们是大通河谷地、湟水谷地、黄河谷地。这三个谷地是人口分布最为密集的地带，这里也是以农业种植为主，夹杂着部分半农半牧地区。从该区地表土质看，广布的黄土是其主要土壤类型。黄土的分布并不像陕甘地区那样均质，河湟地区的黄土主要分布在河湟谷地及其两岸，位于高山地区往往是草原和高山岩石。受"四山夹三谷"地貌影响，大面积的河谷黄土地貌与高山山梁草甸交错并存。河谷地区多开垦为农田，绝大多数为水浇地，习惯称"川水地"，是青海最好的农耕地，也是主要的粮食产区（图2.37）。

　　2. 低温少雨，风沙大

　　气候学研究把青藏高原划为"高寒气候区"，是长冬无夏春秋相连的地区[①]。青海东部地区年均气温在0℃以上，冬季1月平均气温在-10℃左右，比同纬度我国东部地区低12℃，夏季7月平均气温12℃，也普遍比东部地区低12℃。受海拔高度的影响，海拔较高的高山地区气温较低，在河谷谷地地区气温相对温和。

　　该区温度的日变化以升温降温迅速为特征，青海省气温日差为12～17℃，在青海东部河湟地区约为14℃，冬季温度剧烈升降尤其明显，大都在16℃以上，比我国东部海拔较低省份大一倍以上[②]。日温差大的原因是青海太阳辐射强烈，日出后地

---

①　中国科学院自然区划工作委员会.中国气候区划［M］.北京：科学出版社，1959.

②　卓玛措.青海地理［M］.北京：北京师范大学出版社，2010：27.

表升温快,即使在冬季,人在阳光下也会感到温暖舒适,日落后空气稀薄,地表降温迅速。如何适应这日夜剧烈温差的变化,这是当地民居必须面对的问题。

青海年降水量总的分布趋势是由东南部向西北部递减。东部河湟地区年降水量为300～600 mm,南北降雨量不均匀,黄河、湟水河谷谷地在250～500 mm,北部的大通河谷地降水较多,可达400～550 mm,降雨量的多寡直接影响民居屋顶的建筑形式。同时降水的季节变化和日变化明显,5—10月的雨季占全年降水量的92%,夜间占24 h降水量的60%。与较少的降雨量相比,该区年蒸发量在1 200 mm左右[1],因此该区整体较南部地区相对干旱。

青海风速在全国可数首位,在西部柴达木地区可达3 m/s以上,寒冷的西北冬季风经过青海湖平坦草原,沿东西走向的高山山脉,直接吹入河湟谷地,虽风速有所减弱,但也达1.6 m/s[2],可以说防风也是民居建筑所要面对的自然挑战。

3. 河水流域和植被分布

水是生命之源,因而也是人类定居最重要的因素。黄河、湟水、大通河是青海东部地区的主要河流,在河谷谷地形成大大小小的灌溉农业,形成青海农业种植中最好的土地类型"川水地"。这里往往植被茂密,林木发达,与两侧海拔较高的脑山和高山地区植被分布存在较大差异。河谷谷地树木较多,脑山高山地区多为草甸和裸露风蚀岩。这主要源于青海日照蒸发量大,加之阳光辐射强烈、日照时间长,山体的向阳面很难蓄储水分,唯有山体的背阴面降雨及雪水相对涵养量足,因此该地区出现有别于我国南方地区的奇特现象,森林植被多分布在山体阴坡,形成独具特色的地域自然景观。这也为干旱少雨、建筑资源匮乏的河湟地区,提供了难得的木材储备。

2.3.2　民居原型生成与演变

自然地理环境是相对恒常不变的,它独立于人的意志客观存在着,并形成稳定的自然生态系统。人类的出现,依靠自己的聪明智慧,随之带来大量的人工环境,如住居、生活用品、生产工具等。在人类最初为其建造居住环境时,无不依靠大自然所赋予的资源,从聚落选址、空间布局到建造方式,处处离不开所在地区的自然条件。人们对自然充满敬畏,遵循着自然的规律,创造出地域建筑的原型,虽然建筑也许十分简陋,但也显现出先民的智慧。

随着族群与族群之间交流的日益加强,他们之间互通有无,吸收着对方的生存经验,人工建筑技术日趋成熟。此时随着人类社会的发展,战争和民族的冲突也加剧着地域文化的形成,宗教、民族、习俗等文化因素也不断调适着地域建筑的发展,久而久之民居营造技艺趋于成熟,其类型也逐渐成形。人们从审美喜好上和精神观念上,逐渐认同他们祖祖辈辈共同的建筑形式,因此民居建筑原型的生成与演变经历了一个相当长的历史时期,其中突出地体现出对自然的适应和对文化的传承。

①　刘光明.中国自然地理图集[M].北京:中国地图出版社,1997:43.
②　赵海峰.当代中国的青海[M].北京:当代中国出版社,1991:293.

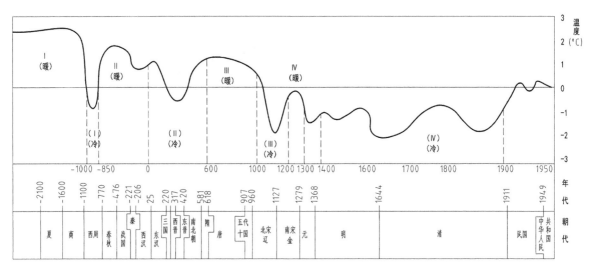

图 2.38 　我国近 5 000 年温度变化曲线图

资料来源：作者描绘（引自：竺可桢.中国近五千年来气候变迁的初步研究［J］.考古学报,1971（1）: 2–20）。

1. 先民居住形态

据考古发现,在距今3万年前的旧石器时代晚期,青海的先民就在这片广袤的土地上繁衍生息[①]。在5 000多年前,这里的气候比现在温暖潮湿(图2.38),狩猎是当时居民的主要生活来源。在马家窑文化时期,青海经济以农业为主,兼营渔猎、畜牧业;但到辛店、卡约文化以后,畜牧业占据了主导地位,农业和渔猎成为辅助经济[②]。

青海地区的新石器时代文化主要是马家窑文化(公元前3800—前2000年)(1923年首次发现于甘肃定西市临洮县马家窑村而得名)。依地域和时间差异,又分为早晚相继的4个类型：石岭下类型(以首次发现于甘肃武山县石岭下村而得名)、马家窑类型、半山类型(以1924年在甘肃广河县半山村首次发现而得名)、马厂类型(以1924年在青海省民和县马厂塬首次发现而得名)。

马家窑文化时期的先民们大体以氏族为单位过着定居生活,其聚落多位于河流两岸的台地上。他们的房屋多为半地穴式,平面呈圆形或方形,房内有灶,房屋周围有储藏东西的窖穴[③]。按其平面形制可分为圆形、方形、长方形、吕字形等多种形式,多为半地穴式建筑,面积为10～50 m²。位于青海以东甘肃临夏东乡族自治县林家村的同时期马家窑文化遗址,发现的房址较完整,平面呈“吕”字形布局,面积约25 m²,在主室的门外设一方形门斗,中间有过道,主室为正方形,长、宽各为4.8 m,门斗长、宽各为1.5 m。主室内有圆形灶坑。地面及四壁皆以黄土泥和灰褐色草泥分层铺抹(图2.39)。

继马家窑文化之后,青海地区缓慢步入青铜时代。该时期考古学发现有齐家文化(1924年在甘肃广河县齐家坪首次发现而得名)、卡约文化(1923年首次发现于青海湟中县卡约村而得名)、辛店文化(1924年首次发现于甘肃临洮县辛店村而得

---

① 贾兰坡,黄慰文,卫奇.三十六年来中国旧石器考古［M］.北京: 文物出版社,1988: 10.

② 陈新海.历史时期青海经济开发与自然环境变迁［M］.西宁: 青海人民出版社,2009: 31.

③ 崔永红.青海通史［M］.西宁: 青海人民出版社,1999: 7.

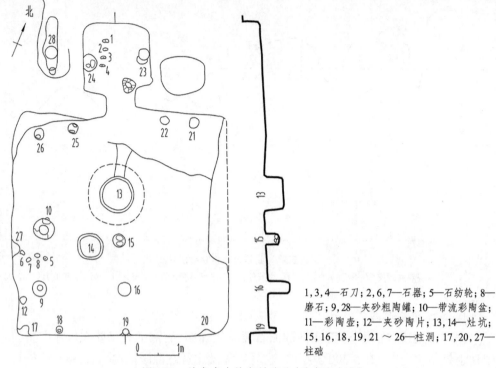

1,3,4—石刀；2,6,7—石器；5—石纺轮；8—磨石；9,28—夹砂粗陶罐；10—带流彩陶盆；11—彩陶壶；12—夹砂陶片；13,14—灶坑；15,16,18,19,21～26—柱洞；17,20,27—柱础

图2.39　甘肃东乡林家村遗址（马家窑文化）

资料来源：作者描绘（引自：谢端琚.甘青地区史前考古［M］.北京：文物出版社,2002:71）。

名）、诺木洪文化（1959年发现于青海省都兰县诺木洪而得名）。这一时期房屋建筑沿承之前建筑模式，房址依然多属半地穴式，但在建造技艺上有一定的发展。这一时期房屋居住面和四壁底部抹有一层白灰面，平整光洁，坚固美观，并起到一定的防潮作用。从这一时期齐家文化房址（位于青海民和以东甘肃永靖大何庄）复原图来看，房屋平面形式多为方形或长方形，木柱数量进行了简化，屋顶形式较为平缓（图2.40）。

　　从新石器时代马家窑文化（公元前3800—前2000）到铜石并用时代的卡约和诺木洪文化（公元前1400—前700），跨度一两千年，民居建筑样式基本没变，属于北方"穴居"的典型代表，这也与新石器早期黄河中游的仰韶文化（公元前4800—前3500）有很多相似之处。整观先民们居住建筑发展，具有以下几点特征（表2.3）：

　　（1）顺应地区自然环境条件：该地区黄土广布，丘陵纵横，河谷地带植被茂密，为土木建筑原型的产生提供了必要的物质条件基础。先民的聚落选址多在河谷两侧地势较高的台地，这里接近水源、气候适宜，很好地满足了先民的生产生活需要。就地取材是生产力不发达的古代人们建房的必然选择，树木、黄土因此也成为该地区的主要建筑材料。材料也直接促成建筑形式的产生，青海马家窑文化中房屋建筑形制与河南仰韶文化中房屋样式有很大的相似性，虽然二者地点距离千里，时间也不同，但地质地貌与气候环境相差不大，可以说相同的自然环境造就出相同的建筑样式。先民们这种适应自然环境的建造方式，虽然还十分落后，但其却十分真实，它最为真实地表达出建筑与环境的关系。

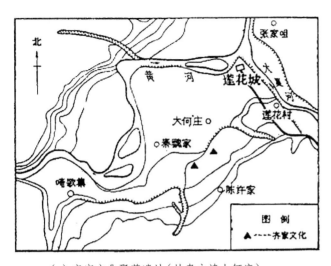

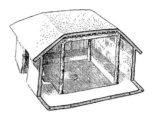

（b）齐家文化房型复原A

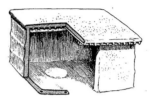

（c）齐家文化房型复原B

（a）齐家文化聚落遗址（甘肃永靖大何庄）

图2.40　齐家文化聚落及房型示意图

资料来源：中国科学院考古研究所甘肃工作队.甘肃永靖大何庄遗址发掘报告［J］.考古学报,1974(2): 36.

表2.3　青海东部地区先民住居形态演变

文化类型	马家窑文化	齐家文化	卡约文化	辛店文化	诺木洪文化
文化时期	公元前3800—前2000	公元前2000—前1600	公元前1600—前740	公元前1235—前690	公元前1400—前700
文化符号陶器					
发现地点时间	甘肃省临西市临洮县马家窑村(1923年)	甘肃省临夏广河县齐家坪(1924年)	青海省西宁市湟中县卡约村(1923年)	甘肃省定西市临洮县辛店村(1924年)	青海省海西州都兰县诺木洪(1959年)
农业方式	农业为主；狩猎为辅	农业为主；饲养业较发达	农牧并重；兼行狩猎	农牧并重；兼行狩猎	农牧并重；兼行狩猎
聚落环境	河谷两岸台地	河谷两岸台地	河谷两岸台地；山丘及缓坡地	河谷两岸台地；山丘及缓坡地	雪山融水冲积平原；沙土包组合聚落环境
住屋形态	半地穴式；圆形、方形平面为主，兼有吕字形	半地穴式；圆形、方形平面为主，兼有凸字形	半地穴式、地面式；河卵石砌筑围墙；圆形、方形、长方形平面	半地穴式；长方形平面为主	地面式、半地穴式；方形平面为主；采用榫卯结构
住屋垂直形态演变					
住屋平面形态演变					

资料来源：作者制表、绘制。

61

（2）从半地穴到地面建筑：先民的房屋剖面分析，表现出从早期的半地穴式发展到后期的地面上的建筑。马家窑文化早期，河谷两侧的高处台地还相对较多，随着人口的增加，高处台地理想地理位置也相对稀少了，人们被迫要在地势较低的河谷地建房，这给半地穴式建筑带来很大的防潮问题。随着生产力、建造技术的提高，地面上建房逐渐为人们所接受。

（3）从圆形到长方形的确立：早期房屋多为圆形和方形，经过时间的推移，最终以长方形为主要平面形式。圆形结构房屋对木材需求量较大，随着人口增加木材资源逐渐减少，圆形必然会被其他形式所取代。早期方形房屋依然是半地穴式建筑，房屋结构较为原始，对木材需求量仍然较大。到了新石器晚期铜石并用的齐家文化，垂直性的墙体逐渐发展，房屋内木柱与垂直墙体组合，配以平缓草泥屋顶，形成我们目前在一些偏远山区还能看到的土坯草泥房屋。这一时期方形或长方形房屋，结合入口门斗，多形成"吕""凸""凹"字形房屋平面形式，成为青海东部地区房屋建筑的最初原型。

从先秦时期先民的住居分析，可以发现黄河上游青海东部地区与陕西河南黄河中游地区先民的住居形态十分相似。二者共属黄土高原，地形地貌、资源环境相类似，这不难看出地区自然资源、气候环境的主导因素，虽然二者距离位置不同，但面对着相同的地貌环境，其住居营建方式具有一定的共性。在当时生产力、建造技术低下的历史时期，人工物例如住居建筑先民们也只能将建筑资料进行原始的加工，其结构、形态等建筑方式直接反映着建筑材料与空间的最初状态，从中我们会发现从河南仰韶文化到青海东部马家窑文化，历经千年先民住居形态没有发生大的变化。因此，在自然环境相似、建造水平相当的历史时期，住居建筑特征具有明显的相似性。

在语言和文字系统确立之前，一个地区的文化系统并没有完全建立，文化的载体还停留在符号、装饰的器物上，对于当时住居房屋来说，美观的文化心理需求并没有像实用和坚固那么重要。但随着时间的推移，社会的发展，文化的作用在住居建造中愈发关键。

2. 游牧与农耕文化的结合——庄廓

从先秦到清末几千年的封建社会，虽然北方民居依然保持着土木结构形式，但在不同民族地区民居建筑样式已发生了巨大的变化，形成了地域特色民居建筑类型。青海历来就是西北游牧民族与东部农耕文明的交汇处，随着社会的发展、建造技术的进步，民居建造水平有了很大的提高，加之地区民族文化的碰撞与交流，逐渐形成青海东部地区庄廓民居建筑类型。

庄廓（亦称庄窠）是青海省特有的民居类型，属西北生土民居建筑的一种，广泛分布在青海东部黄河、湟水流域，大通河谷地区和甘肃积石山地区有少量分布（图2.41）。纵观青海东部地区社会文化环境变迁，庄廓民居的生成发展，具有以下特点。

1）合院式与碉房式的结合

历史上青海是西北游牧民族羌族先民生活的主要地区，从夏商周时期就有西羌的记载，这里依靠特殊的自然资源条件，长期以来主要过着游牧生活。此时中原地区已完成奴隶社会，正逐渐向着封建社会而过渡，在西周时期（公元前1046—前771）已产生较为完整的合院式建筑，成为我国已知最早的四合院实例，如陕西岐山凤雏村西周建筑遗址。随着东部中原农耕社会的快速发展，秦汉时期大量中原民众迁入青海东部河湟地区，带来先进的农耕技术，出现了历史上早期的游牧与农耕文明的交汇。与此同时，青海东部地区住居建筑也深受南部山区碉房建筑的影响，从西藏昌都地区"卡若文化"遗址研究，发现早在公元前3000—前

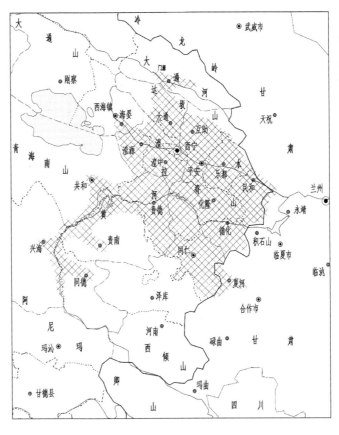

图2.41 庄廓民居分布示意图
资料来源：本书研究观点，作者制图。

2000年，青海南部就出现了碉房的建筑原型，往南碉房往往体现出南方干栏的建筑特征，往北受自然气候的影响，其又表现出封闭敦实的建筑特征，碉房也成为西羌族人的主要居住类型。但在青海东部地区，石材匮乏和黄土广布自然资源条件下，房屋与南部山区碉楼有很大区别，尽管如此，游牧民族碉房建筑对河湟庄廓民居的依然会产生影响，多元的文化区位，必然会带来建造方式的交流与传播。

从地区文化交融的角度看，庄廓民居是东部农耕文明与西部游牧文明共同作用的结果，是汉族合院式建筑与羌族碉房式建筑的结合（图2.42）。碉房属单体建筑，并没有院落空间，它往往是依据山势，一层为牲畜间，二层为居住，三层为储物，这种空间布局适应了游牧的生活方式。但当面对河湟谷地黄土地貌，碉房垂直向的空间布局很难实现，加之谷地已多为灌溉农业的农耕地，农业方式发生了显著的变化，其空间功能性质随着游牧到农耕的过渡发生了改变。碉房建筑并不能完全适应河湟谷地的农业生产方式，与此同时，东汉时期大量迁入的汉族民众所带来的先进的农耕技术、经验以及适应农耕的居住方式，逐渐被从事农耕生产方式的民众接受[1]。厚重敦实的外观和合院式灵活的空间布局，成为庄廓民居的显著特点，其有效地满足了青海东部地区农耕与游牧并存的生产生活方式。

---

① 崔永红.青海通史［M］.西宁：青海人民出版社,1999：56.

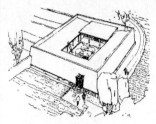
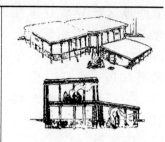

（a1）陕西凤雏村西周建筑复原　　　　（b1）青海河湟庄廓民居　　　　（c1）西藏昌都卡若遗址建筑复原

（a2）合院式组合空间平面　　　　（b2）合院式单一空间平面　　　　（c2）独立式建筑平面

图2.42　庄廓民居地域建筑关联性分析

资料来源:(a1)傅熹年.陕西扶风召陈西周建筑遗址初探:周原西周建筑遗址研究之一[J].文物,1981(1):72;(b1)崔树稼.青海东部民居:庄寨[J].建筑学报,1963(1):12;(c1)江道元.西藏卡若文化的居住建筑初探[J].西藏研究,1982(3):112;(a2)、(b2)、(c2)作者绘制。

2）民居的防御功能

高大的庄廓墙体，一方面体现出抵御高原寒冷气候的建造特点，另一方面隐含着地区动荡的社会环境，长期的战乱和地区冲突迫使民居建筑具有较强的防御功能。从夏商周至魏晋时期，各种政权交替，掌控着青海东部地区，这一时期是东部中原汉文化不断深入扩张的时期。自4世纪初至5世纪中叶的百余年，青海东部地区先后经历了前凉、前秦、后凉、南凉、西秦、北凉、吐谷浑的交替统治，频繁的政权更迭，致使社会动荡，烧杀抢掠屡有发生。虽然由东北辽东鲜卑西迁的吐谷浑政权统治青海时间较长，但在公元663年又被吐蕃吞灭，并陷入长期的唐蕃混战时期。期间由于生产方式不同，吐蕃大军所过之处，"悉焚其庐舍，毁其城，驱其民而去"①，把原先农耕地变为草场，同时实行民族同化政策，加强了民族的大融合。

青海东部地区以日月山为界，是游牧和农耕的分界线，也是各种政权势力角逐的主战场。自吐蕃之后，青海东部地区又相继出现青唐羌、西夏、北宋、元、明、清政权的更迭。纵观历史，青海东部地区是西北游牧文化与东部农耕文化碰撞交融的最前沿，其生存空间往往是在大大小小的势力集团交替占领统治之下，属于各个政权统治的边缘地带，意味着战争和防御是该地区时刻要面对的问题。割据政权之间的战争，使得青海东部地区村落环境遭受一次又一次的破坏，同时也带来生活的不稳定感和人们对居住安全的强烈诉求。

面对长年的战乱和动荡的社会，土匪盗抢不可避免，百姓们为了自保，住房在

---

① 崔永红.青海通史[M].西宁:青海人民出版社,1999:200.

原有碉房和合院基础上高筑院墙,抵御外人侵扰就成为应对动荡社会环境的有效措施。高大的围墙一方面起到自我防御的作用,墙体防火且很难攀爬;另一方面,厚重的墙体起到很好的蓄热保温的作用,有效地适应了青海严寒风沙大的气候特点。久而久之,封闭规整的墙体逐渐被当地民众接受,成为庄廓民居的突出特征。

3)多民族文化的注入

青海东部地区突出的特点就是多元的民族文化。目前,青海东部地区居住着汉、回、藏、土、撒拉、蒙古等民族,这种多民族聚居的地缘特征,具有悠久的历史演变过程。夏商周时期青海东部就是西北游牧民族古羌人活动的核心地带,在此期间中原农耕文明不断西进,到了西汉时期,为抵御西北匈奴的侵扰,青海东部河湟谷地大量实行屯田制,从内地迁入大量移民开垦土地种植农耕,如赵充国屯田戍边。① 随着屯田的推行,移民不断增加,促进了西部边疆农业的发展,同时加强了汉族和羌人等少数民族的交流及融合。公元313年原位于辽东(今辽宁锦州一代)的慕容鲜卑游牧部落迁徙至青海东部地区,并建立"吐谷浑"国,② 在此统治约350年,辽东的游牧民族与西北羌人以及屯田时期遗留下来的汉人杂居共生。公元663年吐蕃强盛并灭吐谷浑,期间把部分农耕地恢复为适合游牧的牧业地,同时吐蕃实行了民族同化政策,进一步加剧了民族之间的融合交流。

到了元明时期,青海地区民族大融合进一步加剧。在原有羌人部族、汉人、吐蕃等部族的基础上,又新增加土、回、撒拉、蒙古族,形成新的民族共同体。土族的形成学术界没有明确的定义,一种说法是"蒙古说",主张是元时遗留在甘青地区的蒙古族遗裔,由于长期脱离民族主体,在元朝灭亡后吸收周边民族文化风俗,明初基本形成土族。另一种说法是"吐谷浑说",认为吐谷浑被吐蕃并灭后,其遗留族人在祁连山、湟水地区繁衍生息,元朝时期与蒙古族融合,吸收藏汉文化,形成一个新的民族共同体土族。回族并不是青海的土著民族,西北回族最早是元初成吉思汗西征而被迫东迁的中亚、波斯、阿拉伯人,他们以伊斯兰教为纽带,同汉、藏、蒙古等民族长期交往融合,逐渐形成一个新的民族。撒拉族学术界普遍认为,是中亚撒马尔罕一带突厥乌古斯部的一支,元初经新疆、河西走廊迁居青海循化境内。至此在青海东部地区形成汉、藏、回、土、撒拉、蒙古族等民族聚居共生多民族地区,这是在长期的民族迁徙融合中逐渐形成的,其中反映出复杂且厚重的历史渊源。

不同民族共同生活在河湟地区,各自安居乐业互通有无,相互交流融合形成相对稳定的社会环境。这一状态背后是适应不同民族生产生活方式的经济体制发挥着重要作用。青海东部地区农业经济方式,历史上长期以来就是多样性的,不是单一的,有农业、畜牧业,还有采集业和渔猎业。在马家窑文化时期,青海经济以农业

---

① 公元前61年,汉宣帝派遣通晓羌事的老将赵充国管辖河湟地区,为保证西部边境长久安宁,赵充国实行"罢兵屯田"政策。政策的实施对改变当地农牧业生产方式和社会生活环境具有直接的意义。特别是来自淮阳、汝南等中原经济相对发达地区的士兵和弛刑应募人员,把内地先进的生产工具和生产技术传播到河湟地区,提高了河湟地区的生产力水平。赵国充首创的屯田戍边,开发边疆取得了辉煌的业绩,成为以后历代仿效的榜样(参见:(汉)班固《汉书》卷69《赵充国,辛庆忌传》)。

② "吐谷浑自晋永嘉之末(313),始西渡洮水,建国于群羌之故地,至龙朔三年(663年)为吐蕃所灭,凡三百五十年"(参见:(后晋)刘昫等《旧唐书》列传第一百四十八《西戎·吐谷浑》)。

为主,兼营渔猎、畜牧;到辛店、卡约文化以后,畜牧业占据了主导地位,农业和渔猎成为辅助产业①。到了秦汉时期,屯田的实施,地区农业又为主导产业,之后吐谷浑、吐蕃、唐、宋、元、明、清,历代青海东部地区都是农牧交错,农业生产方式比较多元化,这也是地区多元民族形成的主要原因。

从聚落分布看,信仰儒家思想的汉族及信仰伊斯兰教的回、撒拉族,以农耕为主,多居住在河湟谷地的川水地区,这里适宜开展灌溉农业,与民族生产生活的经济方式相吻合。信仰藏传佛教的土族,多居住在浅山地区,这里位于高山与谷地之间,也适应了土族半农半牧的生产生活习惯。信仰藏传佛教的藏、蒙古族,多位于脑山、高山草甸地区,从事着游牧经济生产方式。可以说"自然环境的多样性,产生出不同的社会经济环境,这又促成适应不同农业方式的多元民族的产生"。在河湟谷地经济交通较为发达,人口及聚落也相对集中,庄廓民居也多位于此处,居住在河谷及两侧的各族群众,也逐渐接受这种既适应自然气候环境又体现河湟文化内涵的民居建筑。

2.3.3　自然生成与文化驱动

聚居河湟地区的汉、回、藏、土、撒拉、蒙古族等民族,经过长期的交流相互学习,庄廓建筑技艺逐渐普及,被各族群众所掌握。为适应地区特殊的自然资源气候环境,虽然信仰、文化习俗不尽相同,但面对相同的自然环境,各族群众做出了对庄廓的共同选择,成为青海乃至青藏高原的特色民居,其中承载了深厚的历史文化信息。综上,对青海东部地区自然资源、气候条件及民居建筑原型生成演变的论述分析,指出自然环境是民居最初原型产生的主导因素,人文环境是促进民居原型演变发展的必备要素。

1. 自然环境主导民居建筑原型的产生

基于青海东部地区自然资源、气候条件的分析,从马家窑新石器时期远古先民的住屋形态以至于近代庄廓民居的形成,我们不难看出人们在有限资源条件下,始终遵循着自然规律,建筑与环境和谐共生。尤其是在生产力、技术水平不发达的远古时期,建筑与环境的关系更为纯真,在恶劣的自然环境下寻求一个适宜的"庇护所",是人们生存的首要目标。在原始人时期人们还完成不了自己建造房屋的能力,依附在山洞栖居,此时的人类与自然是如此亲密,以至于自然环境的微弱变动,对人类来说都是一次巨大的改变。春夏秋冬季节气温的改变,迫使原始人类从一个地区迁徙到另一个地区,目的就是为了躲避严寒,寻求适宜的居住环境。随着氏族的建立,人们最初建房完全依靠自然环境提供的资源,真实地反映了地区自然环境状况,此时对建筑坚固、实用的功能需求,比美观的意义要大得多。

地区的自然环境直接影响了建筑最初原型的产生。从青藏高原地理自然环境来看,西藏至青海南部玉树地区,地质地貌相类似,诞生了碉房建筑最初原型石木结构建筑;青海东部地区属黄土高原与青藏高原的交汇处,沟壑及高山草甸并存是其

---

① 郭声波,陈新海.青藏高原历史地理研究——青海地区历史经济地理研究[M].成都:四川大学出版社, 2011: 33.

自然特点,产生了庄廓建筑最初原型的土木结构建筑。

2. 人文环境驱动民居原型的演变和发展

最初的住屋建筑原型,并不是我们目前所看到的传统民居建筑类型,历史上民族文化的长期影响及营建技术提高与塑造,逐渐形成该地域民居建筑类型。例如,从新石器时期黄河中上游先民聚居遗址的考古发现来看,西安半坡聚落遗址与青海乐都柳湾聚落遗址的住屋建筑类型十分相似,同属北方土木结构建筑,建筑形态趋于圆形和方形,建造方法也大体相同。但是,随着社会生产力的提高,氏族的迁徙,民族的形成以及民族文化的建立,地区人文环境对民居原型的演变和发展起到了至关重要的作用。之后西安半坡先民的居住形态,演变为关中民居,庄廓民居也逐渐取代了青海乐都柳湾先民们的住屋形态,与原先先民相同的住屋类型相比,如今风格迥异的两种民居形态,其背后反映出深厚的文化历史渊源。

这种变化已在坚固、实用的基础上,对美观有了更高的心理诉求,这种美观又基于人们对本民族文化的认同。如前所述,青海东部地区是西部游牧文明与东部农耕文明的交汇处,两种文明各有自身的生产生活方式,当两种文明相互碰撞融合时,适应于游牧与农耕文化形态的民居建筑便应运而生了。文化的交流,并非单向的文化移植,而是双方文化综合创新的过程,在这一过程中,主体文化与客体文化均发生变迁,从中产生出具备双方文化特质的新的文化组合载体①。历史的发展、技术的进步,以及不同时期人们的思想观念和文化背景,不断调适着地区建筑模式语言,相对内地农耕儒家文化"常态化"的合院式建筑而言,在这里发生了改变,游牧民族的碉房与农耕的合院式建筑的结合,很好地满足了两种文明背景下不同民族的文化心理诉求。从马家窑与仰韶先民居住形态的相似到庄廓与关中民居的差异,可以发现当人们有能力改变自然的时候,生产力水平与民族文化对民居原型的改变越发重要,可以说文化驱动着建筑的演变和发展。

2.4 青海庄廓民居建筑特征

"庄廓"(亦称庄窠)中的"庄"意为庄户、村庄,"廓"字义为城墙外围之防护墙,庄廓一词表现出高原住屋建筑的厚重与质朴。从纵向时间维度整体考察,庄廓的形成是千百年来该地区游牧民族与农耕民族长期融合交流,面对高原特殊自然环境做出的共同创造,承载着各民族的优秀智慧。庄廓在我国不同地域传统民居类型中独树一帜,是青藏高原与黄土高原共同的杰作,其民居建筑特征具有强烈的高原色彩,成为西北乡土民居的代表。庄廓在外形上体现出各族群众采用相同的建筑模式,在建筑内部表达出各自鲜明的民族特点。

2.4.1 庄廓民居基本特征

青海东部是多民族聚居地区,不同民族村落交错分布,相距不远的村落有可能

---

① 张岱年,方克立.中国文化概论[M].北京:北京师范大学出版社,2004:87-93.

就是不同的民族村,他们各自依照自己的民族习惯聚族而居,虽然文化习俗不尽相同,但其民居建筑却十分相似,都采用庄廓作为自己的居住建筑,这反映出河湟地区历史悠久的庄廓建筑模式及比较成熟的营造技艺已被各族群众所掌握和喜爱。庄廓民居基本特征如下(表2.4)。

表2.4　庄廓民居基本特征

资料来源:作者拍摄及制表(拍摄时间集中于2011年至2015年)。

1. 形态规整

庄廓给人的第一印象即是厚重敦实,有一种高原的粗犷之美。其外观十分封闭,这与之前论述的防御功能不无关系,高3～5 m的围墙围合出一封闭院落空间,四周不设窗,仅在东南墙面开门,门的尺寸一般在0.9～1.2 m,外观如同小型城堡。四周的院墙以当地黄土为原料夯筑而成,墙体下宽上窄做收分处理,下端墙基一般宽0.8 m,上端墙头多为0.3 m。庄廓的建造顺序是先建墙后建房,与其他民居先盖房后修院不同,庄廓墙体先建后,院内空间可灵活运用,在没有建房之前,院落可做牲畜圈,这与河湟地区农牧交错的农业方式十分契合,因此这也是庄廓之所以被各族群众所喜爱的重要原因。庄廓是典型的合院式，平面形态基本为方形和长方形，早期是在北墙建房（正房），根据需要又在西墙和东墙建厢房（多为厨房，部分用作居住），最后在南墙面建南房（多为牲畜圈和草料房），屋顶高度依据生活需要略有高低，但四侧房屋进深大体相同，从平面布局看呈现"回"字形。

2. 松木大房

庄廓内部的居住房屋较为特殊，"外拙内秀"可用以生动地形容院内住屋的重要性，外观庄廓村落与大地融为一体，犹如土地的一部分，而院内景观却大为不同。庄廓内部的居住房屋多为"松木大房"，因由松木作为建筑主要构件，体量较辅助房屋要大，并且在房屋的重要部位，如雀替、檐枋、门窗等处都有精美的木雕，配以黄色清漆，神采奕奕，秀美质朴，因此当地人多叫庄廓内的正房为松木大房。传统正房建造时，邻近庄廓墙0.2 m左右再砌一道内墙，松木大房墙身与庄廓墙之间形成一夹层，这一方面确保庄廓墙体不被破坏，另一方面也可使松木大房自成体系，并能在抵御严寒气候方面形成一处温度缓冲区，就如同现代双层玻璃一样，使得室内小气候相对温暖舒适。

松木大房即居住房屋的平面形制多样，有"凹"字形和"L""一"字形之分。"凹"字形被称为"虎抱头"，"L"字形被称为"钥匙头"。空间布局多为三开间，家境殷实的多为五开间，柱、梁、檩、椽形成完整的木框架结构。房屋正面檐口下的雀替装饰有木雕，依据不同民族喜好，题材样式繁多，窗下槛墙青砖砌筑，其上配有砖雕。松木大房居于院落中轴，地坪与屋顶高度相对最高，根据不同地形地貌，形成台阶式庄廓形态，此时松木大房较为独立地占据院落空间的最高处。

3. 平缓屋顶

青海干旱少雨，且辐射蒸发量大，河湟地区年均降雨量为350 mm，年均蒸发量为1 000 mm，受此影响，当地传统庄廓民居屋顶形式普遍采用平缓屋顶，坡度角一般在3°～5°，随着降雨量的增加，在达坂山地区，民居屋顶出现双坡，但坡度较缓。人口较为密集的村落，住户之间往往会共用一侧外墙，各家院落形成并联形式，人可经木梯上到屋顶，行走有如平地，当地人称之为"房上跑马"。屋顶往往作为晾晒谷物粮食之用，灵活地运用了屋顶空间。庄廓屋顶的放坡方向一般朝向内院天井，在达坂山地区多为双坡，屋顶排水分内外方向。

屋顶构造形式为梁檩之上架设椽子，其上铺设望板后密布树枝麦秆，最后覆盖较厚的草泥层，夏季雨水后住户会及时添土，用小石碾碾压夯实，冬季雪后会及时清扫保证屋面不渗水。从黄河谷地到大通河流域雨水逐渐增多，单坡屋顶也逐渐过渡为双坡屋顶，但整体屋顶的坡度都较为平缓，其构造形式大体相同，一般都以木构架的"垫墩"作为屋顶坡度的控制构件。

4. 精致门楼

庄廓民居外观粗犷质朴，唯独入口形制较为讲究，家庭的经济实力往往会表现在门楼的制作上。从墙体与门楼关系看，传统庄廓民居大门多为"内嵌式"。内嵌式门楼属庄廓民居典型的入口形式，一般是在庄廓南墙一角开门，大门内嵌于庄廓墙体，根据家庭经济实力和庄廓的规模，大门分单扇门和双扇门，单扇门宽约1 m、高

2.4 m，双扇门宽约2.5 m、高3.3 m，门楼顶部多做成平顶。规模和体量较大的庄廓门楼顶部多为单坡顶和双坡顶，该类门楼主要用于寺庙或土司庄廓院落的入口正门，这在普通民居中并不多见。但随着现代社会的发展，新建民居仿照高大的寺庙庄廓门楼，这种带有坡度且铺瓦的高大门楼在当前民居更新建设中越发常见，相反那些古朴且尺度宜人的内嵌式门楼反而很难看到了（图2.43）。

门楼的构造形式与松木大房做法相似，依然采用松木木雕配以黄色清漆，内外呼应、相得益彰。内嵌式门楼小巧内敛，构造做法以土木形式为主，其在庄廓外墙门洞两侧由土坯砌筑门楼山墙，凸出约0.4 m，山墙内侧各布置大门木柱，其上设门梁、枋、椽，顶部可做成平坡和单坡，平坡多以草泥饰面，双坡用青瓦铺砌。门楼最

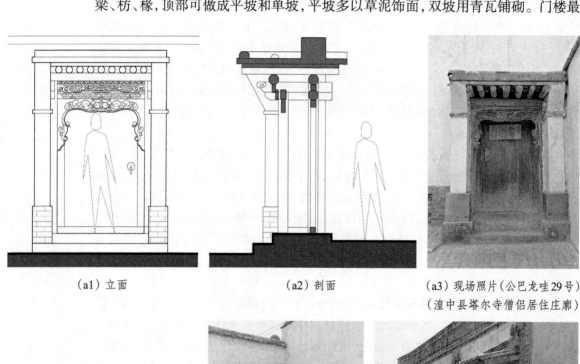

（a1）立面 　　　　　（a2）剖面 　　　　（a3）现场照片（公巴龙哇29号）
　　　　　　　　　　　　　　　　　　　　　　（湟中县塔尔寺僧侣居住庄廓）

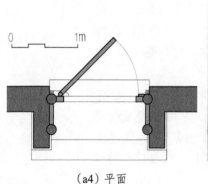

（a4）平面 　　　　（b1）平顶门楼 　　　　（b2）单坡顶门楼
　　　　　　　　　（塔尔寺普通庄廓） 　　　（塔尔寺大型庄廓）

图2.43　传统庄廓门楼测绘及照片

注：由于脱离生产，不受现代大型生产交通工具的影响，僧侣居住的庄廓依然保留着传统庄廓门楼宜人亲切的尺度，且顶部多为平顶，椽枋处雕有线条优美的木刻花纹。只有在寺庙经院、经堂等大型庄廓入口，门楼尺度相对较大，但仍与庄廓整体体量相吻合，寺庙型门楼顶部多为铺瓦的单坡顶，门楼木雕、砖雕十分精美。

资料来源：作者绘制、拍摄(拍摄时间：(b2)于2011年3月；(a3)、(b1)于2013年8月)。

70

为关键的是门枋雀替的木雕以及门脸墀头的砖雕,不同规格的门楼木雕有繁简之分,普通庄廓门楼很少使用砖雕,其木雕多简洁大方,线条有力洗练,题材多以曲线花纹为主。规模较大的庄廓门楼木雕精细复杂,除简单的曲线花纹之外还配有民族符号及纹样,此外,门楼砖雕石雕较为考究,在门墩及墀头多以精美石雕和砖雕进行装饰。

2.4.2 庄廓民居特征的多样性

由于受文化、习俗、宗教信仰的不同,各少数民族传统民居有自身的独特风格和特点。其差异性主要体现在聚落形态和建筑单体方面。按照民族信仰可分为伊斯兰教和藏传佛教,宗教信仰上的相同,致使在聚落和建筑宗教符号等方面具有较大的相似性,在民族习俗上的不同,又导致生活习惯、装饰色彩的差异性。

1. 信奉藏传佛教的藏、土、蒙古族传统民居特征

(1)聚落形态方面。青海东部地区农业生产方式多以农耕为主,在海拔较高的脑山地区(2 700～3 200 m)又以半农半牧为主,只有少量海拔在3 200 m以上的高山草甸地区以牧业为主。少量藏族和蒙古族从事着游牧生活方式,多数还是居住在脑山地区过着半农半牧的生活,土族村落常位于脑山和浅山之间的河谷地区。信仰藏传佛教的民族村落形态较为分散,这与山高地形相对复杂有关,与回族和撒拉族村村建寺不同,藏、土、蒙古族往往是若干个村落才有一处寺庙,但每个村会在村口或者重要位置布置佛塔和经幡。所建寺庙往往选择地势较高、视野开阔的高处,村落分布在地势较低的河谷地区,形成比较完整的"上寺下村"的聚落形态。藏传佛教寺庙建筑与伊斯兰的清真寺有明显不同,虽然二者屋顶形式多为歇山顶,但之间存在较大差别,清真寺屋顶起翘幅度较大,整体清秀耸立,而佛教寺庙建筑屋檐起翘相对较小,整体厚重敦实。佛教寺庙整体平面形态方面,多由宗教庙宇建筑和僧侣居住建筑两大部分组成,宗教建筑空间相对开敞,而僧侣生活区街巷及居住空间相对窄小和封闭。受脑山地形地貌的影响,村落形态往往呈台阶式,选择"朝阳避阴"的山凹处为最佳,村落一般沿河谷流向水平分布,村落与村落之间带状的发展格局与河谷走向相一致,说明聚落依据所在自然地貌特征有规律地展开,聚落之间形态呈现出沿水平高度带状发展。

(2)建筑单体方面。

① 平面形式:藏、土、蒙古族正房平面形式较少采用"虎抱头",多以"钥匙头"或者"一"字形为主,而且正房开间较多,宅地面积普遍较大,这与半农半牧农业生产方式相关。

② 宅院入口:受风俗习惯的影响,藏、土、蒙古族大门开设多以对面神山、寺庙为导向,往往不正对内院,入口大门平面带有一定斜角。

③ 庭院景观:庭院是家庭公共活动和宗教祭祀的重要场所,藏、土、蒙古族传统民居庭院中央多设"中宫""煨桑炉""玛尼旗杆"。中宫多以3 m见方、高0.8 m的矮墙为主,内种植花卉植物,地下埋设一些宗教信物,以起到祛灾避邪的作用,其中土族的中宫较为普遍。

④ 建筑装饰:与回族、撒拉族相比,藏、土、蒙古族的砖雕装饰较少,而且木雕

装饰也略显质朴，没有明显复杂的装饰线脚。相比质朴的建筑外观，其建筑色彩反而较为丰富，尤其是在民居墙体颜色、家具装饰色彩、宗教器物等方面，这与游牧民族在长期面对单一自然环境下，寻求一种色彩心理补偿不无关系。

2. 信奉伊斯兰教的回族、撒拉族传统民居特征

（1）聚落形态方面。回族、撒拉族多居住在河湟谷地，这里多为农业区的川水地（海拔1 650～2 300 m）和浅山地区（海拔1 800～2 800 m），土地肥沃，粮食产量较高，但同时人口也相对较多，土地资源稀缺，聚落形态往往较为密集。回族和撒拉族村落形态的最大特征就是，以清真寺为中心，村庄进行发散性的扩展，属典型的"围寺而居"聚落形态。

全村制高点往往就是清真寺的礼拜楼，庄廓民居不论伊斯兰教还是佛教民族都是一样的，但清真寺却带有强烈的民族特征。较民居建筑，清真寺礼拜楼建筑体量较大，为整个村落空间的中心，建筑样式与宁夏、甘肃穆斯林清真寺相类似，屋顶形式大多为单檐歇山顶，与北方汉族古建筑不同，其屋顶檐口起翘较大，反而与南方园林建筑屋檐形式相似。

青海东部地区回族多分布在大通、平安、华隆的湟水及其支流河谷地区，撒拉族聚居在黄河谷地，他们民族不同但宗教信仰相同，大多村落沿丘陵山谷带状发展。一座清真寺就意味着一个回族村，村村建寺是伊斯兰民族乡村环境的普遍现象。根据生产方式，村落多分布在河谷两侧，农田位于地势较高的丘陵山地，形成"下村上田"的聚落格局。聚落形态依据地形地貌，川水地区聚落较为规整和密集，在浅山丘陵地区聚落沿丘陵之间川道布置。

（2）建筑单体方面。

①平面形式：撒拉族民居正房主要多以"虎抱头"（凹）形式为主。回族民居正房主要多为"L"（俗称钥匙头）形或"一"形状（图2.44）。

②宅院入口：撒拉族常在东南角开设大门，且大门入口形式丰富，有南方园林

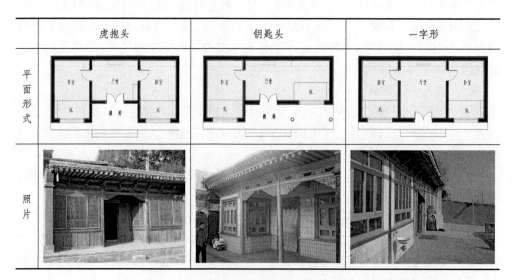

图2.44　庄廓民居正房平面形式划分

资料来源：作者绘制及拍摄。

风格,又有北方宅院的入口形式。如用月亮门连接入口门楼和内院;在门楼入口正对面设汉式照壁。

③庭院景观:撒拉族喜好在庭院中间种植各种花卉和果树,美化庭院且充满生活气息。这一点在回族庭院也有所体现,但回族民居庭院较为规整,相对撒拉族而言庭院景观较为简单。

④建筑装饰:撒拉族和回族的木雕、砖雕制作精细,特别是檐下木刻花纹、透雕雀替较为考究。外露的装饰材料多为木材本色,外饰清漆,整体外观质朴素雅。

2.5 资源气候共性与民族文化差异性

聚居河湟地区的汉、回、藏、土、撒拉、蒙古族等民族,经过长期的交流相互学习,庄廓建筑技艺逐渐普及,为各族群众所掌握。为适应地区特殊的自然资源、气候环境,虽然民族信仰文化习俗不尽相同,但面对相同的自然环境,各族群众做出了共同选择,庄廓成为青海乃至青藏高原的特色民居,其中承载了深厚的历史文化信息。

从建筑外观看各族庄廓民居,并没有明显的差别,整体来看各民族庄廓外观形态具有较大的相似性,但在内部空间布局和室内陈设装修上,存在民族文化风俗上的较大差异。共性与差异性背后体现出两种决定性的因素。一种是以自然资源、气候环境为主导的"气候因素",另一种是以宗教信仰、风俗喜好为导向的"文化因素"。气候因素往往决定了民居特征共性的一面,这是在相同的自然环境下各民族共同的选择。文化因素决定了民居特征的差异性,它是在各民族迁徙、聚散、融合长期演变发展中逐渐形成的(表2.5)。

表2.5 不同民族民居建筑特征的共性与差异性

宗教信仰	民族	建筑形式	建筑结构	院落形式	正房平面	大门装饰	墙体色彩	装修色彩	正房木雕	庭院景观
儒、道、佛文化	汉族	庄廓	土木(砖木或砌体)	独院或多进院	虎抱头、钥匙头	木雕、砖雕	土黄	木料本色	暗八仙梅兰竹菊文房四宝	院心花园
伊斯兰教	撒拉族	庄廓	土木(砖木或砌体)、篱笆楼	独院或多进院	虎抱头	木雕精细砖雕艺术	土黄	木料本色	花卉图案	院心花园
	回族	庄廓	土木(砖木或砌体)	独院或多进院	钥匙头、一字形	木雕精细砖雕艺术	土黄	木料本色	花卉图案	院心花园
藏传佛教	土族	庄廓	土木(砖木或砌体)	里外院	虎抱头、一字形	木雕质朴	土黄白	木料彩绘	佛八宝文房四宝	煨桑炉、中宫、经幡
	藏族	庄廓	土木(砖木或砌体)	独院或多进院	一字形、灶连炕	木雕质朴	土黄白	木料彩绘	佛八宝	煨桑炉、中宫、经幡
	蒙古族	庄廓	土木(砖木或砌体)	独院	钥匙头、一字形	木雕质朴	土黄白	木料本色	佛八宝	煨桑炉、中宫、经幡

资料来源:作者在青海东部多民族地区庄廓民居大量调研基础上绘制。

2.5.1　资源气候环境主导下的民居共性

　　青海东部地区地理位置相对特殊,西侧湟源县的日月山为游牧与农耕的分界线,东侧循化县的积石山是青藏高原与黄土高原交汇的最前沿,整个地区海拔相对青藏高原要低,但又比黄土高原要高,因此其气候、日照、地貌等自然环境有别于周边地区,形成一处相对独立的自然地理环境。面对相同的自然资源及相同的气候条件,民居建筑的特征有较大共性。首先是各族群众共同选择庄廓作为自己的住房,高大的庄廓墙可有效适应高原严寒气候。其次是共同采用生土及木材作为建筑材料,在传统农耕社会对于农民而言,就地取材节约经济是其必须考虑的问题。最后,建筑朝向面南背北,尽量增加日照时间,聚落形态自由松散,但民居建筑都为南向或者东南向布置,这不因民族文化不同而改变。

　　从民居建筑与村中寺庙建筑对比来看,民居建筑与自然环境的关系更为真实,而宗教寺庙建筑与自然环境的关系并没有那么紧密,更多地体现在宗教教义方面。民居是居住建筑,舒适安全是其首要原则,虽然宗教文化信仰不同,但大家对住屋温度、通风的生理要求是一致的,为应对高原特殊自然气候条件,不同民族民居建筑具有一致性。宗教寺庙建筑是人们从事宗教活动的场所,对教义的尊重远大于对气候环境的适应,伊斯兰清真寺依据教义,建筑要朝向麦加圣殿“克尔白”[①],其建筑布局往往是面东朝西。显然这种平面形态并不能很好适应高寒多风的自然环境,这从一个侧面可以看出,虽然民居与村中寺庙等公共建筑同属乡土建筑,但在应对地区自然气候环境方面有所差异。

　　从跨自然区域的视角考察民居建筑类型的变化,我们可以更为清晰地认识一个地区自然资源、气候环境的主导作用。青海是我国地缘大省,青南地区与河湟地区海拔、气候、降雨量、地质及资源环境各不相同,为适应各自地域自然环境而产生出碉房、庄廓两种不同的民居类型。同样,从更大的地域范围来看,南方湿热气候环境和北方干冷气候环境下民居建筑有很大的不同,各地区人们总是从客观的自然气候环境出发,创造出与之相适应的民居建筑,这也逐渐形成一个地区的地域建筑风格。基于对地域自然资源气候条件的适应,传统民居建筑类型才被称为地域建筑的原型,民居建筑的演变和发展总是离不开其所在的自然环境,由此也形成一个地区特定的建筑文化。因此,审视当前民居建筑的变革更新,传统民居中适应自然的生存智慧无疑具有重要的启示意义。

2.5.2　宗教人文环境导向下的民居差异性

　　如前所述(2.3.3节自然生成与文化驱动),民族文化因素驱动着建筑的演变和发展。自然环境相对恒久不变,文化总是处在传承发展的变化之中,建筑又是文化的载体,它始终受到文化因素的调控。庄廓民居类型并不是河湟地区住屋最初的建

---

① 克尔白或称卡巴天房、天房等(阿拉伯语:الكعبة,罗马化:al-Ka'bah),是一座立方体的建筑物,意即“立方体”,位于伊斯兰教圣城麦加的禁寺内。克尔白是伊斯兰教最神圣的圣地,所有信徒在地球上任何地方必须面对它的方向祈祷,而且伊斯兰教的五功包括了朝觐,也就是到麦加去朝拜。

筑原型,它是在长期的游牧与农耕文化交流碰撞中,两种文化互通有无长期融合交流中产生的。虽然庄廓是各族群众共同的住屋建筑类型,但在房间的空间布局、宗教设施、民族符号、装饰装修上仍具有明显的民族特征。

各民族群众又从本民族的生产、生活方式出发,调适着庄廓在空间形态、装饰构造等小范围上的变化。从事半农半牧生产方式的少数民族,庄廓与庄廓之间较为分散,每栋庄廓都较为独立,其院内空间布局往往要有较大面积的牲畜圈,各家庄廓很少共用一个围墙,这与游牧民族文化心理相符合,即使有些藏、土、蒙古族从事着农耕,但其游牧文化的印记依然长时间地作用于民居的建造。不同宗教信仰下日常生活方式相互之间也存在不同,回族、撒拉族等信奉伊斯兰教的民族住屋内要有净房,藏、土、蒙古族一般要布置佛堂,二者在空间功能布局上有较大不同,同样文化习俗不同也引发了住屋内部家具、陈设等一系列的差别。各民族随着社会经济文化的发展,其民居建筑总是在小范围内不断发生着改变和调整,其背后民族文化的不同起到了关键作用。差异性背后,体现出青海河湟地区悠久的历史渊源和深厚的民族文化,承载着各民族群众的勤劳和智慧。对于民居建筑更新发展而言,青海丰富多彩的多元民族居住文化给予了我们重要的启示。

2.6 小结

本章重点是对青海多民族地区传统民居生成与演变进行研究,目的是通过传统民居建筑原型的认知,为传统民居的更新研究提供必要的理论依据。

由于青海省域广大,各地区自然环境不尽相同,其传统民居也存在不同建筑类型。本章将青海传统民居划分为河湟庄廓民居、环湖游牧民居、海西绿洲民居、青南碉房民居四种基本地域建筑类型,并展开对青海多元民族民居建筑文化多样性的分析,指出:不同的自然资源气候环境是导致民居建筑类型多样性的主导因素,同时民族文化又是驱动民居更新发展的重要因素。为了更好地认知青海的传统乡土民居,本章以青海东部河湟地区为研究重点,针对该地区民居建筑原型的生成与发展进行了自然与人文多方面的考察分析和梳理,提出庄廓的形成是游牧文明与农耕文明的交融的结果,是游牧民族碉房民居与农耕民族合院民居的一种结合。从以上的论述中,研究发现相同地域自然环境下民居建筑拥有相同的建造模式,成为该地域建筑类型的主要表征,但在建筑细部如色彩、门楼样式、庭院景观等方面又存在差异。由此,本章第2.5节提出,相同的自然气候环境导致民居共性的产生,共性之中又存在宗教与人文环境的差异性。

3 青海传统民居的生存智慧

回顾青海地区先民,其建筑类型从原始住屋形态到传统民居的形成,历经5 000多年,积累了丰富的生态智慧与建造经验,这种经验基于对自然环境的适应和对民族文化的认同。青藏高原气候严寒、自然资源匮乏,在传统社会生产力不发达、技术落后的条件下,民居建造方式必须做到尊重自然环境,与自然和谐相处。因此,传统民居营建模式与地区自然环境之间关系密切,真实地反映了地区自然资源与气候条件状况。与此同时,地区民族文化针对高原自然环境调适和建立自己的本土文化,逐渐形成相对稳定的文化生态系统,人、建筑与自然之间取得一定的生态平衡。这种平衡建立在自然环境的适应,以及在此基础之上的民族文化生态观念的建立。

传统民居的生态适应性,表现在自然的适应和文化的适应两大方面。自然的适应是指对气候、资源、地貌的应对方式,文化的适应是指应对自然人们精神世界所固化的一种习俗、禁忌等文化观念。一种是物质适应,另一种是精神适应,二者均是传统民居生存智慧的体现。

3.1 与自然气候相适应

遮风避雨、寻求宜人的建筑内部微气候是建房的原始动因之一。在影响和决定地区建筑风格的自然因素中,气候环境是一个最基本,也最具普遍意义的因素,它决定了建筑形态中最为基本和恒定的部分,是否适应地区气候条件是衡量建筑形式存在合理与否的第一把标尺[①]。

青海是青藏高原的组成部分,青海的气候具有青藏高原的共同特征。众所周知,青藏高原是世界屋脊,这里的气候特点具有高原的特殊性,其突出特点就是海拔高,青海平均海拔在3 500 m以上,青南地区海拔超过4 200 m,这与毗邻的甘肃(平均海拔1 500 m)、新疆(平均海拔1 000 m)有较大差别,虽然青海与我国东部省份同属一个维度,但受海拔高度影响温度普遍要低,气温特征突出表现在"日照丰富但热量不足",由此也引发乡土聚落及建筑营造中所具有的地域特征。从民居建筑的角度看,青海传统民居针对高原特殊气候特点具有自身的营造智慧,从而创造出适应高原气候特点的地域建筑。

青海气候环境总体上可归纳为高原严寒、日照充足、干旱少雨、风大风多四种气候类型,传统民居与自然环境共存,很好地适应了这些气候特点,在民居聚落选址和建筑营造等方面具有如下生存智慧。

---

① 张彤.整体地区建筑[M].南京:东南大学出版社,2003:36.

3.1.1 高原严寒与民居适应性

青海地区气温特征,可归纳为高原寒冷、气温日较差大、气温年较差小、气温垂直变化大,这些是有别于我国其他地区的重要气候因素。我们说一方水土养一方人,其中地区气候环境是促成人居环境地域特色的重要方面。建筑为人所使用,人对室内温湿度有特定和具体的要求,变化较大的室外气温环境并不能满足人们的生理需求,然而地区气温变化是客观自然现象,人们只能调整建房的方法去适应外部的自然气候,实现良好的室内居住环境。建筑如何适应地区自然气候环境直接影响着建筑的形态与空间布局,由此也创造出一个地区的民居建筑类型。在传统社会经济技术条件下,人被动地依附于自然,与自然环境相适应,传统民居在应对地区气候方面积累了丰富的生存智慧。

从青海地区气温变化特点的角度,审视传统民居所具有的应对方式,其主要体现在:形态规整、宽厚墙体、内聚向阳、住屋类型多样等方面。

1. 高原严寒——"形态规整"

高原严寒:早年气候学研究把青藏高原划成一个单独的"高寒气候区"[①],是全年无夏的地方,其主要依据是温度低,这是青藏高原抬升至特大高程的必然结果,它制约了高原上许多自然现象,以至于深刻地影响着人们的生产生活方式。根据海拔高度与温度变化的换算方法,海拔高度每升高 1 000 m,相对大气压力降低约12%,空气密度降低约10%,绝对湿度也随着海拔高度的升高而降低,同时空气温度也会随着海拔高度的增高而降低,一般情况下海拔高度每升高 1 000 m,平均温度可降低5℃(表3.1)。

表3.1 海拔高度与空气温度和湿度的关系

海拔高度(m)	0	1 000	2 000	3 000	4 000	5 000	6 000
大气压强(mm汞柱)	760	674.08	596.20	525.77	462.24	405.07	353.76
空气温度(℃)	15	8.50	2.00	−4.50	−11.00	−17.50	−24.00
绝对湿度(g/m³)	11	7.64	5.30	3.68	2.54	1.77	0.15

资料来源:钟仕科,吴大江.简明物理手册[M].南昌:江西人民出版社,1982:41-42.

冬季青海省气温较低,除河湟谷地、共和盆地、柴达木盆地大部、青南高原的东南部以外,大部分在–12℃以下,比同纬度我国东部地区要低约15℃(表3.2)。同时,青海冬季持续时间较长,如日平均气温≤0℃的天数在海拔2 000～4 000 m的地区为4～6个月,4 000 m以上地区可超过6个月。青海总体气温长冬无夏,春秋相连,冬季长达6～12个月,"六月暑天犹着棉,终年多半是寒天"是其真实写照[②]。尤其在一些高海拔地区,常年寒冬积雪,不但夏景难觅,就连春秋季也持续时间较短,因此青海的高原严寒气候促使其民居建筑必须具有蓄热保温的功能(图3.1)。

---

① 中国科学院自然区划工作委员会.中国气候区划[M].北京:科学出版社,1959.
② 西北师范大学地理系.青海地理[M].西宁:青海人民出版社,1987:59.

表 3.2　青海省均温与我国东部地区的比较

地　点	五道梁	玉　树	格尔木	西　宁	西　安	郑　州	哈尔滨	沈　阳
海拔(m)	4 612	3 681	2 808	2 261	390	110	171	41
1月均温(℃)	−17.6	−8	−16	−8.4	−1	−0.2	−19.7	−12.7
7月均温(℃)	5.6	12.4	17.6	17.2	26.6	27.3	22.5	24.5
年均温	−5.6	2.9	4.2	5.9	13.3	14.2	3.5	7.8

资料来源:作者制表(数据来源:刘明光.中国自然地理图集[M].北京:中国地图出版社,2007)。

　　形态规整:如前所述,不论青东农业区的庄廓还是青南牧业地区的碉房,面对高原严寒气候民居建筑形态趋于规整,很少有凹凸变化的建筑外观。庄廓与碉房建筑平面形态多为正方形和长方形,这样可以减少建筑的散热面积,意味着建筑的热损耗较少,规整的外形是民居建筑应对高原严寒气候的重要策略之一。这与炎热地区有很大不同,例如新疆南部塔里木盆地地区,四周高山环抱,增热迅速、散热慢,素有"火洲"之称,夏季平均气温在30℃左右,全年高于40℃的酷热天气平均为28 d,且夏季漫长多在52 d。虽然塔里木盆地与青海同属西北地区,但气候特点差异较大,气候环境反映在民居建筑上,新疆南部的阿以旺民居平面形态凹凸变化较多,阿以旺民居设置了"冬房和夏房"[①],采用中部升高的通风塔,凹凸空间会产生较多的阴影空间,同时房屋中部的通风塔有助于建筑的散热,这对于南疆地区长期高温气候是一种有效的生存智慧。二者不同的气候环境条件下,存在两种差别较大的建筑平面形态,这深刻地反映出人工建筑与当地自然气候环境的相适应,由此产生地域特色浓郁的建筑风格。

　　2.气温日变化大(昼夜温差大)——"宽厚墙体"

　　气温日变化大:青海气温的日变化以升温降温迅速为特征。太阳辐射的周期性变化(年变化和日变化)决定着地表和大气层温度的变化。高原空气稀薄,干燥少云,太阳辐射透过大气层损耗少,日间地表接受太阳辐射多,气温高且上升快,相反夜间地面散热快,气温降低也急剧,所以高原地区气温的日变化要比同纬度我国东部平原地区变化剧烈。青海年气温日较差为12～16℃,1月为14～22℃,7月为10～16℃,冬季大于夏季,最大日较差可达25～34℃,与同纬度的山东济南的9.7℃相差近一倍[②],因此青海也成为我国日较差最大的地区之一[③]。有时一日

①　阿以旺民居的另一个特点是在主要方位或主轴线上安排"沙拉依"(冬居室),沙拉依实际代表一组生活用房,因此阿以旺民居又称"阿以旺—沙拉依"民居。(引自:潘古西.中国古代建筑史:第四卷.元、明建筑[M].北京:中国建筑工业出版社,2009:306.)
②　西北师范大学地理系.青海地理[M].西宁:青海人民出版社,1987:60.
③　中国年气温日较差较大地区还包括:青海地区、新疆南疆地区、川西和西藏东部地区,其中青海柴达木盆地昼夜温差最大。(引自:刘明光.中国自然地理图集[M].北京:中国地图出版社,2007:39.)

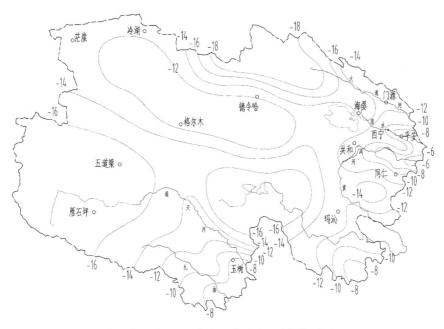

（a）青海省1月平均气温等值线图（单位：℃）

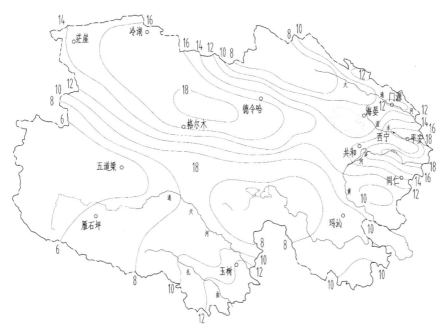

（b）青海省7月平均气温等值线图（单位：℃）

图3.1 青海"长冬无夏，春秋相连"的气候特点

资料来源：作者描绘（引自：卓玛措.青海地理［M］.北京：北京师范大学出版社,2010：27）。

图3.2 "脱袖藏袍"适应气温日变化大的特点

图片来源：吴山.中国历代服装、染织、刺绣辞典[M].南京：江苏美术出版社，2011：76.

之内，可经历寒暑之变，故有"晨着皮袄午穿纱"、"一山有四季，十里不同天"的现象。如高原藏族的脱袖藏袍，早晨天气寒冷牧民有时离家远行，中午气温上升只穿一个袖子，甚至两只袖子都不穿，围系在腰间，傍晚天气变冷，牧民夜宿野外，两只袖子都要穿上并用宽大的衣服盖体暖身，藏袍一衣多用是适应高原日夜温差大的典型代表（图3.2）。同样对于民居建筑而言，适应这种昼夜温差大的气候环境，使建筑室内气温保持在一个适宜的恒定温度，是民居建筑必须面对的一种挑战。

宽厚墙体：针对青海气温日变化大的特点，当地传统民居采取"宽厚墙体"的应对方式。青东庄廓和青南碉房虽然建筑材料不同，但都建有厚重的墙体。庄廓以当地生土为原料，墙体上下做收分处理，厚度自下而上为1～0.5 m，碉房以当地砂板岩为原料，同样墙体有收分，由于碉房层数普遍要高于庄廓民居，墙体较厚，自下而上为1.3～0.4 m。蓄热材料分为单相蓄热和相变蓄热两大类，单相蓄热材料利用材料的温度变化储存显热，属于这类材料的有水、岩石、土壤等；相变蓄热材料利用材料的相变储存潜热，属于这类材料的有冰、石蜡等。单相蓄热材料有比热容大、密度大、价格低廉，有良好的热稳定性等特点，生土与石材是很好的单相蓄热材料，经日间高原阳光照射，宽厚墙体可储蓄较多热能，待夜间释放热量，从而取得相对稳定的室内温度，可有效适应青海昼夜温差大的变化。这种宽厚墙体的做法与其他寒冷地区民居类型具有较大的相似性。

3. 气温年变化小（长冬无夏）——"内聚向阳"

气温年变化小：青海气温的日较差相对我国其他地区气温的日较差数值变化十分明显和急剧，但气温的年较差值并不大。青海气温年较差为25℃左右，大致与长江中下游和淮河流域相近，比东部同纬度平原地区小4～6℃，比东北地区则小10～20℃。我国严寒地区主要分布在青藏高原、新疆北部、内蒙古和东北地区，与新疆北部乌鲁木齐年较差39℃和东北哈尔滨年较差46℃相比，青藏高原气温年较差值要小得多。其原因：一是夏季温度低，二是冬季寒潮侵入高原地区少，气温相对高纬度地区温度降温不明显[1]。从我国1月1 500 m高度上的平均流场分布图可以看出，西伯利亚西部的寒潮，经过准噶尔盆地遇由西向东的昆仑、阿尔金、祁连山脉的阻挡，由河西走廊、黄土高原直下东部平原，对青藏高原冲击较少[2]。

同属严寒地区的青海、新疆北部、内蒙古和东北，唯有青海相对纬度偏南（北纬35°左右），其他三个地区位于高纬度地区（北纬45°以上），从四个地区1月和7月

---

① 西北师范大学地理系.青海地理[M].西宁：青海人民出版社，1987：60.

② 刘明光.中国自然地理图集[M].北京：中国地图出版社，2007：30.

气温对比来看(表3.3),纬度偏高的三个地区冬夏温度差别较大。这意味着除青藏高原以外的三个地区两季气温是冬冷夏热,对于该地区建筑而言在保证冬季采暖的基础上,还应适当考虑夏季通风。但是,对于气温年较差最小的青海而言,冬夏温度差别不大,总体呈现出全年无夏的特点。因此,蓄热保温是青海民居有别于其他地区的重要特点。从青海传统民居封闭规整、内聚向阳的建筑形态来看,与冬季时间长、常年无夏的气候不无关系,特定的气候特点促成了青海高原特色民居的产生。

表3.3　我国严寒地区相关城市冬夏均温对比

我国严寒地区 (所在城市)	东北地区 (哈尔滨)	新疆北部地区 (乌鲁木齐)	内蒙古北部地区 (呼和浩特)	青藏高原地区 (格尔木)
北纬	45°41′	43°45′	40°45′	36°25′
1月均温(℃)	−19.4	−15.4	−13.1	−10.9
7月均温(℃)	22.8	23.5	21.9	17.6
气温年较差(℃)	42.2	38.9	35	28.5

资料来源:作者绘制。

内聚向阳:青海素有"中国夏都"之称,即使在夏季夜间依然是十分寒冷,需要夜盖薄被,对居住建筑而言,意味着不论是夏季还是冬季,"蓄热保温"策略都需贯穿于建筑的始终。从青海气温年较差小、长冬无夏的气候特点出发,青海传统民居适应性地创造出内聚向阳的建筑特征。这与冬冷夏热的南方地区差别较大,南方民居建筑十分重视通风,建筑四个朝向尽量做到开窗通风,即使是在纬度较高的北方地区,除冬季保温以外,夏季依然要做适当通风以降低室内温度。相比较而言,青海民居夏季通风降温的情况就少得多了,采光和蓄热是其关注的重点。因此,青海传统民居整体封闭,多南向开窗,如青东庄廓民居,院内正房一定是南向开窗,四周高大庄廓墙,内聚封闭,有条件的住户建东西厢房,一般做厨房之用,如果厢房住人,庄廓平面朝向多为东南或西南向,正房和厢房开窗都将获得充足日照,即便如此开窗依然是朝阳的单向开窗。

4. 气温垂直变化大——"住屋类型多样"

气温垂直变化大:青海高山大川,同一地区往往存在海拔高度的巨大落差,从河谷谷地到高山山巅多有1 500～2 000 m的海拔落差,由此也带来同一地区气温垂直方向的显著差别。人们在高原行走常见低处麦苗轻轻,高处白雪皑皑,故有"马前桃花马后雪"的现象。气温垂直方向的变化,也影响着地区农业生产方式的变化。在东部河湟农业地区,当地群众将山地环境划分为川水地、浅山地和脑山地(表3.4)。在草原牧业地区也可以听到"马放滩、羊放湾、牦牛上高山"和"夏放山、冬放滩"等说法,这都是牧民适应高山海拔不同气温层带做出的科学总结。

表3.4　青海高原东部农业区自然条件与农业生产的垂直分布

	川　水　地	浅　山　地	脑　山　地
海拔高度	1 800～2 600 m	2 500～2 800 m	2 750～3 600 m
生长期	195～235 d	185～220 d	140～190 d
生长期间积温	2 250～3 000℃	2 150～2 450℃	1 700～2 200℃
湿润程度	干旱、半干旱	半干旱	半湿润
地　质	第四纪沉积物	第三纪红层上覆第四纪黄土	多较老变质岩等
地　形	宽谷、平川	起伏丘陵	陡峻山地
水　文	可引河水灌溉,地下水埋藏较浅	一般难引河水灌溉,地下水埋藏深	一般无灌溉条件或有泉水
土　壤	麻土	黄白土、白土	黑土、黑麻土
天然植被	荒漠、草原、河谷、阔叶林	干草原	森林、草原
农作物	小麦、青稞、垂豆、油菜、洋芋等	春小麦、青稞、洋芋、豌豆、燕麦等	青稞、油菜、燕麦、洋芋、少量春小麦等
作物主要轮作制度	歇地与小麦	歇地与小麦;洋芋(豌豆)与小麦	歇地(油菜)与青稞;洋芋与小麦

资料来源:西北师范大学地理系.青海地理[M].西宁:青海人民出版社,1987:61.

住屋类型多样:西宁市区海拔2 300 m,西宁南部拉脊山海拔在4 000 m,海拔相差1 800 m,如前所述海拔高度每升高1 000 m,平均温度可降低5℃。为适应这种气温随海拔垂直高度的变化,在青海东部农牧地区川水地多分布庄廓院落居民,在浅山和脑山地区多分布相对独立的庄廓民居。在海拔更高的地区,如在青南玉树地区,大山谷地海拔多在3 600 m,灌溉农业作物在这里已不能有效地生长,居于此处定居下来的牧民以碉房为住屋形式。在高山草甸地区,又以游牧民族的牦牛帐篷民居为主。由此,受海拔影响气温垂直变化大,直接改变了不同高度地区的农业生产方式,同时迫使人们适应自然而调整自己的住屋形态,从而创造出多种民居建筑类型。

3.1.2　干旱少雨与民居适应性

1. 降水量小,蒸发量大,干湿季分明

青海年降水量总的分布趋势是由东南向西北递减,东南部的班玛、达日、囊谦、久治等地年降水量在500 mm以上,东部的门源达坂山、祁连大通山等地可达400～500 mm,西北部的柴达木盆地降水量在100 mm以下,盆地西部不足20 mm,是全省降水最少地区,省内三分之二的面积年降水量不足400 mm。青海绝大部分地区年蒸发量大大高于年降水量,青南班玛和囊谦等地蒸发量在700～1 000 mm,青东达坂山、大通山在1 000 mm以上,西部柴达木盆地蒸发量最大,蒸发量多在2 000 mm以上。由此,青海总体干燥度较高,属典型的干旱和半干旱地区,青海西部柴达木盆地至青海湖以西干燥度在3～20,青海湖以东和青南北部干燥度为1.5～3,仅班玛、达日、囊谦等地干燥度小于1.5,属半湿润地区。青海降水的季

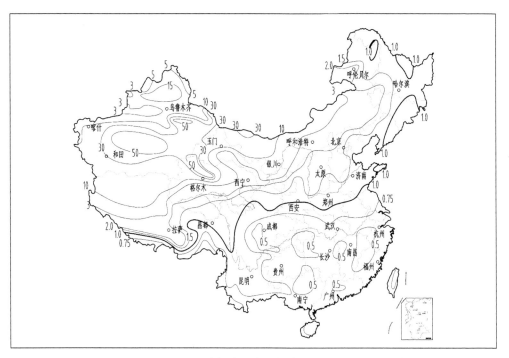

（a）中国年干燥度

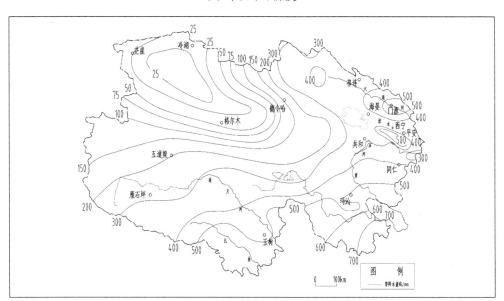

（b）青海年降雨量

图3.3　青海年干燥度及年降雨量

注：干燥度是指农田蒸发量（ET）与周期降水量（P）之比：$D=\dfrac{ET}{P}$。干燥度用来反映地区气候的一般干湿状况。如果某地降水量P小于ET时，其干燥度$D>1$，表示该地降水量不能满足蒸发量，因而该地气候偏旱。干燥度平衡线（$D=1$）从山东半岛南部通过，再经过淮河上游、汉江上游到青藏高原东部，至云南中部到西藏东南缘一线，以南为湿润区（$D<1$），以北除东北大兴安岭和长白山以外，其他地区都为干旱区。

资料来源：（a）作者描绘（引自：明光.中国自然地理图集［M］.北京：中国地图出版社，2007：44）；（b）作者描绘（引自：卓玛措.青海地理［M］.北京：北京师范大学出版社，2010：29）。

节分配不均匀,干湿季节分明,雨季时雨量相对集中,占全年总降水量的90%左右,如西宁5—10月降水占全年的91.72%,格尔木占90.12%。雨季结束,11月至次年4月半年以上基本为无雨期(图3.3,表3.5)。

表3.5 干燥度与农业灌溉方式

干 燥 度	水分保证情况	农业利用评价
>4.00	干旱(荒漠)	没有灌溉就没有农业,农作物及树木均必须灌溉
2.00～3.99	干旱(半荒漠)	基本没有灌溉就没有农业,旱作物极不保收
1.50～1.99	半干旱	农业受干旱影响大,没有灌溉时,产量低且不稳定
1.00～1.49	半湿润	防水不足,旱作物季节性缺水
0.50～0.99	湿 润	旱作物一般可不需要灌溉,灌溉限于水稻
<0.49	很湿润	平地注意排水

资料来源:刘明光.中国自然地理图集[M].北京:中国地图出版社,2007: 44.

2. 平缓屋顶

干燥少雨的气候环境反映在民居建筑上,平缓屋顶是其显著特征。从北方严寒地区各类农宅分布图来看,青海与新疆平顶房占各类房屋类型的90%左右,同样属于严寒地区的吉林和黑龙江平顶房只占10%和18%,同样从中国年干燥度分布图也可以发现,青海、新疆大部分地区位于我国最为干旱的地区,这说明地区干旱少雨的气候条件促成了当地平缓屋顶的形成(图3.4)。

庄廓民居屋顶朝向内院,屋顶坡度角多在1°～2°,雨水排向内院,屋顶形式基本为平屋顶,但受青海地区降水量南北空间分布变化的影响,屋顶坡度及形式存在一定的差异。相同屋顶坡度及形式的庄廓民居主要分为两大地区,坡度较小的平屋顶庄廓主要分布在黄河谷地两岸至湟水南岸,称之为单坡平屋顶式庄廓。随着达坂山、大通山地区降水的增加,屋顶坡度从黄河流域到大通河流域由南至北逐渐

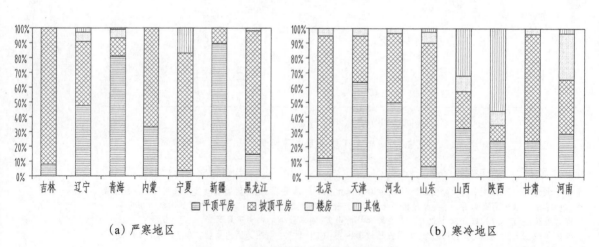

(a) 严寒地区　　　　　　　　　　　　　　　(b) 寒冷地区

图3.4 我国北方地区各类农宅分布比例

资料来源:作者描绘(引自:清华大学建筑节能研究中心.中国建筑节能年度发展研究报告2012[M].北京:中国建筑工业出版社,2012: 70)。

（a）玉树地区民宅平屋顶

（b）同仁地区民宅平屋顶

（c）互助地区民宅平缓屋顶

（d）门源地区民居双坡屋顶

图3.5　青海民居"平缓屋顶"的地域特征

资料来源：作者调研拍摄［拍摄时间：(a)于2011年8月；(b)于2013年8月；(c)于2011年1月；(d)于2012年7月］。

增高，出现双坡式庄廓（图3.5）。不论单坡和双坡，屋顶坡度一般不大，呈现平缓放坡的特点，人可行走其上，俗称"房上跑马"。如在达坂山以南互助和大通地区庄廓民居，多以双坡屋顶为主，雨水分内排和外排，内排至庄廓院内，由院内排水井引出院外。

青东农牧地区庄廓平缓的单坡和双坡屋顶的变化，一方面体现出民居建筑适应地区降雨的空间分布，另一方面从地域建筑文化融合来看，体现出西北干旱平顶民居与东部中原湿润地区坡屋顶的结合，这从宏观大尺度的角度，进一步印证了地区降水量的大小会直接影响屋顶形式及坡度。

虽然青南地区降水相对较多，但该地区蒸发量很大，碉房民居依然采用平屋顶的建筑形式。其中体现了气候和文化因素的综合影响。在文化方面，碉房整体造型为单体式建筑，与我国合院式民居不同，它没有内庭院落。同时碉房平面多为方形，与内地长方形平面也存在较大差别。这造成碉房很难产生双坡屋顶，如采用四面放坡的屋顶形式，将会耗费大量木材，这与地区木材资源稀缺的特征不符。另一方面原因是其较大的蒸发量，当地500 mm降水量，蒸发量却在700～1 000 mm，说明该地区依然为干旱的气候特点，因此平顶是碉房民居普遍的屋顶形式。

3.1.3 风大风多与民居适应性

1. 风大且多山谷风和湖陆风

青海是全国大风(在气象学上大风是指8级即风速17.2 m/s以上的风)较多的地区之一。年平均大风日数以青南高原西部最多,达100 d以上;祁连山地和青南高原东部次之,为50～75 d;柴达木和东部河湟谷地最少,但也达到25 d左右①。各地最大风速在15.0～32.0 m/s之间,自东南向西北逐渐增大,冬季风速较大,夏季风速较小(图3.6)。

青海高原地区多高山大川,地形复杂,这里多有地方性风系,如山谷风和湖陆风(图3.7)。山谷风是由于贴近山坡和远离山坡的空气增热和冷却不均所形成的。日间贴近山坡的空气比同高度远离山坡的空气吸收太阳辐射热能多,升温快,远离山坡的空气则下沉与山坡附近上升气流构成环流圈,形成由谷地吹向山地的"谷风"。夜间情况相反,形成由山地吹向谷地的"山风",因重力作用,山风的风速要大于谷风,同时山上夜间冷却密度较大的冷空气沿河谷下沉,与河谷中抬升的暖湿空气相遇成云,常出现夜雨现象,并且青海大部分地区夜雨多占总降水量的一半以上。青海湖泊众多,经常会产生大量的湖陆风,并与山谷风相结合,形成多变的局部地方风系。春季高原气温回升,但暖湿气流未至,空气湿度低、降水少、地表干旱,且境内和邻近省区多为戈壁和荒漠,在大风期间,强劲

图3.6 青海省年大风日数(d)

资料来源:作者描绘(引自:青海省地方志编纂委员会.青海省志:5:气象志[M].合肥:黄山书社,1996:49)。

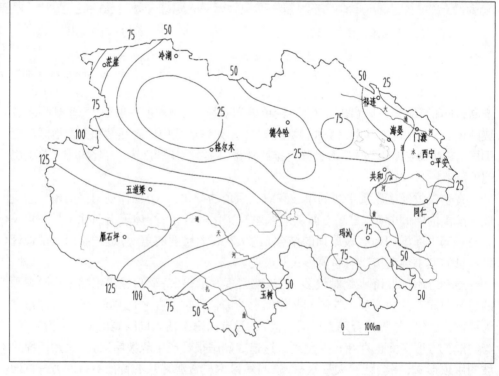

① 西北师范大学地理系.青海地理[M].西宁:青海人民出版社,1987:75.

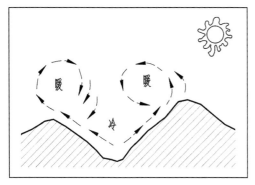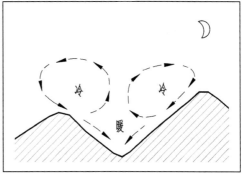

（a）日间山风（左）和夜间谷风（右）

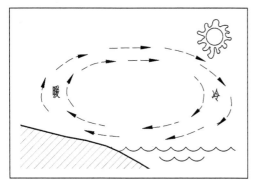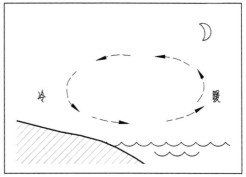

（b）日间湖风（左）夜间陆风（右）

图3.7
青海地区多山谷风和湖陆风
资料来源：作者绘制。

风速卷土扬尘，瞬间飞沙走石形成沙暴。柴达木南部的沙漠，使诺木洪等地年平均沙暴日数达 13 d，最多年份可达 23 d；黄河流域贵南县以北木格滩沙漠，其影响会导致周边地区年沙暴日数达 14 d，个别年份可达 26 d[①]。

2. 防沙避风的建筑形态

青海聚落多分布于山间河谷，青海山系的基本走势是西北东南方向，由此形成大量西北方向的山风，加之青海高原气候寒冷、风沙大，这对传统民居建筑形态的形成产生重要影响。防沙避风的建筑形态主要体现在（图3.8）：

（1）聚落背山向阳。青海传统民居

（a）聚落背山向阳（化隆县扎巴镇药水泉村）

（b）避风的建筑形态

图3.8
防沙避风的聚落及建筑形态
资料来源：
（a）google 地图；
（b）作者绘制。

应对山风和沙暴，首先体现在聚落选址上，背山向阳是其显著特点。传统聚落多位于谷地两侧的台地上，这里多为丘陵坡地，选择背山向阳的山凹处是其最佳位置，这一方面日间可获得大量日照，同时北高南低的聚落形态，夜间可有效抵挡山顶吹下

---

① 西北师范大学地理系.青海地理［M］.西宁：青海人民出版社,1987：78.

的寒冷山风。除聚落背山向阳的选址以外，居民多会在村子西北种植高大树木，使其形成抵御山风的绿色屏障，日久便形成村中的"风水林"的概念。

（2）建筑呈"L""凹""回"平面形态。青海传统民居，不论庄廓和碉房，L形和凹形是建筑平面的主要类型，两种形态面南背北，将封闭转角对着西北方向吹来的寒风，把相对开敞的一面朝向阳光。庄廓围墙不开窗，十分封闭，面向内院进行单向开窗，这主要是地区寒冷干旱气候影响所形成的。对庄廓而言，蓄热保温是其首要问题，庄廓为合院式建筑，可利用内庭院进行单向开窗，即可解决通风问题。而青南地区碉房民居没有内院，开窗只能放在外墙，即便如此北向基本不设窗，采光通风多开在南向。建筑的西北角与西北寒风直接接触，庄廓民居常把西北角的房间设置为厨房或储物间，可形成寒冷气温的阻尼区，有助于生活空间的防寒蓄热。同样，碉房北向一般作为厕所和杂物间，西向房间也常作为客厅，南向和东向房间多作为居室。

综上可以看出，地区的气候条件是人们营造住屋必须首先面对的一种自然选择，它影响着人们最原本的生理需求，因而也决定着地区建筑中最基本、最稳定的部分，在极端的气候环境中以及社会技术水平条件制约下，它决定了人们对建筑形式的选择。

3.2　有效利用自然资源

建筑作为物的存在，离不开物质构成。从原始人类在莽苍的自然环境中构筑第一个遮蔽所开始，建筑就与其所在地方的自然资源不可分离。在漫长的历史发展中，地方材料和资源特色为地区建筑提供了条件和限制，它们是造就地区建筑风格的重要物质因素[①]。利用本地区自然资源建造房屋，可以说是传统地域建筑的必然选择，传统社会经济条件下，交通不便、技术落后，对普通民居而言，耗费大量物力人力从别处获取建筑材料，既不经济又不现实，就地取材，依靠长期积累的建造经验，发挥本土自然资源的优势，是传统民居适应地区气候环境，满足生存之需的有效途径。

青海高原气候环境恶劣，常规建筑资源如木材极为匮乏，加之大山纵横交错，交通闭塞，传统居民在有限的技术条件下，利用本地区建筑材料，同时结合地区充足的太阳能等可再生资源，创造性地建造自己的家园，积累了丰富的生态绿色营建经验。青海传统民居有效利用本土自然资源主要体现在最大化获取日照、有效利用本土建材、生物质能的废物利用、水力资源利用等方面。

3.2.1　最大化获取日照

1. 日照资源特征

（1）辐射量大：与严寒的气候相比，高原赋予青海充足的阳光。青海省太阳

① 张彤.整体地区建筑［M］.南京：东南大学出版社,2003：47.

能年辐射总量为5 680～7 400 MJ/(m²·年)，比我国同纬度东部地区高1 700～
1 900 MJ/(m²·年)，仅次于西藏地区，居全国第二位。青海太阳能辐射总量自东南
向西北递增。东南和东北部山谷地带大都在6 100 MJ/(m²·年)以下，柴达木盆地为
6 900 MJ/(m²·年)；青南高原大部分地区在6 300 MJ/(m²·年)以上；青海湖周围
为6 400 MJ/(m²·年)。就季节而言，青海的太阳能辐射总量夏季大，冬季小，春秋
两季居中，以12月与次年1月最小，这与冬至前后太阳高度角处于最小的情况相一
致（表3.6）。

表3.6　青海省与东部同纬度地区太阳能年辐射总量比较

地　点	北　纬	辐射总量 ［MJ/ (m²·年)］	地　点	北　纬	辐射总量 ［MJ/ (m²·年)］
西　宁	36°37′	6 125	天　津	39°13′	5 652
格尔木	36°25′	6 988	石家庄	38°31′	5 443
五道梁	35°13′	6 658	郑　州	34°43′	5 024
玉　树	33°01′	6 276	西　安	34°14′	4 605

注：地球上太阳辐射能量的实际分布和变化比较复杂，这里太阳辐射是指水平面上，单位面积接受到的太阳总辐射。它包括
直接辐射和散射辐射两部分，一般以MJ/(m²·年)表示。
资料来源：卓玛措.青海地理［M］.北京：北京师范大学出版社，2010：23.作者整理绘制。

　　(2)日照时间长：青海年日照时数居全国之首，日照时数最长地区出现在柴达木盆
地，年日照时数最高可达3 550.5 h，青海平均年日照时数为2 200～3 600 h，日照百分率
为50%～80%，较我国同纬度地区约多700 h，即多1/5至1/3，比四川、贵州、湖南、江西、
福建、浙江等省高1倍左右。日照时数是表征一个地方太阳光照时间长短的量，它表示
某地太阳能可被利用时间的多少[1]。青海日照时长分布趋势自东南向西北递增，这与年
辐射总量分布特点相似。青海日照时数多，太阳辐射强，太阳能资源丰富，大大弥补了高
原温度低的不足，这为地区建筑的蓄热保温提供了难得的自然资源（图3.9）。
　　2. 最大化获取日照的方式
　　(1)"北高南低"的聚落及建筑形态：从聚落到民居单体，普遍存在北高南低的
建筑形态特征。聚落的北高南低，选址于背山向阳的台地上，随着山坡沿等高线建
设，不论居于山坡高处还是坡底，都可获取充足的日照。在向阳背山的山坡建房是
青海地区传统聚落的普遍规律，随着人口社会的发展，稀缺的谷地平原也多成为村
落所在地。即便如此，村民房屋依然十分重视保证日照的间距，房屋层数一层居多，
一般不超过两层，居住用房必然远离前户院墙，确保年日照时数的最大化。青海东
部地区上下院的庄廓民居，即为典型的北高南低的建筑形态，下院两层上院一层，巧
妙利用地形的同时获取了充足的日照。对于青南地区碉房，同样具有北高南低的建
筑特点，碉房的顶层平面多为"L"形和"凹"形，南侧开敞且低，北侧则实体较高，这

----

[1]　日照时数分为可能日照时数和实际日照时数，可能日照时数是指某地在不受天气、地形、地物影响条件
　　下，可被太阳照射的时间，由纬度和季节而定；实际日照时数是指某地实际受太阳照射的时间，它受当地
　　山体、地形、坡向、云雾等条件影响。日照百分率是指实照时数与可照时数的百分比。

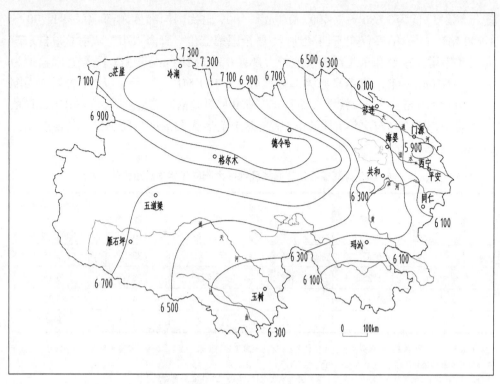

（a）青海省太阳能总辐射量图（MJ/m²）

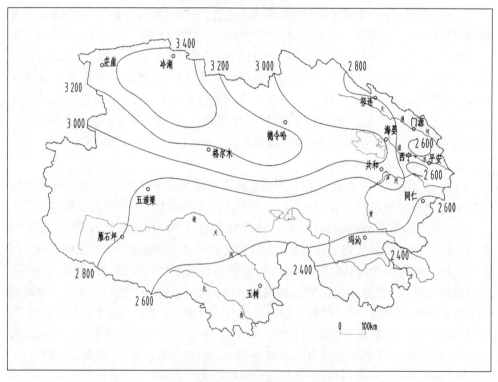

（b）青海省日照时数分布图

图 3.9 青海日照资源特征：辐射量大、日照时间长

资料来源：作者描绘（引自：卓玛措.青海地理［M］.北京：北京师范大学出版社,2010：25）。

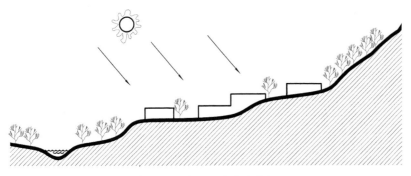

（a）高山谷地："聚落北高南低"

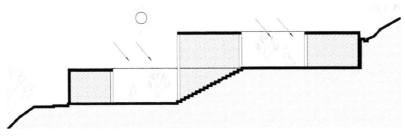

（b）脑山丘陵：套庄上下两院

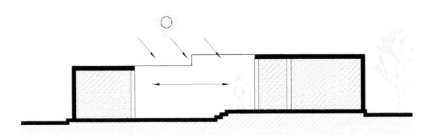

（c）川水平地：保证日照间距，且正房地势较高

图3.10　"北高南低"的聚落及单体建筑

资料来源：本书研究观点，作者绘制。

样同样达到了建筑获取日照最大化的目的（图3.10）。

（2）"大面宽、小进深"：青海传统民居尽量做到减少阴影区，增加采光面，这与炎热地区有显著区别。青海东部庄廓民居，正房多为3～5开间，大户人家有7～9开间不等，每个开间宽多为3 m，总面宽可达21 m左右，大面宽确保每个方面都能得到阳光。庄廓正房进深多为6 m，居住房间进深多为4.2 m，小进深的房间使得阳光在冬季可直接照射到北墙上，增加了冬季日照面积。青南地区的碉房形体独立，四面皆有房间，但居住房间多布置在南向，并且多将南向各房间合并，组合成一个面宽较大的居住房间，其进深同样较小（图3.11）。

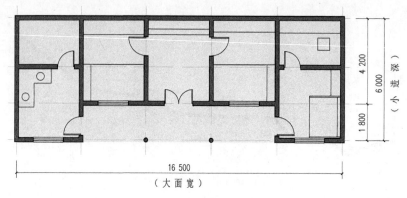

图 3.11 "大面宽小进深"的空间形态

资料来源：作者绘制。

（3）本土蓄热材料：对青海干旱寒地自然环境而言，本地区的黄土和石材是主要的建筑材料，同时传统民居很好地利用了土、石的蓄热功能，使房屋冬暖夏凉，适应了地区高寒气候环境。青海日照是我国最为丰富的地区之一，当地民居采用生土和石材，并将墙体加厚，冬季日间经太阳蓄热，夜间释放热量，提高了房屋冬季夜间的室内温度，减少了建筑冬季夜间的采暖能耗。同样夏季青海昼夜温差大，7月日较差为 $10 \sim 16℃$，夜间温度接近 $10℃$，厚重的墙体依然起到夜间释热作用。在传统社会外墙保温材料匮乏的条件下，青海本地区的土、石在民居蓄热保温方面发挥着极为重要的作用。

3.2.2　有效利用本土建筑资源

1. 地区建筑资源特征

青海建筑资源极为匮乏且单一。受自然气候环境影响，木材资源极为短缺，青海省森林覆盖率仅为 0.26%，约 250 万亩，分布零散[①]。青海东部多为黄土地貌，中部为高山草甸，西部和南部为戈壁和高原，受干旱蒸发量大的影响，仅有的树木只能在山体阴面和谷地生存，因此木材资源整体来讲相对稀少。东部黄土广布，一方面木材短缺，同时石材也难觅踪迹，建筑材料相对单一。青南地区也具有相同特征，仅在降雨量较多的青南班玛、青东大通山、祁连山等地，出现土、石、木等建筑资源相对集中的地区。

2. 就地取材

不论地区建筑资源如何单一和匮乏，人们总能依靠自己的聪明才智，利用本地区仅有的自然资源，发挥其材料特性建造出地区优秀建筑。青东黄土地貌且木材短缺，人们就以生土为建筑材料主体，创造出庄廓民居建筑类型；青南玉树地区，适应多石少木的资源状况，选择碉房作为自己的居住建筑；班玛、达日青海南部降水较多、森林覆盖率较高的地区，人们将木材和石材相结合创造出擎檐柱式碉房；在青

---

① 青海省地方志编纂委员.青海省志（自然地理志）[M].合肥：黄山书社，1995：166.

海东部大通山和祁连山地区,人们能就地取材以山谷冲刷下来的砾石为墙基、生土为墙身、木材为檩,建造双坡式庄廓民居等。

以上说明,地区建筑资源环境的局限,迫使人们从本土材料出发,发挥其优势,最大化地利用脚下的材料建造房屋,这也是地区大山阻隔交通不便,传统社会技术材料落后的一种真实表现。这从一个侧面,促使建筑形态与外观材料机理,与地区地貌环境相融合,相得益彰,和谐共生,并形成极具特色的地域乡土景观。

3.2.3 生物质能的循环利用

生物质资源是我国农村最丰富、最容易被运用的可再生能源形式,在青海主要包括牲畜粪便和农业秸秆。牲畜粪便在青海除用于肥料以外,还可作为燃料,这与我国其他地区牲畜粪便的利用方式有较大区别。农业秸秆多分布在青海东部海拔较低农业川水和浅山地区,多用于生活燃料。

1. 牛羊粪做燃料

青海由于海拔高、辐射日照强,牛羊牲畜的粪便晒干后,除做肥料以外多用于燃料,且燃烧后没有异味。整个青藏高原牲畜粪便作为燃料普遍存在,极具高原用能的地域特色(图3.12)。牲畜粪便做燃料源于游牧民族的用能方式,青海牧业用地约占总用地面积的二分之一,历史以来即是游牧地区,这里海拔高,植被类型为高山草甸,基本没有林木和农业秸秆,其唯一生活燃料即为牛羊的粪便。牧民的牛羊数量大,粪便产量多,虽然游牧地点多变化,但牲畜粪便的燃料供应稳定而充足。牧民将牲畜粪便收集,并将之制作成饼状晾晒后储存起来,在牧民帐篷中间建有土灶台,灶台一侧放置部分粪饼燃料,满足日常生活之需。随着海拔高度的降低,在脑山及浅山地区,也多有牧业以及半农半牧的农业方式,牲畜粪便做燃料的用能方式依然为高原各民族群众所接受。定居藏族牧民以及海拔较低的土族、其他民族的民居常建有煨炕,尤其是藏族和土族的灶连炕,其燃料主要来源即牛羊的粪便。

（a）农区牛羊粪收集
（贵德县尕让乡上尕让村）

（b）牧区牛羊粪收集
（共和县江西沟乡牧民点）

（c）室内生物质炉具
（祁连县默勒镇牧区冬居房）

图3.12 牲畜粪便是农牧民生活用能的重要来源
资料来源:作者调研拍摄[拍摄时间:(a)于2011年4月;(b)、(c)于2012年7月]。

海拔较高地区的游牧民族聚落，如藏族，多将牦牛粪收集并加湿，摊铺在民居外墙上，晾晒后规整于院内一角以备使用，同样也将羊粪收集后，堆放储存。海拔较低的浅山、川水农耕地区的汉族、回族、撒拉族多将牛羊粪收集做肥料。海拔超过3 000 m树木将很难生长，青海海拔3 000 m以上的地区占全省72.28%，2 000 m以下只占0.10%[①]，这意味着牲畜粪便是牧民生活燃料的主要来源，牧民们变废为宝，从而形成良性的生态循环系统，实现了本土资源的充分利用。

2. 独立旱厕收集肥料

农耕地区的传统民居在院墙一角常建有独立旱厕，用以收集肥料。在青海东部河谷地区，传统民居紧邻道路一侧往往建有一独立旱厕，厕所多凸出于外墙，建筑地坪略高于院外地面形成一定高差，同时旱厕与牲畜棚毗邻，方便集中制作肥料。传统典型庄廓民居厕所多位于院墙内，为了取粪方便，逐渐出现独立的旱厕。旱厕体量小巧、造型简朴，封闭的墙体上端开有小窗，与四面方正的庄廓墙相比，旱厕矮小凸出，这是为满足农耕生产需要而在建筑形态上的一种调适。

与青海东部农耕地区收集肥料的旱厕相比，青海南部藏族碉房民居也多有凸出于建筑主体、较为独立的旱厕，但其主要出于藏族"洁净观"的民族风俗所形成的建筑形态。藏族讲究"内外有别"，反映在民居空间上，对应的是"白""灰""黑"，白为居住空间，灰为牲畜圈，黑为厕所[②]，厕所在藏族民居中多凸出于院墙之外，这在青南玉树地区碉房民居普遍存在。虽然青东农耕地区民居和青南游牧民居都存在凸出于外墙的独立旱厕，但二者存在较大不同。东部农业区旱厕基本与地坪高度一致，主要为获取肥料；而南部藏族碉房厕所相对独立，厕所往往被布置在二层以上，一般要高出地坪2.5 m以上，这种建筑特征的主要原因是藏族的洁净观念所致（图3.13）。

3. 打麦场与秸秆综合利用

农作物废弃物之秸秆是农业地区重要的生物质资源，在传统农业社会秸秆的

（a）青东地区　　　　　　　　　（b）环湖地区　　　　　　　　　（c）青南地区
（大通县凉州庄村）　　　　　（海晏县西海郡故城民居）　　　　（班玛县灯塔乡）

图3.13　独立旱厕

资料来源：作者拍摄［拍摄时间：(a)于2011年4月；(b)于2012年7月；(c)于2011年8月］。

① 卓玛措.青海地理［M］.北京：北京师范大学出版社，2010：16.
② 何泉.藏族民居建筑文化研究［D］.西安：西安建筑科技大学建筑学院，2009：86.

（a）华隆县雄先藏族乡东鹏村聚落形态　　　　　　（b）华隆县雄先藏族乡东鹏村庄廓民居

图3.14　打麦场是聚落形态的重要组成部分

资料来源:(a)来源互联网;(b)作者拍摄(拍摄时间: 2013年8月)。

循环综合利用,是支撑乡村可持续发展的重要自然资源。秸秆可作为多种用途,一是做燃料,在农作物收割后收集堆放,满足日常家庭的生火做饭及取暖之需;二是将秸秆粉碎做肥料,农户将部分秸秆与牲畜粪便组合,堆沤成有机肥料还田增加肥力;三是可做牲畜饲料,民居中多有牲畜棚,秸秆可供牛、马、羊等大牲畜食用,并将其粪便收集还田,形成良性生物质资源的循环利用。

打麦场是青海农耕地区聚落空间形态的重要构成元素。如尖扎县当顺乡才龙村,海拔3 000 m属脑山地区的半农半牧地区,村民每家每户都有属于自己的打麦场,场内农作物废弃秸秆整齐堆放,以备生活生产之需。打麦场紧邻庄廓民居,与规整的庄廓相比,麦场形态各异大小不同,完全适应地形地貌特征,聚落形态自由变化。民居、街巷、打麦场共同组成传统聚落的典型形态,打麦场是农业生产方式的一种体现,同时农作废弃物秸秆循环综合利用,是传统乡土社会持续发展的重要保障(图3.14)。

3.2.4　水利资源的综合运用

青海省地处青藏高原,蕴含着丰富的水利资源。目前青海省境内已建有龙羊峡、李家峡等国家级大型水利工程,此外位于高山谷地,河流水系众多,水利资源充足,传统聚落建筑很好地利用了地区丰富的水利资源,建立了水渠和水利设施,具有鲜明的生态智慧。

1. 水利资源特征

青海水资源可分为地表水资源、地下水资源,以地表水资源为主,其由河川径流、湖泊、冰川水资源组成。青海河流一般河床较陡,落差较大,水利资源丰富,流量在1 m³/s以上的干支流共计243条,河流年平均流量为631.4亿m³,约占全国河流总径流量的2.33%。径流量时空分布不均匀,夏季径流占全年的30%,秋季占45%,春季占15%,冬季占10%;地区分布上,黄河流域年径流量达225亿m³,占全省的35.7%,长江流域为176.1亿m³,占全省的27.9%,澜沧江流域为108.4亿m³,占全省的17.1%[①]。

---

① 史克明.青海经济地理[M].北京:新华出版社,1988: 8.

（a）撒拉族村中水景	（b）土族水磨坊	（c）藏族水磨坊
（循化县街子镇沈家村）	（互助县丹麻镇）	（称多拉布乡）

图3.15　聚落中的水利景观设施

资料来源：作者调研拍摄［拍摄时间：（a）于2013年8月；（b）、（c）于2011年3月、8月］。

2. 灌溉水渠与水磨坊

传统社会并没有现代大型发电水库，已有水利设施都是基于传统人工建筑，解决本地区或者本村的生产生活需要。灌溉水渠多分布在河谷谷地以及青海西部戈壁的部分绿洲地区，村民依据水位高差修建渠道，一方面给地势较高的田地供水，另一方面把水引入村落，为村民提供生活用水。如青海东部循化县县城，位于黄河青海段的下游，这里谷地海拔1 900 m，地势较低，地面平坦，地下水资源丰富，人们引黄河水灌溉农田，依泉井建村定居。在循化县街子镇有一涌流不息的泉水，撒拉族称之为骆驼泉，传说元末明初撒拉族是由中亚撒马尔罕部落后裔东迁，发现这里水源充足、土地肥沃，决定定居此地。撒拉族利用地区水源优势，在村中修建小型沟渠，沟渠穿街走巷，两旁种有茂密树木，形成良好的村落景观。

利用地区众多河道水利资源，各民族建有各具特色的水利设施，其中水磨坊是一典型代表。青海东部互助县土族乡村，利用村边河谷流水，多建有水磨坊，以大型石材为基础，土木为建筑主体，由引水槽、水轮、磨轴、石磨盘、磨房、粮斗等部件组成，俗称"磨引溪流，水自推"，借用水力冲击水轮，带动石磨，昼夜不停运转，可日磨千斤，且环保节能、无污染。水磨坊在青海游牧民族聚落也多有存在，如在玉树州通天河河谷支流，藏族定居牧民建有水磨坊，建筑主体由石材砌筑，体型矮小、内部空间紧促，水磨坊同样满足当地青稞打磨成面的需要，体现出各族群众利用水利发展农业生产的生存智慧（图3.15）。

3.3　与地形地貌相适应

人们为了生存，需要面对不同的地貌类型，在传统社会受生产力经济水平的限制，人们只能被动地调节自己的建造方式和建筑的布局形态，以便适应不同的地形环境，在建筑与自然环境融合方面，传统聚落与民居建筑给予我们众多的有益启示。

青海地貌类型复杂多样，有高耸挺拔的山脉、辽阔的草原、大小不等的盆地、平缓起伏的丘陵以及宽窄不一的谷地和幽深的峡谷等,其中盆地约占全省面积的30.0%,河谷占4.8%,山地占51%,戈壁荒漠占4.2%。在太阳、风、水等外营力作用下,加上各地岩性不同,形成的地貌类型更是丰富多彩、千姿百态[①](表3.7)。聚落建筑多分布在山谷及丘陵地带,山地、河谷地貌类型约占全省总面积一半以上,河谷中相对平缓的台地是最佳聚落选址,但受背山向阳特定地形面积的局限,聚落形态一般比较分散。针对复杂地形环境,人们总是能够创造性地建造自己的住屋,聚落形态依据地貌特征而变化,形态的形成过程自然而随意,看似无序的背后是适应地区自然环境长期积累下来的建造经验。

从青海传统聚落分布的地理环境看,主要存在川水平原、浅山丘陵、高山峡谷三种地貌类型,并产生与之相对应的密集院落型、台地套庄型、独立碉房型三种民居建筑形态。

表3.7　青海省土地类型及评价

土地类型	面积(km²)	比　例	评　价
极高山地	43 279.12	6.00%	海拔高,严寒
高山地	289 059.86	40.08%	主要牧场
山原地	95 950.71	13.30%	畜牧草场
中山地	31 442.55	4.36%	林地、冬季草场
丘陵地	14 663.22	2.03%	水土流失
河谷地	44 796.66	6.21%	东部宜农、林、牧;西部和南部土地质量差
台　地	48 108.37	6.67%	地势平坦,缺水
平　地	34 981.60	4.85%	因土地类型不同差别较大
绿洲地	480.52	0.07%	宜农、林、牧
沙　漠	19 033.14	2.64%	土地沙化
戈　壁	42 802.57	5.93%	利用率低
平缓地	4 278.46	0.59%	土质较好,缺水
滩地、湿地	37 405.49	5.19%	一般土质差
湖、水库	14 916.40	2.07%	淡水及咸水湖

资料来源:作者整理绘制(引自:《青海省土地利用总体规划研究》编委会.青海省土地利用总体规划研究[M].西宁:青海人民出版社,2003)。

3.3.1　川水平原聚落与民居——密集院落型民居

1. 聚落形态紧凑

川水平原型地貌相对稀少,虽然柴达木盆地拥有广袤的平缓土地资源,但受日照、海拔、蒸发量的影响,可供农业灌溉及生活用水的水资源不足,聚落在柴达

---

① 张忠孝.青海地理[M].北京:科学出版社,2009:6.

（a）并排及联排式密集院落　　　　　　　　（b）自由发散型密集院落
　　（湟源县明清古城，汉族村镇）　　　　　　　（循化县苏志村，撒拉族村落）

（c）地势平坦，巷道较为笔直　　　　　　　（d）地势高差，结合地形，有机生长
（贵德县古城内庄廓民居，但多数已被拆）　　　　（循化县清水乡大庄村）

图3.16　川水地区聚落形态紧凑

资料来源：(a)、(b)来源google地图；(c)、(d)作者拍摄［拍摄时间：(c)于2013年8月；(d)于2015年4月］。

木盆地分布并不多。位于阿尼玛卿山以北黄河河谷地带，比如贵德、尖扎、循化等地聚落分布较多。在湟水流域如西宁、平安、乐都、大通和互助等地聚落同样相对较多。在大通河流域，由于受达坂山和祁连山、冷龙岭阻隔，交通不便加之土地类型多为草原牧场，聚落规模和数量并没有黄河和湟水流域密集。从青海整体地貌类型看，川水平原地貌主要位于青海东部农业地区，其中地势平坦的土地面积并不多，有的也是仅仅局限在河道摆动冲刷而形成的河滩地。这里往往并不是传统聚落分布地区，早期聚落是在河谷山地与河道交界的台地上，之所以形成当前聚落广布的现象是由于人口规模的不断增加，聚落被迫选择在川水良田的土地上建房。川水平原地是河谷地貌的最低处，地势较为平坦，紧邻河道，这里往往是最佳的农耕灌溉区，经济社会发展水平也是相对较高的地区，因此，人口规模也相对较多，为节约平原良田土地，聚落形态十分紧密（图3.16）。

2. 密集院落型民居

与紧凑的聚落形态相对应，各家庄廓毗邻而建，形成密集型院落民居。在川水河谷地区农户两家常共用一个围墙,并多为并联式布局,空间形态相对紧凑。例如在湟水河上游的湟源老县城,街道形态呈现出井田式格局,民居建筑东西两户既有并排布局也有联排式布局。并排式建筑是沿南北方向整齐排列,每户入口设在沿东西两侧街巷内;联排式建筑是沿东西方向整齐排列,每户入口设在南北两侧的街巷内,处于北侧的住户入口便要朝北开设,北墙作为入口这在青海高寒地区并不多见,但为了节约土地,会有少量民居选择在北侧设门。在循化县查汗都斯乡苏志村聚落形态同样相对密集,不同的是聚落街巷形态并不像湟源古城民居院落空间那么规整,它更多地表现在依据地形变化街巷自由发散,民居建筑之间自由组合,不规则的街道致使民居院落形态多样。由此可以看出川水地区相对平坦的地形面积有限,人们利用地形有效组合院落空间,以便实现节约土地的目的。

3.3.2　浅山丘陵聚落与民居——台地套庄型民居

1. 聚落沿等高线带形发展

青海山地面积占全省总面积的一半以上,其中浅山和脑山又占其绝大部分,其海拔相对较低(1 650～4 000 m),并紧邻河谷,适于生存,自古以来是人们建房的最佳选址地区。青海浅山丘陵地貌多集中在东部农业区。青海西部广袤的柴达木戈壁仅有少量聚落分布,西南的可可西里为高寒的无人区,南部为巴颜喀拉山高山峡谷,在青海东部黄河、大通河、湟水流域的农牧业地区形成大大小小、连绵起伏的黄土丘陵地貌。青海东部冷龙岭、达坂山、拉脊山、西倾山"四山夹三谷",在长期雨水冲刷下形成众多河道支流,此处大通河、黄河、湟水河都是自西向东,这里的河谷两岸谷地相对宽阔,河道南北两侧黄土台地都有较多的聚落分布。四山和三谷整体上为东西方向的并行关系,太阳东升西落,谷地日照相对充足,湟水、黄河、大通河谷地聚落最为集中,人口也相对较多。

浅山丘陵地带是青海各族群众广泛聚居的地区,这里是高山区与川水区的中间地带,地形高差变化较为复杂,整体聚落形态依据地貌变化有机发展。人们建房多选择在丘陵向阳的缓坡上,从山坡低处向山坡高处聚落形态层层叠叠,顺应地势和地形坡度,沿等高线东西方向发展,受山顶风沙和水源距离的影响,一般不在丘陵顶端建房。浅山丘陵地形坡度一般在10°左右,沿山体等高线的民居建筑并联在一起,形成联排式聚落形态。如青海东部湟中县塔尔寺周边民居,围绕周边山体并联式水平方向发展,高低错落,在有限的土地资源条件下充分利用地形走势合理组合空间布局,获得建筑与环境的良好融合。这种沿等高线带形发展模式,一方面便于街巷道路的铺设以及行走的便捷,同时也满足每个民居最大化获取日照的需求。

2. 台地套庄型民居

在藏族寺庙建筑中,套庄常作为佛殿和大型经堂,传统民居中仅在大户头人住宅出现套庄形式。与寺庙套庄建筑特点不同,民居套庄外墙一般不开窗,排水方向也多为内排。如在尖扎县昂拉乡千户府和贵德尕让乡尕让村千户府,都采用前后两院的套庄形式。两处的千户府建筑形制较为相似,都依据丘陵山地的高低坡度,采用上下两进院的空间布局,下院朝阳的墙面中央设置入口大门,下院为两层土木结

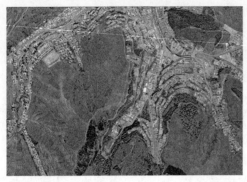 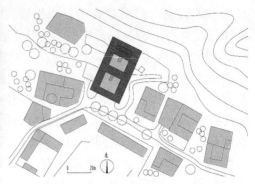

（a）聚落沿等高线发展（湟中县塔尔寺）　　　（b）套庄总平面图（贵德县尕让村千户院）

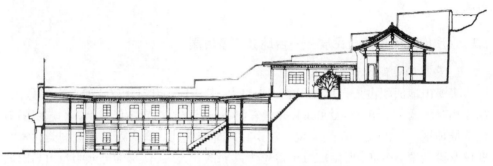

（c）套庄上下院剖面（贵德尕让村千户院）

（d）套庄下院　　　　　　　（e）套庄入口高大门楼　　　　　（f）上下院的过道
（贵德县尕让村千户院）　　　　（尖扎县昂拉乡千户院）　　　　（尖扎县昂拉乡千户院）

图3.17　浅山地区聚落及民居

资料来源：(a)来源google地图；(c)汪之力.中国传统民居建筑[M].济南:山东科学技术出版社,1994:145；(b)～(f)作者绘制、拍摄[拍摄时间:(d)～(f)于2011年4月]。

构的四合院，与入口大门正对的是通往上院的楼道，上院为一层四合院，上院地面高度与下院二层屋顶平齐，在上院左右往往设置左右偏门方便出入。两处千户院屋顶基本为草泥平屋顶，唯有在上院正房建有歇山青瓦双坡屋顶。套庄的建筑规模一般较大，昂拉千户府南北56 m、东西39 m，总占地面积2 200 m²；尕让千户府南北49 m、东西27 m，总占地面积1 300 m²，套庄总进深较大，上下两院很好地适应了山地坡度特点，减少了土方工程量的同时，也有效地获得了良好的日照环境。套庄民居因建筑规模和经济条件的限制，多出现在头人和大户人家（图3.17）。

3.3.3　高山峡谷聚落与民居——独立碉房型民居

1. 山地聚落形态

从青海地貌类型分布看,高山峡谷多位于青海南部的玉树、果洛藏族自治州,平均海拔4 500 m,地表土壤类型与青海东部及其他地区差别较大,这里地表结构多为三叠系砂板岩,土木资源相对较少,大面积土地为高山游牧地区。青海南部藏族群众多以高山游牧的生活方式为主,高山草甸也多分布在海拔3 900～4 500 m,这里风沙较大、气候寒冷,游牧民族适应季节气候变化,居住区位变化不定。在长江、黄河、澜沧江等大江河谷地带,海拔多在3 500～3 700 m,这里气候相对温和,风沙较小,形成良好的微气候环境,游牧民族多选择在此河谷两侧台地筑房定居,生产方式也由游牧转变为农耕和半农半牧。因此,在青南高原地区游牧定居村落多分布于海拔较低的河谷地带。

青海南部是长江、黄河、澜沧江的源头,长江、澜沧江发源于玉树可可西里地区,黄河发源果洛玛多县地区,长期的雪山融水冲刷,在上游河道形成河谷与山体高度的巨大落差。如在长江上游青海段通天河峡谷,水平距离1 800 m的垂直高度落差可达900 m,坡度约26°(图3.18),位于此处的乡村民居为典型的山地型聚落。如玉树仲达乡电达村距离通天河约4 km,位于通天河支流河谷,海拔在3 700 m,两侧的高山山顶在4 800 m,村落选址于南北溪流与东西河道交汇的台地,北靠大山、南近邻河溪,聚落区位有效适应了山体河谷的地形走势[①]。避风向阳的山地局部环境孕育出与高山峡谷并存的高原聚落。受宗教习俗影响,在村子西北的一个山梁上建有让娘寺,俯瞰整个村落,“上寺下村”的藏族聚落形态特征明显[②]。

2. 独立碉房型民居

青南高山峡谷地形十分陡峭,向阳避风和较为平坦的台地面积有限,众多民居建筑都要面对严峻地形的挑战。玉树以南西藏昌都县新石器遗址就已有石砌住屋的存在,千百年来当地民众利用本地石材建筑资源建造房屋,形成十分精湛的石砌技艺,它利用山坡地形可将建筑砌筑成较高的碉房民居。当地碉房多为两至三层,依据山地陡峭程度也可建至四层,在玉树称多县德达村,紧邻大山处于村子边缘的个别碉房,利用较陡地形,一层建有牲畜间,空间封闭墙体厚实,二层设有生活入口,三层为生活空间,四层为生活和粮储空间,并且自下而上开窗的大小和数量逐层加大。在村子坡度较缓的地方,缺少陡峭地形支撑,房屋多为两至三层,碉房整体形态较为独立。沿碉房周边用河道冲刷下来的砾石砌筑低矮院墙,由于山地地形复杂,院墙入口位置十分灵活,有的院墙入口可直达碉房的二层。该地区以半农半牧生产方式为主,与形态规整的碉房不同,房前院落空间宽大且形态变化多样,完全依据所在地形环境自由灵活砌筑。

---

① 依据国际地理学联合会地貌调查与地貌制图委员会关于地貌详图应用的坡地分类来划分坡度等级,规定:0°～0.5°为平原,>0.5°～2°为微斜坡,>2°～5°为缓斜坡,>5°～15°为斜坡,15°～35°为陡坡,>35°～55°为峭坡,>55°～90°为垂直壁。中国大陆规定>25°不能耕种。

② 向达.青海藏族地区传统聚落更新模式研究[J].中外建筑,2011(5):72-73.

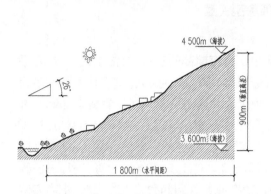

不同角度与坡度的换算		
角 度	正 切 坡 度	
0º	0%	
5º	9%	1：11
10º	18%	1：5.7
30º	58%	1：1.7
45º	100%	1：1
60º	173%	1：0.58
90º	∞	

（a）青南地区高山峡谷地貌，海拔高、落差大

（b）高山峡谷聚落形态
（玉树县电达村）

（c）高山峡谷中的碉房民居
（称多县德达村）

（d）聚落选择在河谷两侧台地建房
（玉树县旺忠达村）

（e）聚落"面南背北"
（班玛县班前村）

图 3.18　青南地区高山峡谷聚落与民居

资料来源：(b)来源 google 地图；(a)、(c)作者绘制及拍摄［拍摄时间：(c)、(d)于 2011 年 8 月；(e)于 2014 年 1 月］。

3.4　简便易行的建造技术

　　传统建造技术是传统民居应对地区自然及人文环境的集中体现。它反映出在传统经济社会时期人们在处理建筑与环境关系过程中，经过长期试错所积淀出的宝贵建造智慧。传统民居为具有地域或民族特征的传统居住建筑，其建造技术具有在传统生产生活背景下建造、与环境协调、由地方工匠和百姓自行建造的特点。至今，这些传统营建技术在地域建筑创作、民族文化传承等方面仍具有极其重要的启示和借鉴价值。

青海地域广阔民居建筑类型多样，从宏观视角审视传统建造技术主要包括青海东部河湟地区庄廓民居传统土木建造技术、青南山区碉房民居传统石木建造技术、环青海湖草场牧区帐篷民居毛帐建造技术三种基本类型。

3.4.1 庄廓传统土木建造技术

庄廓民居所在的地理区位为我国西北黄土高原西端边缘地区，这里黄土资源丰富，为庄廓土木建造技术的形成提供了必要的物质条件。庄廓传统土木建造技术是西北生土民居建造技术体系的一种表现形式，其建筑围护结构基本为土坯墙、夯土墙、篱笆墙，这与西北其他地区生土民居既有联系又有区别。

1. 夯土墙建造技术

夯土建造技术历史久远，是目前我国西北及其他地区乡村民居仍广泛在使用的民间建造技术，它也是最经济的建造技术。夯土墙施工方法称为板筑法，俗称"干打垒"，模板可以是木板也可以由桢干[①]组成。每层夯筑时将覆土压平再用传统工具夯锤夯击，先夯边缘，后夯中间，往复循环直至夯实。一层夯筑完，再将模板上移重新固定，用同样的方法继续夯筑，由下至上做收分处理逐层夯筑（图3.19）。夯土墙一般墙根部宽度约900 mm，墙体顶部宽400 mm左右，墙高多为3 m。

庄廓四周高大院墙多为夯土技术建造而成。为防止墙体受潮，庄廓选址多在地势较高的台地上，院墙墙基处多选用河谷冲刷下来的石材作为墙基材料，并高出地坪500 mm左右。庄廓建造时间顺序一般是"地基砌筑—外墙夯筑—搭建木梁框架—屋顶及内墙"，外墙夯筑作为相对独立的一个建造环节，夯筑技术相对简单，村民易于掌握，经常是农户在乡邻帮助下即可建造完成。

2. 土坯墙建造技术

土坯即未烧制的土块，其性能与普通烧结砖接近。作为生土建材的衍生品，土坯加工简便，同时砌筑方法易行，其可以作为建筑墙体、屋面、围墙甚至炕、灶的主要建材，使用范围十分广泛[②]。土坯加工工艺极其便捷，所需的模具体形小巧、结构简单，易于加工。土坯的大小、形状并不完全一致，多为350 mm×300 mm×65 mm不等。土坯制作可分为草泥坯和夯土坯两种，草泥坯制作时先预制木模，在黄土中加入3～5 cm长度的麦秆，然后闷沤两到三天左右，和成泥填入模中压实，脱模晾干后即成草泥土坯。夯土坯制作时将黄土放入木模成型，放置在平整地面，使用重物夯打，脱模后堆架风干。

---

① 古代筑墙时所用的木柱，竖在两端的叫"桢"，竖在两旁的叫"干"。
② 李钰.陕甘宁生态脆弱地区乡土建筑研究：乡村人居环境营建规律与建设模式［M］.上海：同济大学出版社，2012：74.

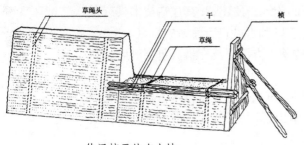
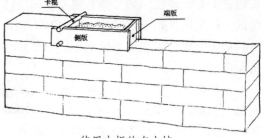

使用桢干的夯土墙　　　　　　　　　　使用木板的夯土墙

（a）两种传统夯土建造技术

（b）使用桢干的夯筑技术（循化县）　　（c）庄廓"先打墙,后建房"（化隆县雄先乡）

图3.19　传统夯土建造技术

资料来源:(a)傅熹年.中国科学技术史·建筑卷[M].北京:科学出版社,2008:57;(b)王军教授提供;(c)作者拍摄(拍摄时间:2014年2月)。

土坯墙体砌筑工艺大致可分为以下六种:① 平砖顺砌错缝,这种砌法为单砖墙,上下两层错缝搭接,搭接长度不小于土坯长度的三分之一,由于墙体较薄,稳定性差,高度受限制,多用于外墙;② 平砖顺砌与侧砖丁砌上下组合式,这种做法是在平砖顺砌或错缝砌筑时,每隔几层加砌一层侧砖顺丁,间隔层数可灵活设置;③ 平砖侧顺与侧丁、平顺上下层砌筑,做法与第二种砌筑方法相似,只是变为平顺、侧丁、侧顺三种方式交替砌筑;④ 侧砖、平砖或生土块全砌,全部用丁砌或顺砌,此种做法仅限于围墙,承重性能差;⑤ 平砖丁砌与侧砖顺砌上下层组合,墙体承重性能较好,多用于砌拱和房屋承重墙;⑥ 侧砖丁砌与平砖丁砌上下层组合,同样承重性能良好,较多用于房屋的承重墙(图3.20)。

3. 篱笆墙建造技术

篱笆墙又称篱笆抹泥承重墙,其一般做法是在墙体内密排木枝、柳条,间距多在5 cm左右,编织成篱笆状,再在其上抹草泥面,形成厚达30 cm左右的墙体,该建造技术带有土木混合的结构特征。依据不同地区气候变化,篱笆墙抹泥做法不尽相同。在气候较为寒冷地区,篱笆墙两面抹泥,墙体也较厚,外观与其他夯筑墙体相似,其蓄热保温效能相对增加。在气候相对温和地区,篱笆多外露或一面抹泥,以便增加散热通风的作用。

篱笆墙建造技术体现了就地取材的原则,充分利用本土丰富的黏土资源,结合麦秆等韧性较强的木枝柳条,以便增加黏土的强度。当地庄廓民居多在二层建有篱笆墙,一层仍多为夯土砌筑,二层由木质良好的原木做框架,其间墙体用木枝条编

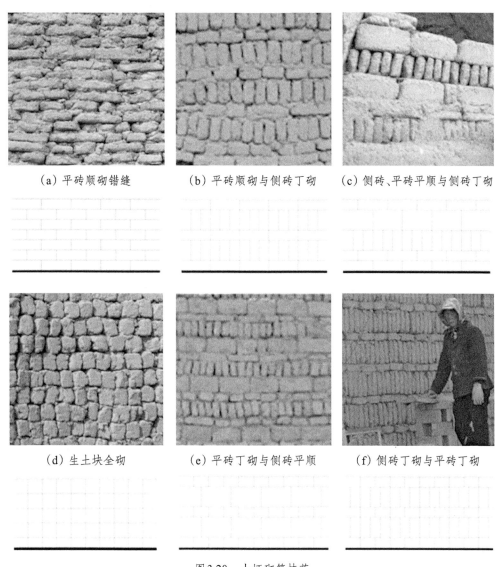

(a) 平砖顺砌错缝　　　　(b) 平砖顺砌与侧砖丁砌　　　　(c) 侧砖、平砖平顺与侧砖丁砌

(d) 生土块全砌　　　　(e) 平砖丁砌与侧砖平顺　　　　(f) 侧砖丁砌与平砖丁砌

图 3.20　土坯砌筑技艺

资料来源：陈莹.硕士论文：宁夏西海固地区传统地域建筑研究[D].西安：西安建筑科技大学,2008：58.

织，抹泥方式灵活多样，由此形成篱笆墙冬暖夏凉、透气性强、有效利用本土资源、墙体重量小等建筑特点（图3.21）。

4. 传统庄廓民居土木结构形式及墙体传热系数

庄廓外墙为高大的夯土墙，外观质朴，其院内房屋为北方典型的传统土木结构形式。按照庄廓建造时序，庄廓外墙夯筑完成后，择日在院内搭建木柱、梁架以及檐枋雀替，然后搭建木檩，其上布置椽子，为铺设屋顶做准备。屋顶首先在椽子上铺"榻子"（劈柴或树枝），上铺麦草，草上铺10 cm左右潮湿黄土，再用石碾子压实。之后在上面抹5 cm左右草泥，待七成干时撒上一层麦糠（可防止裂缝并起到拉接作用），再用石碾子压光。屋顶檐口处用砖砌边，防止杂物散落，同时每间隔3 m左右设水舌，将水排向院内。院内木质框架及屋顶铺设完毕后，再进行院内正

|（a）撒拉族篱笆楼|（b）土族篱笆墙|
|（循化县街子镇）|（互助县张家村）|

图3.21 传统篱笆墙建造技术

资料来源：作者拍摄［拍摄时间：(a)于2013年8月；(b)于2014年6月］。

房、厢房以及倒座房屋墙体的砌筑，其建造方法多由土坯砌筑，部分墙裙镶嵌青砖（图3.22）。

　　笔者与青海省建筑建材科学研究院技术人员于2014年2月前往青海省化隆县雄先藏族乡巴麻堂村调研，选取当地一户传统土木结构庄廓民居进行测试，测得庄廓土墙传热系数为0.62 W/(m²·K)（表3.8），要比当前农村普遍使用的烧结黏土砖的3.22 W/(m²·K)及混凝土砌块的5.92 W/(m²·K)低很多。这说明传统庄廓民居生土墙体对室内外冷、热流具有明显的热阻性能，传热系数相对较小，也说明传统庄廓民居土木结构形式是传统农业社会条件下理想的建造方式。

图3.22 传统庄廓民居土木结构形式

资料来源：作者整理绘制。

1—檐柱；2—金柱；3—后山柱；4—空间夹层；5—夯土院墙；6—土坯内墙；7—室内木质隔断；8—木檩；9—垫墩；10—木椽；11—檐枋；12—水舌；13—石柱基

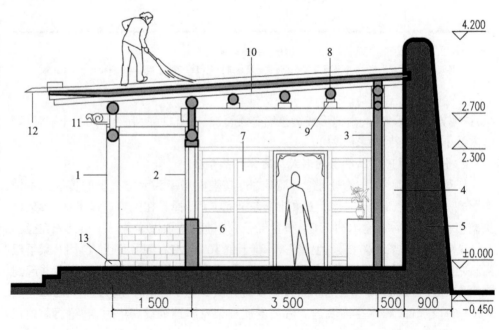

表3.8　化隆县传统庄廓民居土墙传热系数检测结果

时间	测试芯片编号													
	1	2	3	4	5	6	7	8	9	10	11	12	56	57
2014.2.25 (2:00)	8.10	8.00	8.20	8.20	8.30	8.20	2.10	1.80	2.30	1.90	2.10	2.30	0.10	0.24
2.25 (3:00)	7.70	7.80	7.90	7.90	8.20	7.90	1.90	1.70	2.00	1.60	1.90	2.10	0.14	0.21
2014.2.25 (4:00)	8.10	8.10	8.20	8.20	8.20	8.20	1.60	1.40	1.70	1.30	1.50	1.60	0.15	0.27
2014.2.25 (5:00)	8.10	8.10	8.20	8.20	8.20	8.20	1.50	1.00	1.50	1.00	1.30	1.40	0.17	0.22
2014.2.25 (6:00)	8.10	8.00	8.20	8.30	8.40	8.30	2.00	2.00	2.30	1.90	1.30	2.30	0.14	0.25
2014.2.25 (7:00)	8.00	7.20	7.10	7.30	7.50	7.20	2.10	2.00	2.30	2.00	1.70	2.30	0.15	0.26
2014.2.25 (8:00)	7.60	6.90	6.80	7.00	7.10	7.00	1.90	1.70	2.10	1.70	2.00	2.00	0.16	0.27
平均值	7.92	7.67	7.74	7.81	7.94	7.81	1.84	1.68	1.99	1.64	1.72	2.01	0.14	0.24

传热系数结果：$K=0.62$ W/(㎡·K)

$R_1=1.83$ ㎡·K/W；　$R_0=1.61$ ㎡·K/W；　$R_2=1.09$ ㎡·K/W；

土墙厚度：270 mm；

K 为生土墙传热系数，$K=1/R_0$，$R_0=R_i+R+R_e$，$R=(R_1+R_2)/2$，R_i 一般取 0.11，R_e 一般取 0.04，R_1 与 R_2 分别为热流计计算出的热阻值；

R_1 为 (1+2+3) 的平均值 −(7+8+9) 的平均值/23.2(热流计给定系数)×0.14(56 测的数据)；

R_2 为 (4+5+6) 的平均值 −(10+11+12) 的平均值/23.2(热流计给定系数)×0.24(57 测的数据)

注，传热系数，是指在稳定传热条件下，1 m 厚的材料，两侧表面的温差为 1 K，在 1 h 内，通过 1 ㎡ 面积传递的热量，用 λ(lambda)表示，单位为 W/(m²·K)。

资料来源：青海省建筑建材科学研究院提供数据，作者现场参与测试。

　　如前所述，经考古学证实，自新石器早期我国北方人类祖先从穴居逐渐向地上建筑发展，就已经出现土木混合结构房屋，北方典型的木栅抹泥承重墙、夯土、土坯等建造技术先后形成[1]。至今这些本土建造技术仍被广泛使用，这不但说明这些传统技术是与当地气候和资源条件最佳的组合形式，也说明这是几千年来人们正确认识建筑与自然关系的智慧结晶，这给当前乡土民居更新建设提供了重要的启示。

---

① 傅熹年.中国科学技术史·建筑卷［M］.北京：科学出版社,2008：25.

3.4.2 碉房传统石木建造技术

碉房包含土碉和石碉两种建筑类型，从分布范围和建筑数量规模来看，石木结构的石碉分布广规模大，是青南山区藏族民居的典型代表。同时石碉房也是西藏、川西、云南藏族普遍的居住建筑类型。青海的石碉房按照地理环境不同，又划分为玉树、果洛及黄南等地的碉房民居和果洛州班玛县马可河流域的碉楼民居。尽管青南不同地域的碉房建筑特征有所不同，但其以石、木为主的结构体系并没有大的差异，同属青南石木建造技术体系。

1. 石砌建造技艺

青南山区分布较多的碉房和数量较少的碉房二者共同的建筑特征就是石砌墙体。青南山区石材形状多为片状，稍加修饰即可排列砌筑墙体，这与西藏拉萨较大的石材形状有所不同，青南碉房石砌墙体外观呈现"横长竖窄"的密实片状肌理。碉房建造过程一般不绘图，不吊线，也不用诸架支撑，全凭经验建造，其墙体仍然能保持形体规整、墙角笔直的效果，石砌技艺十分精湛。

碉房的建筑尺度把控一般用人体的手、肘和膝的长度作为参考单位，由此推算碉房整体尺寸及柱间距的基本模数。通常情况碉房民居柱距为2.3～3 m，平面布局中开间与进深的距离基本一致，柱网分布有"十"字的（一柱式），也有"回"字形的（四柱式），也有尺寸较大的网格状（九柱式）布局平面。传统碉房民居室内层高多在2.2～2.5 m，尤其在一层牲畜间室内层高更低，多在2 m以下（图3.23）。

碉房墙体砌筑过程，首先是开挖近2 m的基础沟槽，铺砌较大石材组成碉房基础。之后将片状石材层层堆砌，配合草泥填缝，草泥是将青稞杆草藤与黄泥按比例搅拌成形，与片石组合以增加墙体密实度。墙体自下而上砌筑并作收分处理，但并非两面同时收分，而是"外收内直"，内墙仍与地面保持垂直。随着层高的加大，在墙内的立柱之上搭建木梁、木檩，其上布置木片层，然后是石板，再者是铺土夯实，有条件的室内地面也多铺设木地板。

墙体砌筑过程有以下特点：① 墙体内置木质拉筋。由于墙体所使用的片石体型较小且形状不一，极易坍塌，当地多将长度2.5 m左右的木料镶嵌于墙内，起到拉接墙体整合受力的作用，由此达到建筑抗震的目的。② 墙体厚实。碉房一层墙基厚度可达1 m左右，依据建筑规模不同墙体厚度还会有所增加，这一方面是抗震的需要，同时也是应对地区严寒气候的一种建筑策略，厚实墙体可保证室内温度的相对稳定。③ 开窗"内宽外窄"。室内一侧的窗洞较大，室外一侧的窗口较小，剖面形式也有收分，这主要是为了减少对墙体抗震的破坏，同时又可获得较大的室内采光。④ "下实上虚"。碉房石砌墙体下端厚重密实，基本不开窗，最多是开设小型通风孔，由下到上"实"的成分逐层减弱，二层可开窗，但窗洞尺寸较小，在三层部分墙体已经由石材转变为木材，墙体构造形式多为井干式，在保证较好的建筑整体稳定性的同时，每层的空间功能合理划分，解决了不同生活内容的需要。

2. 传统碉楼民居石木结构形式及墙体传热系数

碉楼所处地理环境木材资源相对丰富，与青南其他地区碉房建筑形态不同的

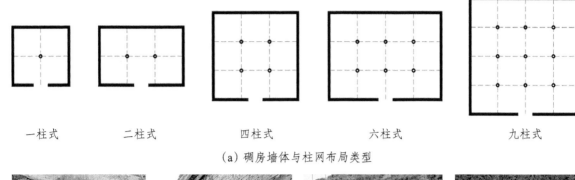

一柱式　　　　二柱式　　　　　四柱式　　　　　　六柱式　　　　　　　九柱式

(a) 碉房墙体与柱网布局类型

| （b）碉房墙体 | （c）碉楼墙体 | （d）石砌施工 | （e）三楼上梁架 |
| （通天河流域） | （马可河流域） | （马可河流域） | （马可河流域） |

图 3.23　碉房平面类型及石砌建造技艺

资料来源：作者绘制、拍摄 [拍摄时间：(b)、(d)、(e) 于 2011 年 8 月；(c) 于 2014 年 1 月]。

是，在石砌建筑主体的周边建有檐廊木质框架，称之为"擎檐柱式碉楼"。如将外围檐廊去掉，建筑形态与木材资源较少地区的碉房基本相似，内部石木结构形式也大致相同。

马可河流域林木茂密，为擎檐柱式碉楼的出现提供了必要的物质条件。该地区碉楼建筑形体主要由石砌建筑主体和外围木质檐廊两大部分组成。与四川马可河下游大金川地区藏族碉楼"挑廊、挑厕、挑楼"建筑形体不同，青南碉楼檐廊立柱直接立于地坪，逐层搭建，并与石砌碉墙穿插融合，形成完整的建筑结构体系。檐廊的围挡多用当地丰富的木材柳枝编制，有些类似青海东部的篱笆墙，只是本地围挡墙面抹泥情况较少，只有在架空厕附近为了隐私才做抹泥处理。檐廊位置基本会布置在建筑的西侧，厕所也设在这里，东侧和南侧檐廊多作为晾晒、休憩等生活空间使用。檐廊木枝框架长时间受到风吹日晒常有老化腐烂的现象，木料等建筑构件的替换十分灵活，一般是将老料保留，在其旁边另加入新的木料，所以经常会看到碉楼外围檐廊的一处柱位，由两根或者多根擎檐柱支撑的现象（图 3.24）。

为了获得传统碉楼民居在室内外冷热环境下石砌墙体的传热系数，笔者与

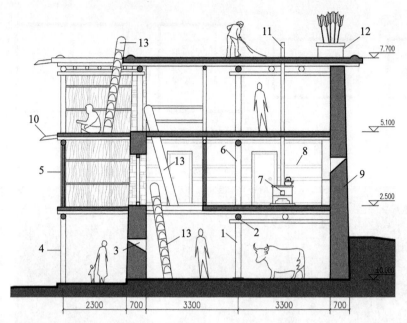

1—中柱；2—大梁；3—通风孔；4—擎檐柱；5—檐廊围挡；6—室内中柱；7—火炉；8—室内木质隔墙；9—石砌碉墙；
10—水舌；11—烟筒；12—剑旗台；13—独木楼梯

图3.24　传统碉楼民居石木结构形式

资料来源：作者调研整理绘制。

青海省建筑建材科学研究院技术人员前往马可河碉楼村落调研测试。调研时间正值冬季，室外严寒与室内温度对比度大，有利于获取墙体的传热数据。经连续5 d的检测数据收集，获得传统碉楼石砌墙体的传热系数为1.72 W/(m² · K)（表3.9）。虽然传热系数大于庄廓土墙的0.62 W/(m² · K)，但青南碉楼石砌墙体所使用的石材蓄热性能较好，数据显示石材比热容[①]为1 700 kJ(kg · ℃)，数值相对于土、木材等石材比热容较大，是地区较为理想的蓄热材料。加之传统碉楼石砌墙体较厚，日间太阳照射墙体吸收热量，夜间向室内释放热量，一方面提高室内温度，另一方面避免室内温度受室外昼夜温差波动的影响，实现较为理想的室内居住环境。

早在新石器时期青南地区就已经存在石砌墙体建造技术。从青南与西藏东部接壤的昌都地区卡若文化遗址考古发现来看[②]，擎檐柱式碉房很早就已经产生。石砌墙体建造技术至今已有近5 000年的历史，就地取材，利用脚下的土和石结合山林木材建造房屋，在当地依然普遍存在。从远古到如今，建筑材料没有改变，囿于传统建筑技术的限制，石砌建造的基本方法也没有大的变化，石砌技术被当地人掌握和熟知，长此以往成为青南山区地域建筑原型的技术支撑。

---

① 比热容：单位质量的某种物质温度升高1℃（或降低1℃）所吸收（或释放）的热量叫做该物质的比热容，用符号 c 表示。

② 卡若遗址位于中国西南部西藏自治区的昌都县，是一处新石器时代晚期文化遗址，年代为距今5 000～4 000年。卡若遗址发现于1978年，遗址总面积约1万m²，是考古界公认的西藏三大原始文化遗址之一（参见：西藏自治区文物管理委员会.西藏昌都卡若遗址试掘简报［J］.文物，1979（9）：22–28）。

表3.9　果洛州班玛县碉楼墙体传热检测

时间	测试芯片编号												
	4	5	6	10	11	12	13	14	15	16	57	58	59
2014.2.25 (2：00)	−1.10	−1.30	−1.10	−5.60	−5.50	−5.80	0.20	−0.40	−0.20	−0.60	0.40	0.26	0.30
2014.2.25 (3：00)	−0.80	−1.00	−0.80	−3.90	−3.80	−4.00	0.70	0.10	0.20	−0.20	0.57	0.43	0.38
2014.2.25 (4：00)	−0.70	−0.80	−0.90	−3.10	−3.20	−3.30	1.40	0.60	0.90	0.00	0.68	0.48	0.48
2014.2.5 (5：00)	−0.80	−0.80	−1.00	−2.20	−2.30	−2.40	0.80	0.20	0.50	−0.30	0.49	0.35	0.35
2014.2.25 (6：00)	−1.00	−1.10	−1.10	−2.00	−2.00	−2.00	0.40	−0.30	−0.20	−0.60	0.38	0.28	0.28
2014.2.25 (7：00)	−1.00	−1.00	−1.10	−1.60	−1.70	−1.80	−0.20	−0.50	−0.20	−0.90	0.34	0.27	0.22
2014.2.25 (8：00)	0.00	−0.40	−0.40	−1.50	−1.40	−1.50	1.30	0.60	0.50	−0.10	0.59	0.56	0.51
平均值	0.00	−0.18	−0.13	−2.78	−2.75	−2.90	1.24	0.54	0.80	0.16	0.45	0.36	0.38

传热系数结果：K=1.72 W/(㎡·K)

R_1=0.26(㎡·K)/W；R_2=0.54(㎡·K)/W；R_3=0.48(㎡·K)/W
R_0=0.58(㎡·K)/W；$R=(R_1+R_2+R_3)/3$=0.43(㎡·K)/W

资料来源：青海省建筑建材科学研究院提供数据，作者现场参与测试。

3.4.3　帐篷传统毛帐建造技术

虽然帐篷流动性较大，与我们常谈到的庄廓、碉房等固定居所有较大差别，但它是青藏高原广大牧区最为普遍且历史久远的民居建筑类型。帐篷取材牛羊毛，生活燃料来源牛羊粪，建筑布局及建造对环境影响极小，可以说帐篷是传统民居中最为朴素、环保的"绿色建筑"。

在青藏高原帐篷类型多样，而牛毛帐篷最具地区特色，也是当地最经济、最适用的一种类型[①]。该类型帐篷多用黑牦牛毛编织而成，俗称"黑帐篷"。黑帐篷是手工编制，编制人席地而坐，先把牛羊毛原料收集好，开始编织的帐布宽约25 cm，然后将各块帐布统一缝制成帐篷。帐篷结构形式相对简单，主要由帐布、绳索、支撑木柱木梁三大部分组成。搭建时将帐篷顶部四角风绳拉向远处，系于地上的木橛子，然后在帐篷中架起一根木杆做横梁，将篷顶撑开，用两根木立柱支撑横梁两端，然后用木橛子固定帐篷四壁底部，帐篷即搭建完成（图3.25）。

---

① 藏族帐篷是用牦牛毛或羊毛先捻成线，再织成织物，如布如毯，折叠性很好，而不是用毡。蒙古包多用毡来建造，"毡"是用羊毛擀压而成，不是织物且折叠性差，只能卷成筒状运输和储藏。因此藏族的帐篷与蒙古族的毡包是有所不同的。

（a）帐篷来源于牛羊毛，编织技术方便易学　　　　　　　（b）帐篷折叠性好，便于运输

图3.25　牧区帐篷毛帐建造技术

资料来源：（a）http://www.quanjing.com/imginfo/297-0377.html；（b）作者拍摄（拍摄时间：2011年8月）。

牦牛毛具有防腐、防晒、防潮等性能，帐内有火塘，供牧民做饭取暖，室内经常受烟熏火燎，加之高原日晒及风吹雨淋，在这样的条件下帐篷仍能使用十年之久。藏族的帐篷相比蒙古族的毡房，很好地适应了高原昼夜温差大①的气候特点。正如藏族的藏袍保暖与散热同等重要一样，帐篷在保温避风的基础上具有较好的透气性，室内帐帘、通风天井等建筑部件，使得室内气温可控性强，因此牛羊毛编织的高原帐篷具有其特殊的地理优势。

综上，传统民居的建造技术，是人们在特定的地理、气候、资源条件下长期探索总结，逐步形成的生存智慧。它是充分利用地域资源，适应气候环境，解决居住问题最为经济和有效的技术手段。随着社会、经济快速发展，虽然传统民居中建造技术存在其固有的时代缺陷，难以满足当前人们日益多元、丰富的物质和精神需求，但是其中蕴含着大量营建智慧和生态潜力，十分值得人们重视、研究和传承。

3.5　多元民族文化的生态观

在文化的创造与发展中，主体是人，客体是自然，而文化便是人与自然、主体与客体在实践中的对立统一物。文化是改造自然和社会的活动，人创造了文化，同样，文化也创造了人。因此，文化的实质性含义是"人化"，是人类主体通过适应、利用、改造自然界客体，而逐步实现价值观念的过程。这一过程，既反映在自然面貌、形态、功能的不断改观，也反映在人类个体和群体素质的不断提高和完善②。

在"文化生态学"③的研究中，文化被看作是"适应"的文化，文化变迁过

---

① 青海年气温日较差12～16℃，1月为14～22℃，7月为10～16℃，冬季大于夏季，最大日较差可达25～34℃，与同纬度的山东济南的9.7℃相差一倍之多（引自：西北师范大学地理系.青海地理［M］.西宁：青海人民出版社，1987：60）。

② 张岱年，方克立.中国文化概论［M］.北京：北京师范大学出版社，2004：3.

③ 文化生态学是运用生态学的研究方法，研究文化的形成、分布，以及不同地域的特殊文化及文化类型如何受到生态环境的影响与制约的学科。自理论的提出之后，文化生态学为越来越多的人类学家和生态学家所重视，逐渐形成一门新的学科（引自：尹建民.比较文学术语汇释［M］.北京：北京师范大学出版社，2011）。

程是适应自然环境的过程,可以说地区的自然环境影响和促成地区文化的形成。20世纪30年代美国人类学家朱利安·海内斯·斯图尔德(Juliar Haynes Steward, 1902—1972)提出了"文化生态学"(cultural ecology)的概念,并在1955年出版的《文化变迁理论:多线性变革的方法》[①]对文化生态学基本理论进行了系统阐述。文化生态学的理论和概念主要是用来解释文化适应环境的过程。它认为,人类是一定环境中总生命网的一部分,在总生命网中引进文化因素,即建立一个文化层,生物层与文化层之间相互作用、交互影响,它们之间存在一种共生关系。这种共生关系不仅影响人类一般的生存和发展,而且也影响文化的产生和形成,并发展为不同的文化类型和文化模式。同时,斯图尔德把文化生态学的研究方法看作是真正整合的方法,认为如果孤立地考虑人口、居住模式、亲属关系、土地占有形式及使用制度、技术等文化因素,就不能掌握它们之间的关系及与环境的联系;只有把各种复杂因素联系在一起进行整合研究,才能弄清楚环境因素在文化发展中的作用和地位,才能说明文化类型和文化模式怎样受制于环境[②](图3.26)。

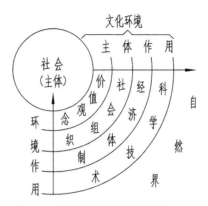

图3.26 文化生态系统结构模式图

注释:如图所示,与自然环境最近、最直接的是科学技术,它与自然环境强相关;其次是经济体制和社会组织;最远的是价值观念,与自然环境显示弱相关。反过来看,对人的社会化影响最直接的是价值观念,即风俗、道德、宗教、哲学、艺术等观念形态的文化。

图片来源:《中国大百科全书——社会学》。

青海是个多民族聚居的省份,民族文化多元、宗教信仰不同、风俗观念各异,面对高原客观自然环境,各民族具有相似的文化习俗,也具有截然不同的文化观念,相似性与差异性共同反映出每个民族应对地区自然资源环境的抉择和民族文化的特性。乡土民居建筑作为复合生态系统的一元,其生成、演变和发展轨迹,突出反映出地区自然资源环境、经济技术水平、社会文化习俗的综合影响。从本章之前的民居建筑对气候、资源、地形等自然环境适应性的论述中,能够发现客观存在的物质自然环境对民居建筑形态变化的主导作用。同样,民族文化观念和经济水平对民居建筑的多样化,也起到重要的作用,甚至有时决定着建筑的发展方向。从青海多民族文化信仰来看,划分为:汉族儒、道文化;藏、土、蒙古族藏传佛教文化;回、撒拉族伊斯兰文化,本节将提取其对自然的认知,对比分析并总结出生态美学观念,从中折射出文化生态适应的一面。

① Julian H Steward. *Theory of Culture Change — the methodology of multilinear evolution* [M]. F Murphy, Urbana: University of Illinois Press, 1955.
② 中国大百科全书总编辑委员会.中国大百科全书——社会学[M].北京:中国大百科全书出版社,2002:417.

3.5.1 汉族儒、道文化的生态观

青海汉族人口占全省总人口一半以上（约占53.02%，全省总人口为562.67万人），多分布于湟水、黄河谷地，人口较为集中，主要从事农业，兼营畜牧业和手工业。从青海传统农业社会来看，青海汉族多从事灌溉农业种植，生产方式和生活方式与内地较为相似，只是居住环境与中原景观有较大差别，能够满足灌溉农业条件的地理环境主要集中在海拔较低的河谷谷地，因此西宁周边、乐都、湟源、贵德等地区是汉族人口较为集中的地方。受中原文化的影响，汉族群众普遍遵循着儒、释、道中原文化思想，其中蕴含着尊重自然、与自然和谐相处的生态观念。

1. "中和"儒家自然观

儒家的天人合一思想，包含着追求人与自然和谐相处的生存境界。所谓"和"，就是性质不同的多种事物共同构成的互济互补、均衡协调、和谐有序的统一体。这种人与自然和谐的美学追求和精神观念，体现在"外师造化，中得心源"，即从不把自然与人当作疏离的对立物，而是认为自然界与人有相互联系，有同构性、同型性，确信自然景物能够给予人的心性情感。这与西方二元对立的思维方式不同，儒家以"中和"为特征的美学观念，强调主体和客体绝不是分裂与对抗，而是主体和客体的和谐统一。这在中国传统城镇、园林及民居建筑中均有体现，并凝结积累为中原地区传统建筑文化。自秦汉时期中原文化就逐渐向西扩展，根植于自然经济基础的农业文明的儒家文化，随着民族的融合，"中和"的儒家自然观在青海当地得以发展。

2. "无为"道家自然观

道教在青海历史悠长，昆仑山中段的玉虚峰被称为中华道教发祥地的昆仑道场，被视为昆仑道教圣地。道教主张"顺其自然""道法自然"的道家思想，具有积极的生态哲学含义。道家的"顺其自然"主要体现在先秦时期的《老子》《庄子》《吕氏春秋》以及汉初的《淮南子》等著作中，它表现为"尊道贵德"的价值取向和"自然无为"的处世态度，"知和知常"的顺应自然秩序，"知止知足"的利用自然资源，并最终呈现为"与道为一"的生存境界追求[①]。尽管道家采取"消极避世"的态度回避社会生活，但其"顺应自然"的思想强调在人居环境中应充分尊重自然规律，按照自然的规律而不是人的需要，重新规范和调整人类聚居环境。因此，道家"顺其自然"的生态观念，从人的思想认识和精神价值上都具有朴素的生态意义。

3.5.2 佛教文化的生态观

佛教对我国传统文化思想和观念的形成影响深远。佛教在我国分为汉传佛教和藏传佛教，青藏高原多数民众信仰"藏传佛教"[②]，在青海主要为藏族、土族、蒙古族信奉该教。受到藏传佛教宗教教义的影响，具体到人们的生产生活方式、风俗喜

---

① 余正荣.中国生态伦理传统的诠释与重建[M].北京：人民出版社，2002：56-85.
② 藏传佛教的形成晚于汉传佛教，它是在西部印度佛教和东部汉传佛教传入西藏后，在与本土苯教长期碰撞交融吸收中，于公元7世纪左右逐渐形成的（引自：刘俊哲，罗布江村.藏传佛教哲学思想资料辑要[M].北京：民族出版社，2007：前言）。

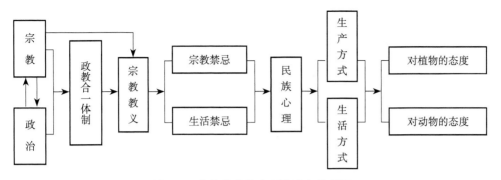

图3.27　藏传佛教影响环境演变机理图

资料来源: 杨改河.江河源区生态环境演变与质量评价[M].北京:科学出版社,2008:259.

好均表现出爱护自然、与自然和谐共生的生活态度。

藏族长期生活在艰苦的自然环境中,对环境重要性的感受和理解尤为深刻,在处理人与自然的关系中形成较为完整的理论体系,提出许多生态伦理思想,千百年来影响着信徒们对自然环境的行为规范(图3.27)。

1. 众生平等的教义思想

佛教的"普度众生"思想呈现出一种独特的整体观、无我观与慈悲思想,带有"非人类中心主义"的倾向。藏传佛教的生态伦理观,其核心是彻底的生命平等观,认为自然界的一切动物植物同人一样,皆具有自己生存的权利,人们应该像保护生命一样地去保护环境,爱护一草一木。教义体现出整个世界处于一个永恒不断的因果链条中,作为一个相互联系的有机整体,无论是人还是自然界的动物植物,都要有一个优越的生存环境,否则就会危及生命的存在[①]。

藏传佛教以因果报应论和一系列戒规戒律保证人与自然的和谐关系,维持生态的平衡。佛教中规定"十善法"(不杀生、不偷盗、不邪淫、不妄语、不离间、不恶语、不绮语、不贪、不嗔、不邪见),其中不杀生位居首要,体现出教义中善待生命,人与自然环境和谐共生的价值观念。

2. 与自然和谐共生的民间习俗

藏传佛教众多教义,某种程度上使民间人们的思想和言行沿着与自然友好和谐共生的方向发展,由此形成生态环保的民间风俗习惯。人们认为在自然环境中,山水万物都有神灵存在,人们受到神灵的保佑,同时也会因触犯神灵而受到处罚,人们将山水视为神山、神湖、神水,并形成一种生产生活的禁忌,禁止在神山打猎、开垦,忌讳在神湖(河)、神泉处洗涤和放置污物,这些习俗在协调人与自然关系、保护生态环境方面发挥着重要作用。

3. 轻物质、重精神的生活态度

珍视身边自然环境,是高原藏族伦理道德和生活方式的重要内容,因此他们的生产活动是有限的,以维持自身的基本需求为目的,不提倡耗费大量资源的生活方式。在物质生活与精神生活中,高原民族更注重精神生活的追求,在清淡的物质生

---

① 杨虎德.西北世居民族伦理思想研究[M].西宁:青海人民出版社,2008:36.

活中具有丰富的精神世界。节制、勤俭是藏族生活方式的重要特征,简单的食物、简陋的住所、朴素的衣物,这是为了满足人的基本生理需要,除此之外,一切过度的生产和消费都是不必要的。限制开发、节制消费、淡化财富占有欲,保证了高原地区自然资源的储量永远大于消耗量,野生动物和植物资源保持了多样性。在个人与社会的关系上,藏族传统生态伦理主张个人服从社会。认定自然物归自然,社会财富归集体,财富只有社会的统一管理和使用,才能有效控制个人出于利欲而对自然资源进行抢占和破坏。

3.5.3 伊斯兰文化的生态观

青海信仰伊斯兰的回族、撒拉族总人口,占全省总人口的15%左右,宗教活动在穆斯林群众生活中占据着重要地位。伊斯兰文化源于公元7世纪西亚阿拉伯地区,后经丝绸之路传入我国,从文化发源地到传播的地区多位于西亚干旱地区,生存环境相对恶劣,其宗教教义中十分重视对自然环境的保护。

1. 人与自然和谐统一的自然观

伊斯兰文化具有整体自然观的鲜明特征,表现在伊斯兰教的世界观上。在伊斯兰教看来,真主"安拉"创造了大千世界,真主的安排使万物各得其所、井然有序、平衡发展,从日月星辰、高山大川、江河湖海,到空气、阳光、雨水以及地球上的人类、生物,共同构成一个协调有序、和谐完美的系统。《古兰经》说道:"我延伸了大地,并在大地上安排了很多山岳,使万物保持生态平衡的发育。"[①] 为此,一方面伊斯兰文化把人类从自然界中提升出来,承认人类具有意志和思维的独特灵性,是真主创造的最高典型,肯定了人类对自然的超越性;另一方面又指明,人类不能超越万物之外,人类和万物具有相同的根源和归宿,同属一个家园。

2. 合理开发自然的伦理观

伊斯兰文化强调保持与自然和谐平衡关系的前提下,主张把握自然本质和规律,通过对自然界进行合理开发和利用,为人类造福。《古兰经》讲道:"万物是有定量的。"自然界的运动变化,都是遵循着真主的"常道"安排[②]。伊斯兰教认为,人类仅是真主在大地上的"代治者",并非自然的主宰,万物只遵从真主赋予的自然秩序,不受人为的限制。因此,在穆斯林看来人类开发自然的权利是有限的,不能为满足自身的私欲任意妄为,破坏自然的和谐和平衡。伊斯兰教主张,人类有利用自然满足生活欲求的权利,但反对毫无节制的纵欲;既提倡适度合理开发利用自然,又反对对森林的乱砍滥伐,对动物的乱捕滥杀的罪恶行径。

3. 人与自然和谐相处的生态观

伊斯兰教把乐园作为人与自然和谐交融的最高理想境界。《古兰经》乐园里,"漫漫的树荫;泛泛的流水;丰富的水果,四时不绝,可以随意摘食""敬畏的人们,必定在树荫之下,清泉之滨,享受他们爱吃的水果。"表现出人与自然环境亲密无间

---

① 林松.《古兰经》韵译[M].北京:中央民族学院出版社,1988:461.

② 马明良.伊斯兰生态文明初探[J].世界宗教研究,2003(4):116.

互融共生的景象①。《古兰经》所描绘的乐园,体现出伊斯兰文化对自然和生态环境的崇尚。这种理想的自然生存范式极大地启发和调动广大穆斯林创造和谐人居环境的态度,他们多在建筑中建造模拟乐园的园林艺术。

广大穆斯林房屋院落多以绿化为主题,配有水景和花木,并把田舍整洁作为自己的生活追求。从回族、撒拉族庄廓民居可以看到伊斯兰生态思想在人居环境中的影响。回族、撒拉族多在自家庄廓内种植花卉,营造出绿化园林景观,尤其是撒拉族所聚居的循化县街子镇,这里的撒拉族穆斯林利用地下泉水,引水修渠绕村穿行,在自家院中配以精美砖雕和檐口木雕,传达出人与自然和谐生态的居住文化。

3.5.4 多元民族文化生态观的一致性

人类的生存受限于自然环境条件,为此人类社会文化元素是人类适应所在地区自然气候环境的重要方式之一,其中对自然环境的适应所产生的生态观念,在人们日常生产生活中占有重要的约束和规范作用。适应自然的文化是人类进入社会生活时创造的第一种文化,在以后的发展演化中,自然文化又构成了全部文化发展进步的基础。在人类文化初期,世界各民族的祖先在自然文化上表现出惊人的一致性②。

传统民居与地区自然环境和谐共生,包含着两个重要的方面,一是建筑对地区自然资源环境的适应,其往往表现在物质空间层面;二是民族文化观念对地区自然资源环境的适应,其表现在精神空间层面。建筑由人所作,人又受到精神文化观念的左右,人的精神生活又受到特定自然环境的影响,历久逐渐形成一个地域特殊的民族文化传统和宗教习俗。青海位于中原文化、西部藏文化和西北伊斯兰文化叠加地区,反映在民居建筑物质方面,呈现出民族建筑类型多样,各民族之间聚落形态、居住模式、装饰摆设不尽相同,同时,在宗教信仰的精神方面也存在较大差异。但是,三个文化大系对自然的认知和对人与环境的关系,具有相似的价值取向,尤其在相同自然环境条件下,这种相似性更加明显。

3.6 小结

传统民居的生态智慧被业内人士经常提及,但生态智慧的具体体现却很少论及,本章基于此,展开青海传统民居生态适应性的研究分析。本章1至3节,从物质层面自然气候、资源环境、地形地貌方面,展开民居建筑与之相适应的营造智慧的探讨分析;第5节从精神层面,着重以文化生态学的视角,解析青海多元民族文化下自然生态的价值观念和审美趋向。

本章一方面,通过对传统民居自然环境适应性的分析研究,指出传统民居具有:与高原气候相适应的建筑空间布局形态;有效利用自然资源,如高原太阳能、牲畜粪便的废物利用和发挥水利资源优势等;结合地形降低能耗,获取日照及避免自然

① 冯怀信.伊斯兰的生态观及现代意义[J].中国宗教,1999(6):18.
② 周鸿.人类生态学[M].北京:高等教育出版社,2001:42.

灾害的生存智慧；本土简便易行的建造技术。另一方面，分析归纳西北地区汉族的儒道文化、藏传佛教文化、伊斯兰文化中自然生态观念，指出虽然宗教文化信仰不同，但各族人民对自然环境具有相同的价值观念，与自然环境和谐相处、共融共生是各民族共同的人居理想。研究强调传统民居千百年类积累下的生存经验，在当前新民居建设中应得到充分的吸收和重视；与自然和谐相融的生态观念和民族文化同样需要传承和弘扬。

4 青海乡土民居更新的生态策略

作为建筑与规划研究不仅要追述过去,还要面向未来,特别要从纷繁的当代社会现象中尝试予以理论诠释,并预测未来。因为我们的研究目的不仅在于揭示世界,更重要的是改造世界,对建筑文化探讨的基本任务亦在于此。[①]

——吴良镛

青海位于青藏高原,"保护高原自然资源、维护高原生态平衡"是人居环境建设重要的原则,这对民居发展具有重要的导向意义。

4.1 青海乡土民居发展的生态困境

全球化时代,技术突飞猛进的同时,人类面临日益严重的"环境、能源危机"。青藏高原是中华水塔、世界第三极,生态地位十分重要。青海是青藏高原重要组成部分,是西北黄土高原与青藏高原的交汇处,又处在北方农牧交错带,生态环境十分脆弱。随着地区经济和社会的快速发展,高原资源环境的开发力度逐渐加大,面临着的生态压力也日益严峻。

党的十八大报告中,提出大力推进生态文明建设,指出面对资源约束趋紧、环境污染严重、生态系统退化的严峻形势,必须树立尊重自然、顺应自然、保护自然的生态文明理念[②]。2008年青海省十一届人大会议上,正式确立"生态立省"战略[③]。与此同时青海省广泛开展了游牧民定居、农民聚居、危房改造等工程,建设量大面广,这给新时期高原民居建设提出了要求。本节将从高原生态环境承载力分析,总结人居环境建设与自然环境的互动关系,结合当前高原地区聚落环境重组和民居建设实际,辨析乡土民居传统与现代内涵,指出新型生态民居是高原乡村建设的重要方向。

4.1.1 高原生态环境承载力分析

1. 生态足迹概念

生态足迹(ecological footprint)是1992年由加拿大生态经济学家威廉(William Rees)教授提出的一种度量可持续发展程度的方法,随后他和他的学生瓦克纳戈尔(Mathis Wackernagel)博士于1996年一起提出具体的计算方法。他们将生态足迹形

---

① 吴良镛.中国建筑文化研究文库总序——论中国建筑文化的研究与创造[J].华中建筑,2002(6):4.
② 2012年11月8日党的十八大报告中,第八章提出推进绿色发展、循环发展、低碳发展,形成节约资源和保护环境的空间格局、产业结构、生产方式、生活方式,从源头上扭转生态环境恶化趋势,为人民创造良好生产生活环境,为全球生态安全作出贡献的工作要求。
③ 马洪波.青海实施生态立省战略研究[M].北京:中国经济出版社,2011:15.

图4.1 "生态足迹"与"碳足迹"宣传图

图片来源：http://life.gd.sina.com.cn/news/2008-09-01/4123646.html。

象地比喻为"一只承载着人类与人类所创造的城市、工厂的巨脚踏在地球上留下的脚印"。具体地说，生态足迹就是指人类作为地球生态系统中的消费者，其生产活动及消费对地球形成的压力，每个人都需要一定的地球面积来维持自己的生存，这就是人类的生态足迹（图4.1）。它的应用意义在于，通过生态足迹需求与自然生态系统的承载力（亦称生态足迹供给）进行比较，即可定量地判断某一国家或地区当前可持续发展的状态，以便对未来人类生存和社会经济发展做出科学的规划和建议[①]。

2. 青海生态足迹分析

根据青海经济学者马洪波的研究，对青海省2002年到2007年的人均生态足迹、人均生态承载力、人均生态赤字的计算分析，总结出青海省6年间的人均生态足迹是逐年上升的，而人均生态承载力则是逐年下降，人均生态赤字呈现逐年加大的趋势。从相关数据分析来看，研究指出在当前发展模式下青海省的发展是不可持续的，也是与自然生态承载力不协调的（表4.1、图4.2）。

表4.1 青海省2002—2006年人均生态赤字 （单位：公顷/人）

	2002年	2003年	2004年	2005年	2006年
人均生态足迹	1.299 6	1.397 5	1.564 7	1.802 8	2.041 2
人均生态承载力	0.790 0	0.779 9	0.773 4	0.772 1	0.767 0
人均生态赤字	0.509 6	0.617 6	0.791 3	1.030 7	1.274 2

资料来源：马洪波.青海实施生态立省战略研究［M］.北京：中国经济出版社，2011：33.

注：生态足迹超过了区域所能提供的生态承载力，就会出现生态赤字；反之为生态盈余。生态赤字或生态盈余，反映了一个区域人口对自然资源的利用状况，解释了特定生态系统所提供的资源和环境对人类社会系统良性发展的支撑能力，决定着一个区域经济社会发展的速度与规模。

与自然生态承载力下降相比，高原地区城市化率及人口规模却呈明显增大趋势。《青海省城乡一体化规划报告》显示，2016年至2020年，新增5～6个县级市，全省城镇人口总数达到329万人，人口城市化率达54%，比2008年提高13.1个百分点，年均增加1.09个百分点。青海未来人口增长的高峰极值为695万人（2012年全省常住人口573.17万人），其中，2015年人口将达到589万人左右，2020年将达到610万人左右。[②]

青海人居环境要想在维持现有的生活质量，甚至提高生活水平的前提下降低生态赤字，则应重视生态环境的保护在经济社会发展中的重要性，同时控制人口数量的增长，改变生产生活消费方式。为取得人与自然环境和谐平衡关系，从建筑学科

① 刘芃岩.环境保护概论［M］.北京：化学工业出版社，2011：31.

② 汝信，付崇兰.中国城乡一体化发展报告［M］.北京：社会科学文献出版社，2011：127.

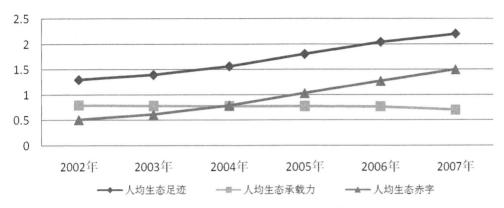

图4.2 青海省近年来人均生态变化趋势图
资料来源: 马洪波.青海实施生态立省战略研究[M].北京: 中国经济出版社,2011: 35.

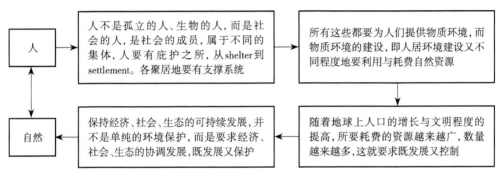

图4.3 以人与自然协调为中心的人居环境系统
资料来源: 吴良镛.人居环境科学导论[M].北京: 中国建筑工业出版社,2001: 47.

视角来看,从规划到单体建筑应建立绿色环保的建造模式,对地区自然资源进行节约集约利用,进行太阳能建筑一体化设计,发挥高原可再生资源的地区优势,并提高资源利用效率,进而维护高原脆弱的生态环境。

3. 人居环境科学与绿色建筑观的启示

人居环境是人类聚居生活的地方,它是人类在大自然中赖以生存的基地,是人类利用自然、改造自然的主要场所。大自然是人居环境的基础,人的生产生活以及具体的人居环境建设活动都离不开地区的自然环境资源条件。吴良镛院士将人居环境的构成分为自然、人类、社会、居住、支撑五大系统,指出人类系统和自然系统是两个基本系统,在人与自然的关系中,和谐与矛盾共生,人类必须面对现实,与自然和平相处,保护和利用自然,实现可持续发展(图4.3)。

当今,人类正处于从工业文明向生态文明转变的历史时期。有学者指出文明的转向具有现实的客观原因: ① 人口的快速增长、城市化以及人类不断膨胀的物质需求与自然资源供给之间的矛盾; ② 大工业生产粗放模式超越了自然平衡的承载底线; ③ 对科学技术的盲目滥用威胁着人类自身的生存和自然生态①。自20世纪60

---

① 住房和城乡建设部科技发展促进中心,西安建筑科技大学,西安交通大学.绿色建筑的人文理念[M].北京: 中国建筑工业出版社,2010: 165.

年代起人们从社会现象到哲学层面,对人与自然主客体二元对立的关系进行了深刻反省,建筑学界也从现代主义、后现代主义的形式风格多元杂乱的建筑观,走向更为充满生机的绿色建筑观。

4.1.2 聚落重构与民居更新的现状分析

1. 城乡一体化与乡村空间环境重组

随着工业化和城市化的深入推进,普遍存在的现代工业与传统农业并存的二元结构,必然向城乡一元的现代化结构转变。城乡一体涉及社会经济、生态环境、文化生活、城乡空间布局等各个方面。从城乡规划的角度看,是对具有一定内在关联的城乡交融地域上各种物质和精神要素进行系统安排。从生态与资源环境的角度看,是对城乡生态环境的有机整合,保证自然过程、生态过程、生产过程畅通有序,促进城乡健康、协调发展[①]。随着城乡一体深度开展,乡村空间环境正发生着巨大变化,由此也带来乡村聚落布局和空间形态的改变,深刻地影响着所在地区居民的生产生活方式。

2. 农牧业调整与聚落转型

青海位于我国北方的农牧交错带,农业方式主要是农耕种植业和草原畜牧业,随着从传统农业到现代农业方式的转变,近年来青海实施的高原设施农业、生态农业、生态畜牧业及畜牧业的产业化经营,产业方式的调整对传统高原聚落形态及农牧民生活方式产生了重要影响。

位于海西州的乌兰县为适应现代畜牧产业方式,在乌兰县城周边地区建设了游牧民新村,小区内建有两层110 m²的民房50套,87 m²的5层楼房400套,形成了相对完善的生活小区系统。新型的社区环境和生活模式,将牧业点与生活区分离,彻底改变了牧民逐水草而居的游牧生活。新建民居基本为城市化的居民楼,俨然已经是城市化的建造方式。祁连县阿柔乡草大板村是一个纯牧业村,2011年被确立为全省高原现代生态畜牧业建设示范点,该村牧户420户、1 458人,新建民房为一层砖混结构,新村聚落形态采用并联式布局,每家每户具有相对的独立庭院空间。随着当前高原传统农牧业向现代生产方式的转变,原有传统聚落及民居正发生着巨大变化,同时新建新型社区也正在改变着高原原有的乡土景观,其中既有经验又有不足(图4.4)。

3. 游牧民定居新村建设

为缓解游牧地区生态环境压力,游牧民定居工程在我国各大牧业地区广泛开展[②]。青海是我国游牧民定居工程的重点省份,根据青海省城乡一体化规划,2030年将完成全省22万人、45 509户游牧民定居住房的建设,总建筑面积319万 m²(平均每户按照70 m²标准建设)累计投资22.8亿元[③]。现已建成多处游牧民定居项目,如2004年在格尔木城南郊建设了生态移民新村长江源村,该村为响应国家三江源生态保护政策而自发搬迁至此,村中现有128户420人,占地约150 hm²。在海南州

---

① 王碧峰.城乡一体化问题讨论综述[J].经济理论与经济管理,2004(1):13.
② 我国六大草原牧区均实行游牧民定居工程。六大牧区指:西藏牧区、青海牧区、四川牧区、甘肃牧区、新疆牧区、内蒙古牧区。
③ 汝信,付崇兰.中国城乡一体化发展报告[M].北京:社会科学文献出版社,2011:127.

（1a）牧民定居小区

（1b）小区内二层小楼

（1c）小区五层住宅楼

案例1：乌兰县希里沟镇牧民新村

（2a）牧民新村

（2b）新村远景

（2c）新村民宅

案例2：祁连县阿柔乡牧民新村

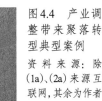

图4.4 产业调整带来聚落转型典型案例
资料来源：除（1a）、（2a）来源互联网，其余为作者调研拍摄［拍摄时间：（1b）、（1c）于2011年5月；（2b）、（2c）于2012年7月］。

（1a）生态移民村村落形态

（1b）村中笔直的街道

（1c）村中民宅

案例1：格尔木市长江源村牧民定居新村

（2a）生态移民村村落形态

（2b）规模宏大的新村远景

（2c）兵营式、单一化布局

案例2：贵南县过马营镇牧民定居新村

图4.5 生态移民导向下牧民新村典型案例
资料来源：除（1a）、（2a）来源google网络，其他均为作者调研拍摄［拍摄时间：（1b）、（1c）于2011年5月；（2b）、（2c）于2011年8月］。

贵南县过马营镇也建有生态移民新村，该村同样是由三江源地区迁居而来的牧民组成，整个新村规模庞大，村落总长将近3 km，共有900多户。类似的生态移民在州县乡镇均有普遍分布（如天峻县千户新村等）（图4.5）。

综上，近年来随着农牧业产业调整，加之政府推动以及农户建房热情高涨，新村新房以及老房改造数量及规模空前巨大，广大农牧民逐渐改变了传统居住模式，趋向城市化的方向发展。原先自给自足的建筑资源利用方式逐渐被废弃,如火炕、牦牛粪燃料等传统用能方式被现代电力设施所取代。传统民居建造智慧逐渐被抛弃,当前维系建筑运行的是农牧民被动接受的所谓现代化设备,如煤炭、液化石油气、电能等商品能源,能源供给方式逐步由传统的"自给自足式"转变为"外部输入式",农牧民住宅能耗以及能源消费呈现增加的趋势。站在高原脆弱生态环境以及生态承载力下降的客观现实下,寻求乡土民居的生态转型,是我们必须面对和急需思考的问题。

4.1.3 青海乡土民居发展走向

1. 传统民居——传统与现代的冲突

传统民居是建立在传统农牧业生产方式之上,自古以来通过先民的不断试错、改良方式逐渐积淀和发展演变而来的产物,通常被称作"没有建筑师的建筑"[①],或者可以理解成基于经验的前科学的设计。它的基本特征是:① 具有与所在地域生产与生活方式相适应的建筑模式(建筑形态、空间构成、建筑构造等)和风貌;② 具有与地域气候相适应的建筑特征,在今天看来称之为低能耗、低碳属性;③ 具有与地域自然资源相适应的本土建造方式,建造技术相对简单,就地取材和建造成本低廉。但是,在人类居住生活高度文明的今天,传统乡土建筑空间功能布局难以满足现代生产生活需要,包括聚落空间形态、民居院落布局、室内现代家居设施等。从青海传统乡土建筑当代发展看,面临着许多困境:① 传统村落多由自然而建,街巷狭小不能满足当前生产生活需要;② 民居建筑布局分散,缺乏整体性,存在土地浪费;③ 基础设施不足,卫生条件差,无法满足现代生活基本需求;④ 建筑室内空间矮小封闭,采光日照不足,空气质量不佳;⑤ 传统能源消费方式不合理,资源利用率不高等(图4.6)。

2. 既有民居——民居现状与存在问题

既有民居为已建成使用的民居建筑,相对传统民居而言,多为近一段时期以来已建成和新建的民居建筑。从目前我国乡土建筑现状而言,地区传统意义上的传统民居多数已难寻踪迹,濒临消失,如今乡村中绝大数量的居住建筑为既有民居,该类建筑量大面广,真实客观地反映着村民的居住现状和问题。

(a) 村中窄小巷道　　　　　(b) 传统院落空间杂乱　　　　　(c) 传统民居封闭矮小的室内空间

图4.6　传统民居已不能完全适应现代生产生活方式

资料来源:作者拍摄(拍摄时间:2011年3月)。

---

① 伯纳德·鲁道夫斯基.没有建筑师的建筑——简明非正统建筑导论[M].高军,译.天津:天津大学出版社,2011:10.

表 4.2　青海既有民居现状分析

	农牧民自助更新改造型		政府主导农牧民定居新村型	
传统建造经验	逐渐抛弃传统建造方法，盲目模仿城市化的建造方式	化隆县扎巴镇	采取完全城市化的建造模式	乌兰县希里沟镇
生物质能利用	生物质能利用逐渐减少，趋向城市化的商品能源	循化县街子镇	基本脱离生物质能源，依靠单一的城市化商品能源	德令哈市巴音河村
功用空间布局	新老空间并置，形态组合新旧杂乱	化隆县扎巴镇	脱离传统生产生活方式，趋向城市化生活方式	刚察县沙柳河镇
抗震安全措施	缺少必要的抗震设计，存在较大的安全隐患	化隆县扎巴镇	抗震安全相对较好，但防潮保温并不理想	平安县西营新村
聚落形态	在原有村落基础上展，呈现出老房废弃新房无序蔓延的状态	同仁县郭麻日村	形态规整，呈现兵营化布局，缺少文化公共场所的交流空间	天峻县千户新村
气候适应	难以适应高原严寒气候，新建房屋往往成为摆设	湟中县上圈村	城市化建筑模式，开窗及建筑形态不合理，能耗过高	龙羊峡镇龙羊新村

资料来源：本书观点，作者拍摄（拍摄时间集中在 2011 年至 2013 年之间）。

现代化进程中逐渐富裕起来的农户对民居一直在寻求新的居住建筑模式。就目前来看，现有的农村既有民居，基本上是通过模仿城镇建筑、经过工匠的简化而形成，其基本特征是：① 室内空间构成与平面布局与城镇建筑相似，基本适应了现代生活方式的功能要求；② 基本采用砖混现代工业建材，施工技术简单，建造成本相对低廉。这些弥补了传统民居与现代生产生活不符的缺陷，受到广大村民的喜爱。但是，由于新建民居缺乏基于地域传统建造智慧的现代适宜性建造模式，盲目套用城市化的建造方式，出现诸多生态及社会问题。一方面抛弃传统生态建造经验，出现新建民居能耗相对过高，增加了农民经济负担；另一方面新建民居脱离生产功能，空间布局不合理，满足不了农户个性化的生产及生活需要。

就青海既有民居现状来看，已有和新建民居主要分为两种类型：

（1）农牧民自助更新改造型：自助更新的民居建筑较为分散，属于农牧民自身生活需要而新建和改建的房屋。近期受政府危房改造等政策的鼓励，该种类型民居数量较大，占全省新建民居总数一半以上。该类型新建民居空间布局和功能需求上，较好地适应了农户自身的需要，但是由于盲目采用城市化建造方式，出现诸多问题：房屋缺少必要的节能保温措施，能耗较高；新建砖混民房缺少必要的抗震构造，存在较大的安全隐患；脱离本土蓄热保温经验，居住舒适度不高；新的工业化建筑构造与传统建造技艺并存，缺少新老之间的有效衔接，凸显杂乱无章。

（2）政府主导农牧民定居新村型：青海近年来广泛实施的游牧民定居、库区移民新村、农民聚居工程多属政府主导型农牧民定居新村。该类型新村民居一般都经过统一规划，村落形态规整，基础设施相对完善，结构抗震相对安全，从一个侧面提高了农牧民生活水平，一定程度上满足了现代农牧业产业调整和生态移民的客观现实需要。但是，新建民居缺乏基于农牧民生活方式巨大转变所带来的诸多问题的深入分析，而呈现出许多不合理的现象：丢弃传统生态建造经验，房屋能耗较高；依赖商品能源，抛弃传统生物质能源，建筑用能结构不合理；新村选址不当，出现村落紧邻风口和土地浪费现象；单一建筑空间与多样化生产生活方式不协调，适应不了农牧民个性化功能需要等。

从以上分析（表4.2）可以发现，不论自助更新型还是政府主导型民居建筑，普遍存在建筑能耗逐渐增加的现象。其背后往往是缺乏基于本土适宜性生态民居设计方法，在乡村社会快速转型的大背景下，农牧民丢掉了世代相传的建造经验，盲目套用城市建造模式，从而导致资源过度的开发和能源的过度消耗。这种趋势与高原资源环境和生态承载力不符，应当给予重视和改变，探索建立生态民居建造模式是民居发展的必然趋势。

3. 生态民居——基于高原适宜性建造模式下的新型民居

随着可持续发展观念的兴起，生态建筑和绿色设计愈来愈引起建筑界的重视，并得到全社会的关注。生态建筑即将建筑看成一个生态系统，通过组织设计建筑内外空间的物态要素，使物质、能源在建筑生态系统中有序循环转换，从而使人、建筑与自然环境相协调，实现建筑与自然的共生[①]。在当代生态建筑设计中，国内外学者

---

① 冉茂宇，刘煜. 生态建筑[M]. 武汉：华中科技大学出版社，2008：27.

从不同的方面进行了探索,积累了大量研究成果。针对青藏高原而言,从保护自然环境节约资源角度看,应建立基于高原环境的适宜性民居建造模式。本章第4.2、4.3节将青海乡土民居更新设计生态策略做进一步的探讨和分析。

4.2 青海乡土民居更新的设计策略

基于本章第1节对青海乡土民居发展生态困境的分析,发现当地普遍存在对民居生态设计认识不清,从一个侧面反映出适应于农牧区的生态设计方法的匮乏。本节将从聚落重构与生态社区、建筑形体与空间优化、再生能源利用建筑一体化等方面,重点探讨生态设计方法。研究中注重延续高原地区本土生态营造智慧,从传统生态设计方法中汲取启示,并结合现代生态设计理念进行优化,以便农牧民易于接受和掌握,在满足现代化生产生活需要的同时,减少建筑能源消耗。

4.2.1 生态住区规划

1. 规划布局

基于第三章传统民居生态适应性分析,青海传统乡村聚落具有以下特征:选址多在河谷台地,水源充足便于生产生活之需,且位于台地不宜发生水患,同时也不占用谷地川水良田;聚落形态南低北高,主要是可以获得更多日照和热量;朝南布局是青海传统聚落的显著特征,这是高原严寒的必然选择;聚落植被多布置在聚落西北角,可有效抵御夜间山风吹袭,减少聚落热损耗。以上是当地千百年来聚落布局经验,同样适用于现今新乡村住区的规划。如今农牧区住区建设主要有两种类型,一是既有聚落的更新改造,二是政府主导下的新村建设,二者在生态规划方面具有以下特点:

(1)既有聚落的生态更新改造:要在延续已有生态格局的基础上,融入现代生态规划方法,增加必要的住区公共设施,如生活垃圾收集站、雨水收集净化池、农牧业生产资料统一堆放场;增加必要的住区清洁能源利用基础设施,如一定规模的太阳能、风能发电场;在具有水利优势的聚落环境,完善已有水利设施。规划同时加强对既有民居的生态改造,从规划到单体建筑充分融入生态设计理念,一方面延续高原特色村落风貌,另一方面实现民居更新改造的生态环保的理念。总之,针对既有聚落的生态规划,应在不破坏传统聚落生态格局的基础上,不断更新完善住区空间布局和基础设施配置,真正做到自生长型的有机更新。

(2)农牧民新村生态规划:新村建设要借鉴传统聚落布局的优秀经验,运用宏观、中观、微观整体思维,综合规划新村建设。从宏观城乡一体化视角审视住区选址布局,避免浪费土地、位于风口、日照不佳、水源困难等的问题出现;从住区形态中观层面,应重视结合地形、朝向、绿化等元素,形成住区与环境相协调,避免单一僵化的布局形式;从微观建筑单体方面,适当采用双拼式、联排式和院落式布局,体现出集约土地、集中建设、集聚发展的原则,减少外围护墙面耗热量。

2. 能源的集中供给

从高原生态住区发展看,除吸收优化传统聚落营建经验之外,更应融入现代生态技术手段。在住区中增加一定规模的再生能源集中利用基础设施,如统一的太阳能、风能、水力发电设施,以及生产生活废弃物统一回收加工利用。住区统一的再生能源集中供给,虽然目前实施受到经济技术等多方面的制约,但针对高原再生资源丰富和基础设施落后的现状,其具有良好的发展空间。

4.2.2 建筑形体与空间优化

1. 建筑选址与朝向

建筑场地设计会直接影响建筑能耗效果,同时对居住者的舒适度以及建筑的能耗也有重要的影响。一般建筑场地设计需要考虑的因素很多,其中与生态相关的包括地形、朝向、风向、植被等。

(1)向阳山坡有利增加日照:青海高原严寒加之山谷纵横,南向山坡是其最佳建筑选址。太阳对山的南坡照射最为直接,所接受的热量也最多,也由于山的南坡投射地面的阴影最短,因此这里受到的阴面也最少(图4.7)。对此,传统乡土建筑的做法是沿等高线排列,这样可有效节约土地,减少土方量,同时民居单体多采用台地式,可实现最大化地获取日照。乡土民居生态设计中,在吸收传统智慧的同时,应组织好住区道路系统,方便通行的同时满足建筑之间的日照间距。

(2)建筑朝向与布局:选择确定建筑整体布局的朝向是实现生态性能首先要考虑的重要因素之一。朝向的选择原则是获得足够的日照,并避免主导风向。建筑墙面的日照时间,决定太阳辐射热量的多少,四季当中太阳方位角和高度角有较大差异,季节之间获得的日照时间变化也很大(图4.8、图4.9)。以西宁地区为例,最佳朝向为南至南偏西30°,适宜朝向为南偏东30°至南偏西30°,不宜朝向为北、西北向。因此,建筑布局可在最佳和适宜朝向范围内,考虑民居院落单元(并列式、联排式、院落式)的组合方式,并与地形地貌特征相结合做综合布局设计。

(3)优化住区风环境:建筑朝向的设置还会直接改变建筑自身通风状况,进而影响建筑物的能耗。常常会出现这样的情况:理想的日照方向也许恰恰是最不利的通风方向。根据我国风向分区图,青海大部分为冬季盛行西北风,夏季盛行东南风,在青海东部多山谷的河湟地区无主导风向(图4.10)。根据分析,青海四季气温偏低,即使在夏季均温也在15～20℃,加之昼夜温差大,在夜间仍然需要室内保温。因此高原地区"避风蓄热"是风环境控制的主要内容。庄廓民居的高大墙体是抵御西北寒风的有效手段。除单体民居自身避风设计之外,还需要考虑利用建筑与建筑

图4.7 建筑选址宜在向阳山坡处
(阴影区A、B、C,其中B建筑间距最小,而获得日照量最大)
资料来源:作者绘制。

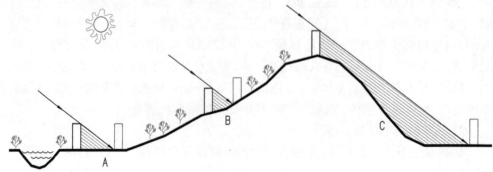

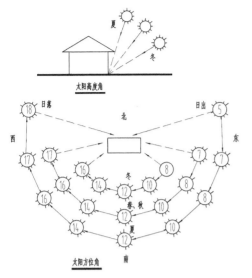

图4.8　太阳的方位角与高度角
资料来源:作者绘制。

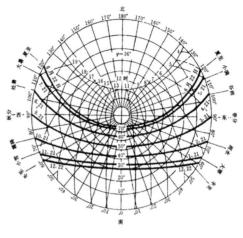

图4.9　北纬36°太阳卡
资料来源:夏云.生态与可持续建筑[M].北京:中国建筑工业出版社,2001:39(该太阳轨迹图适用于北纬34°~38°地区,包括西安、兰州、西宁、格尔木等)。

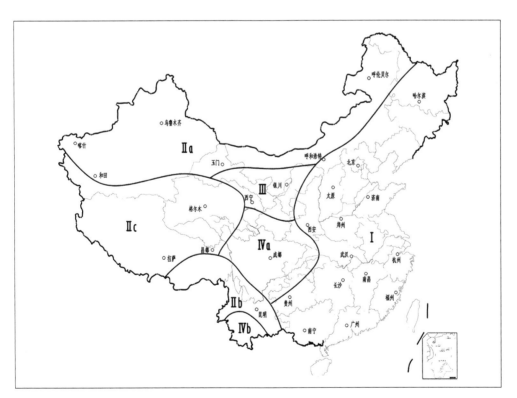

图4.10　我国风向分区图

Ⅰ区:季风变化区。Ⅱ区:a全年以西风为主;b全年以西南风为主;c冬季盛行偏西风,夏季盛行偏东南风。
Ⅲ区:无主导风向区。Ⅳ区:a静稳偏东风;b静稳偏西风

资料来源:作者描绘,引自:江亿,林波荣,曾剑龙,朱颖心.建筑节能[M].北京:中国建筑工业出版社,2006:49.

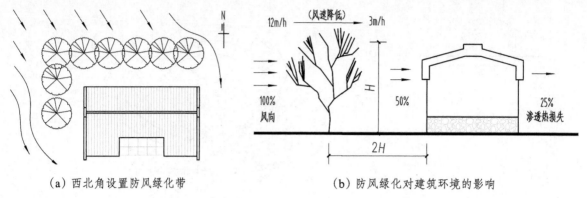

（a）西北角设置防风绿化带　　　　　　　　　　（b）防风绿化对建筑环境的影响

图4.11　建筑防风设计

资料来源：作者绘制。

之间的组合方式，避开冬季西北风和山谷寒风，同时也可利用房屋周边植物种植进行防风（图4.11）。

2. 建筑形体的选择

建筑形体是一栋建筑物给人的第一直观印象。青海传统民居给人最大的印象就是建筑的规整性，不论东部地区的庄廓民居还是青南地区碉房民居，形体规整厚重是其显著特点。随着经济的增长和盲目城市化的建造情结，高原乡村新建民房建筑形态日渐杂乱，人们对地域民居建筑的形态普遍缺乏清晰的认识。

从青海传统民居建筑形体特征看，主要分庄廓的"合院式"和碉房的"独立式"两种。庄廓除去庭院仅从正房形体特征看，与碉房形体具有较多的相似性，多以"凹""L""回"形为主，该类建筑的体形系数较小。建筑的体形系数是指建筑与室外大气接触的外表面面积（不包括地面）与其所包围的建筑体积之比。体形系数越大，单位建筑空间散热面积越大，能耗越高[①]。青海传统民居地域建筑形体特征，其相对散热面较少，对减少房间热损耗具有较大帮助，同时这种形体的平面形态可有效抵御西北方向的寒风。从图4.12可以看出对比形体A、B、C不利避风保温，同时它们散热面大和集热面小，这对于青海高寒气候环境而言，类似北向开窗、大进深小面宽等建筑形体是不被人们接受的。因此，新型生态民居建造应注重从传统建筑形体中汲取营养，在"回""凹""L"等形体基础上，进行功能和空间的进一步优化，一方面适应当前农牧民生产生活功能需要，另一方面实现建筑节能环保的生态理念。

3. 建筑平面功能优化

民居建筑平面主要为生活区和生产区，随着高原旅游的快速发展，个别乡村将生产区替换为旅游商业经营区，在宅基地面积宽松的地区，也存在生活区、旅游经营区、生产区并存的平面布局。

---

① JGJ/T 267—2012：被动式太阳能建筑技术规范［S］.北京：中国建筑工业出版社，2012.

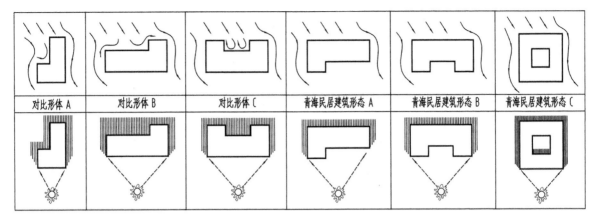

图4.12 不同建筑形态的风、日照环境关系图
资料来源:作者绘制。

图4.13 居住功能空间优化
(建筑南向采光房间的进深不宜大于窗上口至地面距离的2倍)
资料来源:本文研究观点,作者绘制。

（1）居住生活空间优化:① 在传统"凹""L"形平面基础上增加"太阳房"。利用住屋入口的檐廊空间,形成东西方向的长方形阳光房,这样一方面可满足太阳能集热、蓄热、保温的功能,另一方面在夏季可以做夏房休憩之用。② 在住房北墙一侧安置附属空间,形成热工阻尼区。如将卫生间、厨房、储物间放置在北墙面的拐角,该处相对散热面较多,作为使用频率不高的附属空间,对室外热环境起到缓冲作用。③ 将居住空间布置在南向,确保获得充足日照,增加居住空间热舒适性。④ 居住房间进深不宜过大。传统民居进深(4 m)与层高(2.5 m)比多在1.6,新民居在北墙附属空间的基础上,总进深有所增大,但居住空间的进深比仍可控制在1.5左右(图4.13)。

（2）生产院落空间优化:① 给农牧业生产资料堆放布置一定的储存空间。乡村农业废弃物如秸秆、牦牛粪等是重要燃料资源,需要一定的存放空间。② 适当设置牲畜暖棚。饲养牲畜是青海农牧区的普遍现象,也是农牧民增加收入的重要途径。③ 适当设置沼气池,并与院落空间合理布置。沼气不仅可节省商品能源,改进环境卫生,而且为农业生产提供了肥源。

（3）乡村旅游院落空间优化:① 适当增加生活区的面积,在一层基础上可适当设计两层,满足旅游经营对空间的需求;② 院落布局采用"前店后居"的空间格局。

沿街巷布置商业经营空间,后院为居住空间,一层为主人屋,二层可为游客居住。

4. 建筑剖面空间组织

建筑剖面空间组织涉及建筑竖向空间形态、采光遮阳、通风防风、屋顶形式等方面,在绿色设计中主要体现以下内容:

(1)"北高南低"的院落空间:北高南低是青海传统乡土建筑普遍特征,这反映出有效获取日照、适应地形的经验和智慧。北高指合院式民居北墙朝南的居住房间地势较高,南低指南侧生产经营空间地势较低,具体高程依据所在地形环境,做灵活调整。独立式碉房民居也存在北高南低的建筑形态,表现在顶层北侧为房间,南侧为露天阳台。在民居更新建设中同样应注意到居住生活空间应获得充足的日照。

图4.14 居住空间采光与遮阳

注:h为出檐距离,应尽量小;a、b为北纬36°夏至及冬至午时太阳高度角。

资料来源:研究观点,作者绘制。

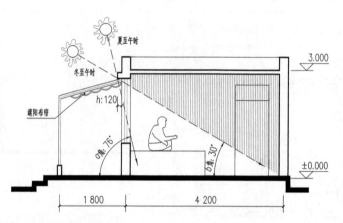

(2)采光与遮阳:采光对于高原冬冷夏凉的气候来说尤为重要。民居设计尽量采用南向单面采光,与平面功能空间布局统一考虑,北墙尽量做到不开窗。根据《建筑采光设计标准》(GB/T 50033—2013)规定:起居室、卧室、书房等活动区平均照度值应达到120 lx以上(表4.3)[1]。

青海民居除院落面积之外居住面积多在60～90 m²,住屋整体形态呈现东西长、南北短的长方形状,致使进深多在4～6 m,进深较小意味着可获得较充足的自然采光。高原的遮阳主要是防止强烈紫外线的照射伤及皮肤和眼睛,并不是为防热。当地可采用不固定式的遮阳方式,如布帘遮阳,这在高原寺庙建筑中比较常见,民居中可在檐口放置遮阳布帘,且布帘价格便宜、制作方便、易于安装(图4.14)。

表4.3　居住建筑的采光系数标准值

采光等级	房 间 名 称	侧 面 采 光	
		采光系数最低值	室内天然光临界照度
IV	起居室(厅)、卧室、书房	1 C_{min}(%)	50 lx
V	卫生间、过厅、楼梯间、餐厅	0.5 C_{min}(%)	25 lx

注:光照强度是指单位面积上所接受可见光的能量,简称照度,单位为Lux或Lx。
资料来源:江亿,林波荣,曾剑龙,朱颖心.住宅节能[M].北京:中国建筑工业出版社,2006:212.

(3)通风与防风:通风的作用主要是降温,高原长冬无夏,蓄热保温是民居生态设计的重要方面;在保证室内充足新鲜空气的基础上,防风是建筑设计的主要内容。从传统庄廓封闭敦实的外观,以及碉房仅在南向开窗北侧不开窗的建造特点

---

① GB/T 50033—2013.建筑采光设计标准[S].北京:中国建筑工业出版社,2013:4.

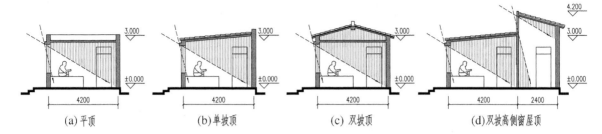

(a)平顶   (b)单坡顶   (c)双坡顶   (d)双坡高侧窗屋顶

图4.15 民居更新不同屋顶形式探讨
(以上几种屋顶形式中,平顶相对阴影面积最小)
图片来源:本研究观点,作者绘制。

看,抵御西北寒风是建筑主要考虑的问题。因此,新民居要尽量做到南向单面开窗,但如房屋进深较大,可考虑在东侧墙体开设小窗。考虑新居建设多采用并联和联排式,由此可在北向开小型高侧窗,减少室内热量的流失。

（4）屋顶形式:平屋顶是青海地域建筑的重要特征。这主要受到降雨量的影响,在局部降雨较多的地区存在坡屋顶,但即便如此屋顶坡度也十分平缓(坡度10°左右)。因此,在降雨量较少的地区应以平屋顶为主。考虑降雨量较多和现代民居进深加大采光不足的现实,在部分地区可采用坡屋顶,利用双坡高低错位设置采光窗,实现大进深民宅的南向采光蓄热(图4.15)。

4.2.3 再生资源利用与建筑一体化设计

"与城市相比,我国农村地区具有丰富的可再生资源,包括太阳能、水能、风能、地热能、潮汐能和以秸秆、牲畜粪便、薪柴为主的生物质能等自然清洁能源。可再生能源分布广泛,是农村地区的天然宝藏,对解决我国农村地区生活用能具有重要作用。"[1]

1. 太阳能利用

青海太阳能资源具有得天独厚的地缘优势,青海省太阳能年辐射总量为5 680 ～ 7 400 MJ/(m² · 年),属于我国太阳能资源丰富区[2](图4.16)。太阳能利用方式众多,根据有无外加辅助设备,可分为太阳能被动式利用和主动式利用;根据能源转化形式,可分为光热、光电系统;根据使用目标,可分为照明、炊事、热水、采暖等;根据传热方式,可分为热水集热和空气集热。在乡村社会经济条件下,太阳能利用应具备以下原则:必要的建筑空间面积布置太阳能设备;太阳能系统与建筑可有效衔接,安装便捷、容易维护;考虑农村地区的经济水平,加强太阳能建筑一体化设计,减少太阳能利用中的不必要额外支出。

太阳能利用与建筑一体化,主要体现在太阳能光热系统与光电系统两大方面。

① 太阳能光热与建筑一体化。

太阳能光热是指太阳能辐射的热能。太阳能光热利用,除太阳房外,还有太阳能热水器、太阳灶、太阳能温室等。太阳能光热利用在高原地区既有民居中较为普

---

① 清华大学建筑节能研究中心.中国建筑节能年度发展研究报告2012[M].北京:中国建筑工业出版社,2012:91.
② 武敬.节能工程概论[M].武汉:武汉理工大学出版社,2011:296.

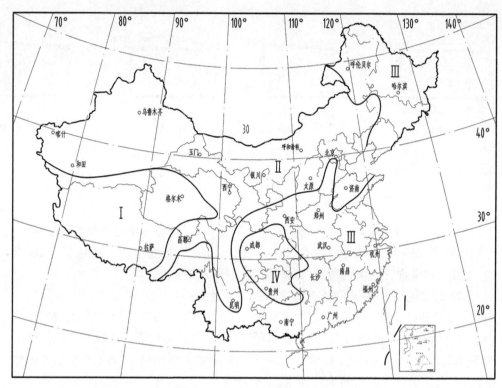

图4.16   中国太阳能资源分布图

Ⅰ资源丰富带［≥6 700 MJ/(m²·年)］
Ⅱ资源较丰富带［5 400～6 700 MJ/(m²·年)］
Ⅲ资源一般带［4 200～5 400 MJ/(m²·年)］
Ⅳ资源贫乏带［＜4 200 MJ/(m²·年)］
资料来源：作者描绘(引自：江亿,林波荣,曾剑龙,朱颖心.住宅节能[M].北京:中国建筑工业出版社,2006:250)。

遍，但光热设备系统与建筑缺乏有效融合，带来光热能效不高，同时也破坏建筑外观，影响到高原特色乡村风貌。

太阳房：太阳房正成为高原太阳能富集地区生态民居的重要特征。从平面功能布局到具体建筑材料和构造形式，应形成与地域气候和居住方式相适应的建造模式，形成具有高原特色的新地域建筑。具体表现在：太阳房的空间形态、大小应与民居建筑整体形态相统一；建筑材料色彩应与地域建筑色彩相协调；建筑构造应方便安装拆卸；建筑构件尺寸设计简洁。太阳房应具备本土的建造技艺，以便形成完善的建造方法，这将在第4.3节做进一步探讨。

太阳能热水器：太阳能生活热水系统是目前常见的经济可行的太阳能热利用方式之一，但在与建筑整体化方面并不理想。集热板的布置应与建筑屋顶形式相结合，具体体现在：对平屋顶而言，安装宜采用陈列式布置，与女儿墙、水箱、楼梯间、构架等元素设计组合，构成虚实对比的视觉效果；对坡屋顶而言，尽可能结合原有屋面坡度，建筑师在进行屋顶设计中，可适当增加南向坡面面积，便于水箱和管线的统一布置。

②太阳能光电与建筑一体化。

太阳能光电(亦称光伏)是指将太阳能转化成电能。光伏发电可分为独立式发

电系统和并网式发电系统，
独立式发电系统对高原农牧
区民居用能具有优势。目
前，青海农牧区民众多采用
小型的光伏板，较好地满足
了游牧民的流动性的生活方
式，但相对民居建筑而言，零
散的光伏板随意放置，与建
筑缺少有效结合，出现宜破
损和日照不充分的缺点。住
宅太阳能发电系统也相对简
便，主要由光伏组件(光电
板)、充电控制器、蓄电池、逆
变器组成(图4.17)。当前太
阳能光电建筑发展迅速，在
光伏组件方面出现了光伏
玻璃、光伏瓦片、光伏窗户、
光伏遮阳板等，其与建筑结
合产生多种新型建筑效果
(表4.4)。

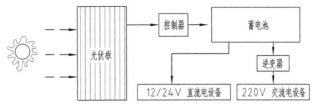

（a）光伏发电示意图

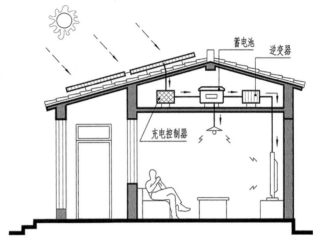

（b）光电利用系统与建筑一体化设计示意图

图4.17　建筑
光电利用系统
示意图
资料来源：作者绘
制。

表4.4　光伏建筑一体化的几种主要形式

BIPV形式	光伏组件	建筑要求	集成度
1 光电采光顶(天窗)	光伏玻璃组件	室内采光、遮风挡雨、发电	高
2 光伏屋顶	光伏屋面瓦	屋顶一体化、遮风挡雨、发电	高
3 光电幕墙	光伏玻璃组件(透光)	采光度可调、遮风挡雨、发电	高
4 光伏窗户	光伏玻璃组件(透光)	采光度可调、遮风挡雨、发电	高
5 光伏遮阳板	光伏玻璃组件(非透光)	造型美观、遮风挡雨、发电	较高
6 光伏围护结构	光伏玻璃组件	造型美观、遮风挡雨、发电	中
7 屋顶光伏方阵	普通光伏组件	发电	低

注：BIPV(Building Integrated Photovoltaics)即光伏建筑一体化。
资料来源：杨维菊.绿色建筑设计与技术[M].南京：东南大学出版社，2011：
358.作者整理绘制。

　　针对高原乡村社会经济条件，成本较高的光伏
组件并不适应农户的客观需要，随着光伏产业向农
牧区进一步推广，在太阳能光电建筑一体化方面，主
要还是体现在屋顶与光伏板的结合方式上，因为民
居层数不高，屋顶是有效获得日照的最好位置。太

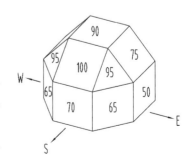

图4.18　光伏
不同朝向相对
发电量
资料来源：作者
描绘(引自：杨维
菊.绿色建筑设计
与技术[M].南京：
东南大学出版社，
2011：353)。

阳能光伏板与太阳能热水器在建筑一体化设计方面空间要求相类似，可采用统一的结合方式。光伏组件最佳倾角是由具体安装地理位置决定的，假定以北半球某地最佳倾斜角发电量100为例，其他朝向均有不同程度的减少（图4.18）。因此，新居建筑设计时，应充分考虑到屋顶坡度，对当前我国乡村普遍推行的"平改坡"工程也具有启发意义，这样满足建筑获得充足日照的同时，建筑外观得到良好的视觉效果。

2. 生物质能利用

《中华人民共和国可再生能源法》对生物质能的说明，是指利用自然界的植物、粪便以及城乡有机废物转化成的能源[①]。与传统的矿物燃料相比，生物质能具有可再生性和无污染性。自20世纪70年代，人们逐渐认识到矿产资源有限且不可再生，而生物质作为地球上最丰富的再生资源逐渐被人们认识和重视。生物质种类很多，依据来源可分为林业资源、农业资源、牲畜粪便、生产生活废水、固体废物等五大类。

青海生物质能资源丰富，主要有牧业区的牦牛及其他牲畜粪便，农业区农业秸秆，林业区薪柴。按照2012年我国建筑节能发展报告分析核算，青海生物质资源储存总量约为298.2万tce/年，除去170.7万tce/年用能需求量，还富余127.5万tce/年[②]。经过提高生物质能利用效率，青海生物质能源利用空间广阔，可为目前人口增加、能源短缺的现实问题提供清洁的可再生能源。生物质利用与建筑的融合主要体现在：

（1）生物质原料储存空间优化。民居更新应考虑到秸秆、牲畜粪便的储藏、加工、燃烧、回收相对应的空间需求。当前客观现状是，商品能源逐渐成为农牧区主要用能方式，牲畜粪便和秸秆逐渐被废弃和随意丢弃，一方面农牧民为获得商品能源而增加了经济负担，另一方面丰富的生物质资源弃之不用，带来环境的污染。其中主要原因，是盲目套用城市居住方式，缺少必要的储藏和加工空间，导致农民不愿收集秸秆、牲畜粪便，甚至在田间直接焚烧秸秆污染环境。传统生物质利用以直接燃烧为主，使用的燃烧设备包括传统柴灶、火炕、火盆等，存在燃烧不充分、安全性不高、烟尘污染等缺陷。因此，可利用现代生物质固体压缩技术，对秸秆和牲畜粪便加工成型，减少堆放空间，这需要产品生产企业改进工艺相配合。同时，要优化改造传统灶炕技艺，选用生物质燃烧充分的现代炉具。还要做好燃烧烟道的通风设计，把烟道与火炕、柴灶进行一体化设计，充分利用好烟道余热，提供生活热水或采暖。

（2）沼气利用与旱厕、牲畜棚一体化组合。沼气是我国农村目前应用范围较广的可再生能源形式之一。沼气以废弃秸秆、牲畜粪便为原料，发酵后配合相关炉具可高效清洁地燃烧，改善农村烟熏火燎的室内环境，产生的沼渣，是良好的农家肥料，可直接还田，促进农业发展，形成绿色循环经济发展模式。在民居设计中，应考虑沼气池与生活区保持适当距离，可与院落南墙旱厕与牲畜棚进行统一规划，这样

---

① 2006年《中华人民共和国可再生能源法》，http://www.gov.cn/ziliao/flfg/2005—06/21/content_8275.htm（中国政府网）。

② 清华大学建筑节能研究中心.中国建筑节能年度发展研究报告2012[M].北京：中国建筑工业出版社，2012：98.[注：tce（ton of standard coal equivalent）是1吨标准煤当量，是按标准煤的热值计算各种能源量的换算指标。]

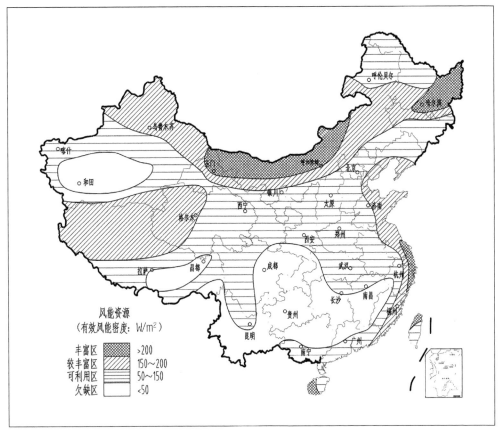

图4.19 中国风
能资源分布图
图片来源：作者
描绘(引自：孙
卫国.气候资源
学[M].北京：气
象出版社,2008:
222)。

人畜粪便及生活垃圾便于集中收集处理。

3. 风能利用

风很早就被人们利用，传统方式是通过风车抽水、风力磨面等，而现在常用来发电。我国风能资源分布显示（图4.19），青海有效风能密度①多在150～200 W/m²，属风能资源较丰富地区。小型风力发电系统，安装方便，可与太阳能光电配合，产生风电互补的用能方式。青海大部分地区风大风多，且多山谷风和湖陆风，在部分地区夜间缺少太阳能光电的情况下，可采用小型风力设施，利用山谷谷风获得能源。

4. 水资源的循环利用

（1）雨水、污水回收利用：雨水集水池在西北干旱地区传统聚落中普遍存在，其也被称为涝池。在如今民居更新建设中应重视雨水的收集利用，合理组织雨水管网系统，实现雨水资源的收集储存，由此可满足日常冲洗厕所、浇灌、洗车之需。对雨水利用的传统做法是将雨水尽量排向院墙以外，院墙外观上会出现突兀和长度夸张的水舌，影响建筑的整体形象，同时也白白地浪费了雨水资源，这与干旱自然环境缺水的现状不符。因此，在建筑设计中应充分考虑雨水收集管网布置，把流走的雨水储存起来并加以循环利用。具体做法可以是从屋顶将雨水集中至家庭小型地下蓄水体，这需要在建筑檐口部分设置必要的雨水收集管线，并结合建筑屋顶形式，对

---

① 风能密度是指在单位时间内气流通过与之相垂直的单位面积所产生的能量，以W/m²表示。

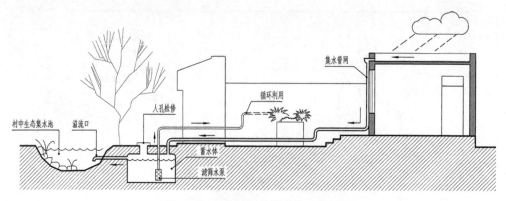

图 4.20 雨水循环利用系统示意图
资料来源: 作者绘制。

屋顶坡度及坡向进行统一考虑,形成收集、输送、蓄水、净化和分配的完整系统(图4.20)。这在一定程度上会增加农户建造的经济成本,但从长远来看,集水循环利用能够降低供水费用,有助于减轻农民的经济负担,同时雨水收集利用也有助于减少暴雨引起的水患。如蓄水体水满,可由溢流口排向村中的集水池,一定程度上,集水池也会起到生态澄清池的作用。高原生态环境脆弱,随着现代洗衣机、洗涤制剂、卫生洁具的出现,生活污水随之迅速增加,村中的集水池对污水的利用将发挥重要作用。生活污水可经村中统一管网排向澄清池,池内可按照水质生态恢复的方法进行污水的统一处理。这种生态澄清池也可以与村落景观相结合用来美化环境。

(2)河谷水利资源利用:青海河谷纵横且落差较大,水力资源丰富,流量在 1 m³/s 以上的干支流共计243条,河流年平均流量为631.4亿 m³,约占全国河流总径流量的2.33%①。新建住宅区普遍对地区丰富的水资源利用不足,其原因是多方面的,经济条件和技术水平是主要制约因素。微型水电系统,经规划设计可利用河谷水利再生动力,产生对环境友好的电能。该系统技术要求和经济成本较高,可适用于较大规模的村镇单元用能。随着经济社会的发展,河谷水利资源的利用依然具有广阔的发展潜力。

4.3 民居更新本土适宜技术策略

科学技术的巨大威力正改变着我们眼前的一切,但这并不意味着先进的科学技术就能解决所有的问题。我们应因地制宜,采用多层次的技术机构,综合利用高新技术、中间技术(intermediate technology)、适宜技术(appropriate technology)、传统技术,解决人居环境建设问题②。乡村人居建设有其特殊性,住户既是投资者也是建造者和居住者,他们对建造技术的认知有其自身的特点。本节基于本土传统营建技艺,结合既有建筑比较成熟的建造技术,同时注重采用现代绿色节能技术,从被动式

---

① 史克明.青海经济地理[M].北京:新华出版社,1988:8.
② 吴良镛.国际建协《北京宪章》——建筑学的未来[M].北京:清华大学出版社,2002:230.

太阳房、建筑围护保温、采暖技艺等方面,对青海乡土民居适宜性技术进行阐述,试图探究本土技术路线,为高原生态民居建设提供参考。

4.3.1 适宜技术观

面对当前眼花缭乱的技术爆炸的时代,人们往往会迷失方向,寻找适于本地区的适宜性技术,是解决"此时此地"建设问题的有效途径。本土适宜性技术观具有以下特点:

1)相对的本土性

我们知道,地域性建筑之所以称之为本土建筑,是基于本地气候环境、自然资源而产生的,由此而带来建造技术的不同,其技术带有鲜明的地方特色。例如黄土高原的窑洞和南方干栏建筑技术,即是其典型体现。然而在任何一个时代,本土性总是与周边发生着关联,表现出开放的本土性特征。全球化已渗透到各个领域,夸大它的消极影响会导致狭隘的地方主义,而过分的乐观主义亦会导致地方文化的丧失。当代适宜技术并不刻意于"本土"和"外来",也不消极保守地枕卧于传统之上,相反,它立身于现代技术平台之上,着眼解决地方性问题[①]。

2)辩证的适时性

适宜性技术只在一定时期内适宜,并随时间变化而发生改变,它具有适时性,我们也可以理解成具有一定的连续性。原来适宜的技术现在可能不适宜,现在不适宜将来可能变得适宜,这需要辩证地看待。例如传统技术与传统社会技术水平相适应,成为当时的适宜技术,但在今天看来,随着现代建筑材料的涌现,传统建造技术已不能满足人们现代化的生产生活方式,而失去了其适宜的意义。但是我们不能对新技术盲目崇拜,完全抛弃传统技艺,如一味强调技术的更新换代势必造成地域文脉的断裂和资源的大量浪费。适宜性技术本身是具有连续性的,尤其在乡村特殊的社会经济环境下,我们不能割裂农民业已熟知的本土技艺,空降一种所谓的现代技术。因此,适时性体现在用现代建筑技术尤其是现代生态技术,去优化更新传统技艺,从而形成适应于本地区的适宜性技术,它突出地表现出有机生长的动态特质。

3)多层次综合性

当前高技术、中间技术、低技术多种技术层次并存,不能说哪一种技术是适宜的,单方面强调其中一种都是有局限性的。如果从建筑对象所追求的目标看,有的注重节约能源,降低能源消耗;有的注重经济效益,降低建造成本;有的注重保护环境,维护生态平衡。技术目标的侧重点取决于每个目标在总体目标中所占权重,这也是技术适宜性评价体系中的重要指标。

对民居建筑而言,民居的建造施工与农户密切相关。从民居更新发展的角度看,既不能像保护传统文物建筑一样,用传统技术建造房屋,也不能像现代城市高级办公楼高新技术那样建造房屋,这与农户自身的需要、经济能力和对建造技术的掌握程度等多种因素相关。我们不能以我们的好恶,来强迫农户接受所谓的适宜技术。因此,适应于当前乡土民居发展的适宜性技术,应当采用多层次的综合技术观。

---

① 陈晓扬,仲德崑.地方性建筑与适宜技术[M].北京:中国建筑工业出版社,2007:13.

应以本土技术为主体,现代建筑技术为补充,用动态发展的思维,融合有序生成民居本土建造技术。只有这样,技术才能真正体现出农户的"投资、建造、居住"的主体地位。

4.3.2 被动式太阳房

被动式太阳房是指不依靠任何机械动力,通过建筑围护结构本身完成"吸热、蓄热、散热"的过程,从而实现利用太阳能采暖的房屋。按照结构的不同,被动式太阳房主要分为三类:直接受益式、附加阳光间式、集热墙式。当前在青海农牧地区直接受益式和附加阳光间式较为普遍,集热墙式次之(图4.21、图4.22)。被动式太阳房相对施工简便、经济实用,深受高原各族人民的欢迎。

1. 直接受益式

直接受益式太阳房是指,在南立面设置较大面积的玻璃,太阳光直接照射到屋内地面、内墙和家具表面,吸收的太阳辐射量一部分以对流的方式加热室内空气,一部分通过辐射与周围物体换热,剩下的以导热形式传入材料内部储存起来。在夜间或白天没有日照时,储存热量释放出来,使房间依然能够维持一定的温度。直接受益式太阳房结构简单,加工使用相对简便,但是窗户面积较大,存在较大的冷负荷,同时日间光线过强会引起眩光,并会使室内温度波动较大。对此应做好以下两点:

① 适宜的窗墙面积比。高原地区长冬无夏,民居普遍是南向开窗,北侧不开

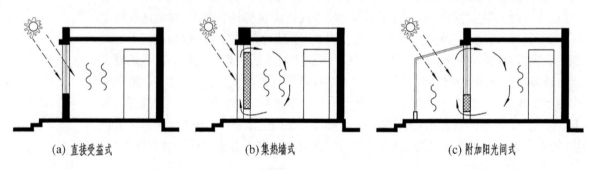

(a) 直接受益式　　　　　　(b)集热墙式　　　　　　(c) 附加阳光间式

图4.21　被动式太阳房三种形式
资料来源:作者绘制。

(a) 共和县龙羊峡德胜村　　　(b) 贵德县冉卡移民新村　　　(c) 同仁县郭麻日村僧侣住宅

图4.22　青海既有民居中普遍采用的被动式太阳房
资料来源:作者拍摄[拍摄时间:(a)、(b)于2012年7月;(c)于2011年4月]。

窗，这导致房屋进深较小，这也是出于获取日照热量的考虑。窗墙面积比既是影响建筑能耗的重要因素，也受建筑日照、采光、通风等室内环境的制约。当前村民盲目加大开窗面积，会带来结构上的安全隐患，同时过大窗墙比也导致窗户散热量的增加。根据《被动式太阳能建筑技术规范》，严寒及寒冷地区南向集热窗的窗墙比控制在45% ～ 50%较为适宜。

② 窗的蓄热保温。直接受益式太阳房中，窗既是得热部件，又是失热部件，高原寒冷夜间外窗热损失占很大比例，因此宜采用双层窗，并可在窗上增加活动的用以夜间使用的保温窗帘（板）。住房外窗宜采用平开窗，外窗应具有良好的密闭性能，同时单玻平开窗组成的双层窗之间空气层厚度大于60 mm为宜。

2. 集热墙式

1956年法国太阳能实验室主任特朗伯（Felix Trombe）等由直接受益式太阳房发展出集热墙式太阳房，主要是在直接受益式太阳窗后面筑起一道蓄热结构墙。阳光透过玻璃照射在集热墙上，该墙外表涂有吸收率较高的涂层，其顶部和底部开有通风孔，并设有可控制的开启活门。夹层受热的空气与室内空气密度不同，通过上下通风口形成自然的对流，由上通风孔将热空气送入室内（图4.23）。与直接受益式比较，由于其良好的蓄热能力，室内的温度波动较小，热舒适性较好。但是集热墙式系统构造较为复杂，技术要求较高，在农区牧区普及率并不高。集热墙式的蓄热效能主要体现在：

① 蓄热体的选择：集热墙材料应采用具有较大热容量及热导率的材料，常用的土坯、砖、混凝土、砾石等都适宜做蓄热材料（表4.5）。

② 蓄热墙体厚度：集热墙体的蓄热量取决于面积与厚度，一般居室墙体面积变化不大，因此可利用蓄热墙体厚度控制蓄热量。一般当采用砖墙时，厚度可选240 mm或370 mm，混凝土墙可选300 mm，土坯墙可选取200 ～ 300 mm。

③ 上下通风口的设置：在一定辐射强度时，有通风孔的集热墙式太阳房蓄热效率最高，其效率较无通风孔的实体墙式太阳房高出一倍以上。集热效率随风口面积与空间间层断面的比值的增大略有增加，适宜比值为0.8左右。上下风口垂直间距应尽量拉大。

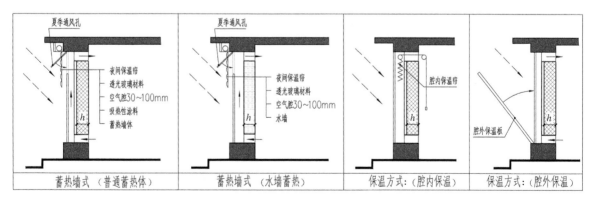

图4.23 集热墙式太阳房

（h为墙体厚度。土坯墙200 ～ 300 mm；黏土砖墙240 ～ 360 mm；混凝土300 ～ 400 mm；水墙150 mm以上）

资料来源：作者绘制。

表 4.5　常用蓄热材料的热物理参数

材料名称	表观密度 ρ_0 (kg/m^3)	比热容 c_p $[\text{kJ/(kg}\cdot\text{°C)}]$	容积比热容 $y\cdot c_p$ $[\text{kJ/(m}^3\cdot\text{°C)}]$	导热系数 λ $[\text{W/(m}\cdot\text{K)}]$
水	1 000	4.20	4 180	2.10
砾 石	1 850	0.92	1 700	1.20 ~ 1.30
砂 子	1 500	0.92	1 380	1.10 ~ 1.20
土（干燥）	1 300	0.92	1 200	1.90
土（湿润）	1 100	1.10	1 520	4.60
混凝土砌块	2 200	0.84	1 840	5.90
砖	1 800	0.84	1 920	3.20
松 木	530	1.30	665	0.49
硬纤维板	500	1.30	628	0.33
塑 料	1 200	1.30	1 510	0.84
纸	1 000	0.84	837	0.42

注：1. 表观密度，是指材料在自然状态下（长期在空气中存放的干燥状态），单位体积的干质量。

2. 比热容，是单位质量物质的热容量，即单位质量物体改变单位温度时吸收或释放的热量。比热容是表示物质热性质的物理量。通常用符号 c 表示。

3. 导热系数，是指在稳定传热条件下，1 m 厚的材料，两侧表面的温差为 1°C，在 1 h 内，通过 1 cm² 面积传递的热量，用 λ 表示，单位为 W/(m·K)。

资料来源：JGJ/T 267—2012.被动式太阳能建筑技术规范[S].北京：中国建筑工业出版社,2012.4.

3. 附加阳光间式

附加阳光间房屋南侧由玻璃房组成，日间获得的热量用于加热相邻的房间，或者储存起来留待夜间使用。在一天中附加阳光间温度高于室外，作为缓冲区的附加阳光间，可使相邻房间室内减少热损失，同时附加阳光间还可以作为温室种植花卉，以及用于交通空间、娱乐休息等多种功能。青海夏季昼夜温差大，7月日较差10 ~ 16°C，附加阳光间也可作为夏房夜间休息使用。因此附加阳光间在高原地区受到农牧民的普遍欢迎。附加阳光间式太阳房对农牧民来说，有别于传统建筑，是一种新兴建筑形式。虽然从20世纪80年代以来被动式太阳房得到一定的普及，但是在材料、构造等方面缺乏与本地区民居建筑的结合，太阳房从结构到形式还不够完善，农牧民的建造方式也还处于粗糙建设阶段，太阳房的优势并没有完全发挥出来，为此应在以下方面做好优化和改进。

① 连接部件保温。当前受经济条件和材料局限，当地附加阳光间结构基本采用的是铝合金，大量连接部件裸露在室外，铝合金作为金属其导热系数要比松木高出许多，因此存在较大的热损耗。同时结构也缺乏合理设计，一方面结构形式存在安全隐患，粗糙固定方式易导致玻璃的脱落、伤及住户；另一方面存在建材的浪费，本无须使用过多的建材，但人们出于对自家财力的炫耀及规范的建造方法的缺失，致使太阳房构造材料存在一定的浪费。综上，这需要对附加阳光间与建筑进行整体优化设计，减少阳光间金属支撑结构的热损耗，形成规范化的建造方式，使得阳光间

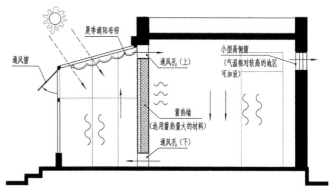

（a）既有民居阳光间建造杂乱无章　　　　　（b）阳光间与蓄热墙体优化综合设计探讨

图 4.24　青海民居附加阳光间式太阳房设计分析

资料来源：作者绘制。

建造既经济便捷又安全高效。

② 夏季遮阳通风。哪怕是设计最好的阳光间，在日照强烈、气候炎热的夏季也需要通风。大多数阳光间的玻璃面积每 20 ～ 30 m² 需要 1 m² 的排风口，如此可有效降低夏季室温过高的情况。同时也要做好夏季遮阳，可在阳光间内设置伸缩布帘，日间阳光强烈时可防止紫外线对皮肤、眼睛的损伤。

③ 与蓄热体结合增加冬季蓄热量。当前农牧民阳光间内墙面多为蓄热量较小的木窗和木门，且墙面开窗过大，其蓄热墙体相对面积变小，不利于蓄热散热的室内温度的稳定性。阳光间中的地面是蓄热最直接、效率最高的蓄热部位，同时墙体也是较好的蓄热载体，砾石、土坯、混凝土、砖都是很好的蓄热材料，这些材料本身具有较高的比热容积，将这些本土材料用于阳光间的地面及墙体的建造，可以有效减小阳光间温度的波动，提高居住舒适度。同时也应在阳光间内蓄热墙体的上、下部位设置通风孔，以便利于室内空气的对流，实现室温的平衡（图 4.24）。

4.3.3　传统围护技术更新优化

建筑围护结构保温是降低建筑冬季采暖耗能的重要方面，是减少商品能耗和农民经济负担的重要途径。在冬季，建筑的墙体、屋顶、地面、门窗都会向室外散热，因此应针对每一个部位采取合理的保温措施。由于农村居民的生活方式、农宅建筑形式、农牧地区资源条件等与城镇地区有着巨大差异，所以农宅主体围护结构保温不应该简单照搬城镇的做法，而应体现出地区乡村建筑特色，特别要注重因地制宜、就地取材，从传统民居建造智慧中汲取营养，更新优化传统营建技术，使其焕发新的活力。

1. 新型夯土建造技术

传统夯土、土坯墙建造技艺在青海较为普及，庄廓民居的建造即由夯土墙围合而成，其功能与形式至今仍符合当地资源、气候、地理等条件以及村民生活生产习惯，具有就地取材、施工简易、造价低廉、冬暖夏凉、节能环保等优点。墙体一般较厚，属于重质墙体，蓄热性能好，可以有效减缓室内温度波动。虽然，生土墙体材质易粉化,需要定期维护,通风采光条件较差,使得生土房屋在许多农户眼中是落后的,但是生土材料可就地取材,对环境破坏小,加之生土建造技艺被当地居民熟知和掌握,是气候和资源条件的真实反映,时至今日依然具有旺盛的生命力。

为此,可以引入现代生态建造技术和材料,改进和优化传统生土建造技艺,调整房屋结构形式等,改善室内环境,使生土这种传统建筑材料符合现代生活需要。香港吴恩融教授研究团队在陕北地区对生土建筑进行了有益探索,如在毛寺生态实验小学建筑设计中,发掘和改进当地有价值的生土传统建造技术,墙体所需的土坯砖是由挖掘地基所产生的黄土手工压制而成,而在砌筑过程中所产生的边角料块,碾碎掺拌在麦草泥中,再利用黏结剂进行墙体外观整体粉饰①。通过对传统技术的优化提升,该项目探索出一条适合于当地发展现状的本土建造之路,这为青海黄土地貌乡村民居建设提供了经验和启示(图4.25,表4.6)。

表4.6 现代生土技术与传统生土技术比较

项　目	现代夯土技术	传统夯土技术
材　料	原土、细砂和砾石混合物;皆为本地材料,可极大提升材料的力学性能和耐水性能	原土:材料力学性能和耐水性能差
耗水量	耗水量小,尤其适合干旱地区	耗水量相对较大
夯　锤	气动/电动夯锤:可达到5 MPa的夯击强度,且效率较高	手动夯锤:夯击力有限
模　板	灵活简易的模板体系:耐冲击、高强度、组装灵活轻便	原木/木板:简易但抗冲击能力和灵活性差
材料混合	搅拌机:混合效果更加充分高效	手工:效率低、人工耗费高
力学性能	可达到烧结黏土砖的力学强度	抗压、抗剪性能差
防水耐久性	具有较高的防水和耐久性,外墙面无须做粉刷处理	极差
施工难度	简单易行	简单易行
成　本	成本略高,但低于常规建筑模式。利用适应性技术、设备和本地材料可使建筑成本降低	成本低廉

资料来源:穆钧,周铁钢,王帅,等.新型夯土绿色民居建造技术指导图册[M].北京:中国建筑工业出版社,2014:24.

2. 岩石砌筑墙体

青海南部以石砌碉房民居为主,传统石砌技艺精湛,成为碉房民居显著的建筑特征。如前所述,碉房源于地区特殊的自然资源和气候环境,高原地区建筑资源匮乏,唯有高山岩石是地区充足的建筑材料。从当前玉树灾后重建看,外来建材必须从别处长途运输,经济及能源消耗成本较高,不符合生态节能的要求。

当地广布的片状岩石具有丰富的生态潜能。首先,以岩石、麦草泥为主要形式的

---

① 吴恩融,穆钧.基于传统建筑技术的生态建筑实践——毛寺生态实验小学与无止桥[J].时代建筑,2007 (4):50.

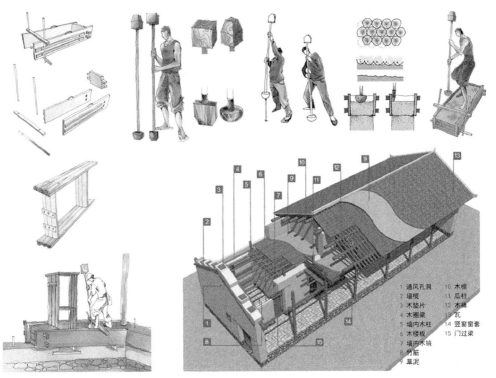

图 4.25　夯土建造技术更新优化与实践案例

资料来源:(a)住房和城乡建设部村镇司,无止桥慈善基金.抗震夯土农宅建造图册[M].北京:中国建筑工业出版社,2009:59;(b)吴恩融,穆钧.基于传统建筑技术的生态建筑实践[J].时代建筑,2007(4):50.

1 通风孔洞		10 木檐	
2 墙楗		11 瓜柱	
3 木垫片		12 木梁	
4 木圈梁		13 瓦	
5 墙内木柱		14 竖窗窗套	
6 木楼板		15 门过梁	
7 墙内木销			
8 竹筋			
9 草泥			

(a)夯土建造技术的更新优化

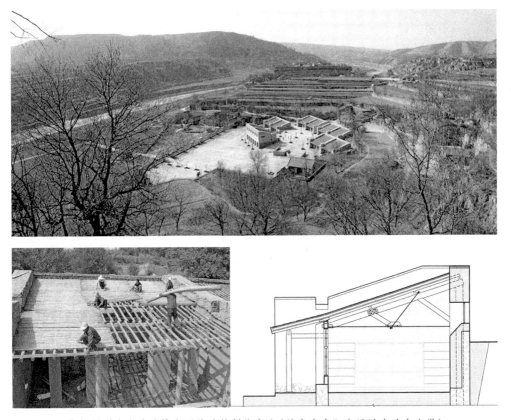

(b)新型夯土建造技术下的建筑创作实践(甘肃省庆阳市显胜乡毛寺小学)

145

（a1）传统碉房建筑形态
（称多县拉布乡兰达村）

（b1）传统碉房院落入口
（称多县拉布乡兰达村）

（c1）传统碉房开窗小且少
（称多县拉布乡兰达村）

（a2）既有民居建筑形态
（称多县拉布乡让拉日阿）

（b2）既有民居建造
（称多县拉布乡拉司通村）

（c2）既有民居构造形式
（称多县拉布乡拉司通村）

图4.26　传统碉房民居与当前既有民居建造技术对比
资料来源：作者调研拍摄（拍摄时间：2011年8月）。

自然材料具有突出的热工特性。宽厚的墙体具有良好的集热、蓄热性能，而造价十分低廉，可就地取材（图4.26）。其次，由于加工过程无须煅烧和化学加工，具有极低的材料能耗和极少的诸如CO_2等的排放，这对高原脆弱生态环境尤为重要。最后，这些材料具有良好的可再生性和循环利用价值，即使在建筑拆除之后仍可投入新建筑的建造中。这些正符合生态建筑材料"低能耗""可再生""循环利用"的理想标准。

通过调研发现，玉树地区在传统石砌建造方式的基础上，在石砌墙体内侧设置混凝土构造柱，优化更新了传统营造方法，对传统建造技艺的发展具有积极的启示意义（图4.26）。该建造方式整体采用混凝土框架结构，当地片状岩石作为主体围护材料，旧建筑废弃木料作为楼层地面、屋顶的承重梁架。建筑抗震安全性得到了保证，同时就地取材减少能耗和降低成本，重要的是地区传统建造技艺得到了保留和传承，易于被居民掌握和接受（图4.27）。同样，西藏阿里苹果小学也做出了有益的尝试。设计师将随处可见的卵石加工成混凝土卵石砌块，具有很好的防风蓄热的作用，建筑与环境融为一体，充分利用地方材料降低了能耗，为高原地区围护结构建造方法的更新积累了经验（图4.28）。

3. 新型生态复合墙体

新型生态复合墙体即混凝土密肋与草泥土坯结合的新型墙体。西安建筑科技大学在国家"十一五"科技支撑计划项目①课题研究中，对传统夯土墙、土坯墙进行了系统性的改良和技术优化，采用了该新型生态复合墙技术。这种墙体提高了墙体的抗震性能，并在保温、隔热等方面优于传统砖墙（图4.29）。

---

①　王军教授主持的国家"十一五"科技支撑计划项目课题"陕南灾后绿色乡村社区建设技术集成与示范"。

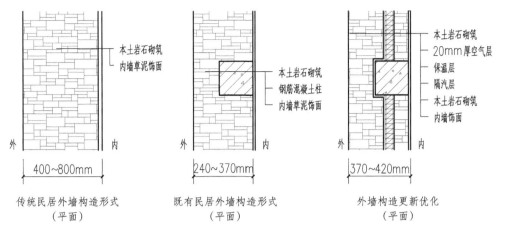

图4.27 青南乡土民居墙体构造形式分析

资料来源：作者绘制。

（a）苹果小学平面

（b）校园院墙

（c）本土建材

图4.28 西藏阿里苹果小学本土石材应用实例

资料来源：王晖.西藏阿里苹果小学［J］.时代建筑,2006(7): 115.

生态复合墙运用变形协调理论和结构的尺寸效应,把不同弹性模量、力学性能相差较大的建筑材料(主要包括工业废料、生态材料等)组合在一起,形成一种新型复合墙体结构。作为结构的主要受力构件——生态复合墙体是由生态复合墙板与隐形外框组成的墙肢或墙段。其中,生态复合墙板是以截面和配筋较小的钢筋混凝土肋梁、肋柱为框格,内嵌以生土、炉渣、粉煤灰等工业废料或其他生态材料为主的高性能轻质砌块预制而成。生态密肋复合墙体集围护、承重、节能、保温为一体,可取代传统的黏土砖墙,通过结构的优化控制及设计,是对传统生土墙体建造技术的优化与提升[1]。

---

① 黄炜,姚谦峰,章宇明,等.密肋复合墙体抗震性能及设计理论研究［J］.西安建筑科技大学学报(自然科学版),2004(1): 29-34.

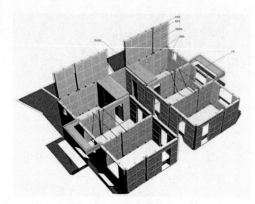
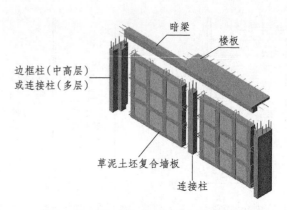

（a）复合墙体结构体系

（b）复合墙体构造示意图

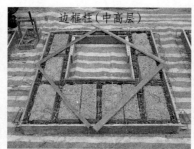

（c）混凝土密肋与草泥土坯结合墙体应用于灾后民居重建中

图4.29 新型生态复合墙体技术

资料来源：王军教授主持的国家"十一五"科技支撑计划项目课题组提供。

4.3.4 本土采暖技艺

现阶段，我国农村生活用能结构虽然发生了一定的变化，但薪柴、秸秆等生物质仍占消费总能量的50%以上，是农村生活中的主要能源。这种能源消费结构在相当长的时期内不会发生质的变化，因此在农村，特别是偏远山区，生物质炉灶仍然是农民炊事、取暖生活用能的主要设备。

我国农村冬季采暖方式有着很强的地域特征。北方地区冬季采暖方式主要为火炕和土暖气。青海地区火炕的使用比例很高，占到各种采暖方式的75%以上，同时当地的炉灶也是房屋采暖的重要方式之一[①]。但当前新建房屋盲目套用城市化的用能方式，火炕及柴薪炉灶逐渐被废弃，造成农牧区生物质资源的巨大浪费，同时也增加了商品能耗，带来环境、经济等多方面的问题。如前所述，乡村采暖有其自身特征，热炕和炉灶依然具有明显的节能环保优势，为此对传统采暖技艺的优化与更新，有助于提高房屋采暖效率，同时也对高原地区环境保护和再生资源的有效利用具有积极作用。

---

① 清华大学建筑节能研究中心.中国建筑节能年度发展研究报告2012［M］.北京：中国建筑工业出版社，2012：74.

1. 节能热炕

炕(俗称火炕)是我国北方农村居民取暖的主要设施,是睡眠与家务活动的场所。炕作为床供夜间睡眠之用,炕体材料多为热容较大的材料,在供热之后较长时间内仍可维持一定温度,即使炕体周围热环境稍冷一些,仍然可以保持居民的热舒适性。从这一角度来看,农村火炕是一种集采暖、生活于一体的绿色建筑形式,具有重要的保留价值。但传统火炕也存在诸多问题。

(1)传统火炕存在的问题。青海传统火炕主要有煨炕和落地炕,其中煨炕占总数的80%以上。煨炕没有烟囱,靠燃料在其内部阴燃进行热量交换,通常将填料口放置室外,煨炕密封条件不好时,容易导致炕体内部产生有害气体渗透到室内,对人的生命安全构成威胁。总的来看传统火炕存在以下缺点:① 烟囱产生的抽力过小或过大,使得炕体有时产生"倒烟、燎烟、压烟"的现象(俗称"炕不好烧"),有时却产生"炕烧不热"的现象;② 炕面温度分布不均,易产生"炕头热、炕梢凉"的现象,影响舒适性;③ 炕洞除灰不便,堵塞后不易检查;④ 落地炕直接与地面接触,易造成热量损失(图4.30)。

(2)既有民居炕床热效率不高。从当前既有民居建筑现状看,炕床依然是农户人家普遍的生活采暖形式,但已经从传统砖、土、木构造形式,逐渐转变为现在的混凝土、砌体材料、瓷砖等新的构造形式。虽然材料及构造形式上有了较大的改进,但由于缺少与建筑空间的整体设计,以及缺少必要的排烟通道,既有民居炕床的舒适性及蓄热保温效果并不突出(图4.31)。经过农村居民长期实践摸索,目前已有一些新型炕体用于实践中,如经过构造形式改进优化的新型吊炕在一定程度上可解决传统炕所面临的问题。

(3)新型吊炕。吊炕也称之为架空炕,是指下炕板脱离地面,由若干立柱支撑炕体的一种新型火炕技术。针对传统火炕存在的问题,在"七五""八五"期间,辽宁省和吉林省科技人员经反复研究和不断实践,研制出一种新型热炕。新型吊炕的热效率有明显提高,由过去的45%左右,提高到70%以上,每铺吊炕一年可节约秸秆

(a)煨炕室内1　　　　　　　(b)煨炕的室外进料口　　　　　　(c)煨炕室内2
(循化县街子镇骆驼泉民俗园)　　(化隆县扎巴镇窑洞村)　　　　(化隆县巴燕镇东上村)

图4.30　青海乡村中的传统煨炕
(传统煨炕具有炕面温度不均、排烟不利、维护不便、热量损耗较大等缺点)
资料来源:作者拍摄[拍摄时间:(a)于2013年8月;(b)于2011年4月;(c)于2014年2月]。

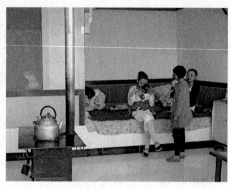

（a）进料口位于室内　　　　　（b）室外进料口　　　　　（c）既有民居室内落地炕
（大通县桦林乡胜利村）　　　　（海晏县金滩乡下巴台村）　　　　（门源县北山乡）

图4.31　青海乡村既有民居炕床现状

资料来源：作者拍摄［拍摄时间：(a)于2011年4月；(b)、(c)于2012年7月］。

图4.32　新型吊炕构造形式
资料来源：作者绘制。

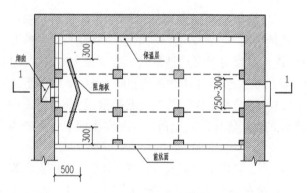

（a）吊炕建造平面图

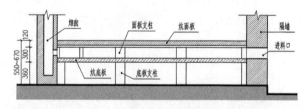

（b）吊炕建造1—1剖面图

1 382 kg或者薪柴1 210 kg，相当于691 kg标准煤①。与传统落地炕相比，新型吊炕具有以下优点：炕板与周围墙体接触面相对较小，可以减少炕体热损失；炕体架空有助于增加炕体的散热面，并且增大了室内散热量；炕内燃烧相对充分，进而可节省燃料；吊炕增加了空间利用面积，整体洁净美观；突破传统平面布局，可形成一面临墙的床式吊炕，这有助于提高室温，并方便日常活动。吊炕是在传统煨炕和落地炕的基础上发展而成，一方面，农牧区生物质资源得到了有效利用，另一方面，炕体建造工艺相对适应乡村客观环境，当地农户容易理解和掌握，进而能够形成适宜的本土采暖技艺（图4.32）。

（4）节能炕与室内空间组合形式。火炕与床的使用有较大区别，炕体一旦建成就很难改变位置，形成一种固定的空间布局，因此在民居更新建设中应考虑炕体与生活空间的组合方式，以满足日常生活需要。炕体按照其与室内空间不同位置可划分为四种形式：① 南向靠窗炕。炕体紧邻南向窗户，依据房屋面宽可选择同等尺寸，形成三面连墙、一面对外的炕体形式。② 北向靠墙炕。与南向

---

① 贾振航.新农村可再生能源实用技术手册［M］.北京：化学工业出版社，2009：392.

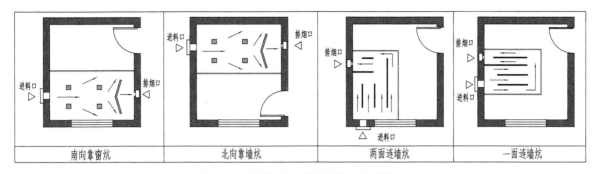

| 南向靠窗炕 | 北向靠墙炕 | 两面连墙炕 | 一面连墙炕 |

图4.33　节能炕与室内空间组合形式探讨
资料来源：作者绘制。

（a）尖扎县坎布拉得红村　　　　（b）湟中县群加乡上圈村　　　　（c）贵德县罗汉堂乡冉卡移民村

图4.34　传统灶连炕（厨房与卧室同处一室）
（灶连炕组合形式在青海藏族庄廓中较为普遍，其他少数民族相对较少）
资料来源：作者拍摄［拍摄时间：(a)、(b)于2013年8月；(c)于2012年7月］。

靠窗炕相似，不同之处只是面对南向窗户，与北向墙体相连，同样仅为一面对外。③ 两面连墙炕。炕体位于房屋拐角处，两面连墙、两面对外，此种形式相对散热面较多，增加了炕体采暖效率。④ 一面连墙炕。炕体只有一面连接墙体，三面处于对外散热面，此种与独立式床体相类似。由于增加了一处炕面，从而增加了室内受热，对于炕体采暖效果最为明显，但是一面连墙致使进料口与排烟口同为一处墙体，因此炕体建造方式与普通炕不同，而应采用"回龙炕"。以上四种炕体与室内空间组合形式是北方火炕的基本利用方式，在实际建造中的位置可根据自家需要灵活调整（图4.33）。

2. 灶连炕

灶连炕可将炉灶余热加热炕体，是节能灶和吊炕的一种结合，也是提高热效率的有效途径。传统灶连炕同处一室，带来安全隐患和室内空气品质下降（图4.34）。新型灶连炕将空间划分为居住和炊事两部分，这样优化的空间布局，对居住质量有很大的提升。但灶连炕也存在炕体过热或者过凉的问题，尤其在不同的季节，人们对炕体温度的需求是不同的，但灶炉的温度是固定的，这就需要对灶连炕进行改进。

为此，可在灶炉中设置两个排烟口，一个排烟口作为炕体的进烟口，另一个排烟口可直接连接至烟囱中。在灶炉与烟囱的连接处设置烟插板（与旁通阀类似），通过调节烟插板来调节旁通的烟气流量，进而改变炕体内的烟气流量，实现调控炕面温度的目的（图4.35）。

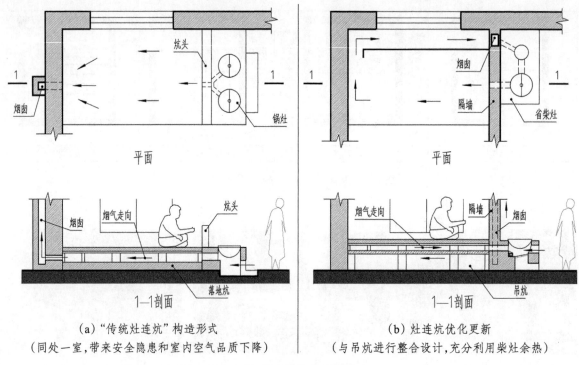

（a）"传统灶连炕"构造形式　　　　　　　　（b）灶连炕优化更新
（同处一室,带来安全隐患和室内空气品质下降）　　（与吊炕进行整合设计,充分利用柴灶余热）

图4.35　灶连炕优化更新探讨
资料来源:作者绘制。

火炕在我国有上千年的历史,是通过长期生活实践得出的宝贵生活用能经验,不论是从农户用能生活习惯、建筑节能,还是从地域文化传承的角度看,"炕"系统是十分值得保留的。以上对节能炕的分析,即从炕体构造、炕体与建筑空间组合形式等方面,优化炕体热性能,提高农民居住舒适度。综上说明,优化更新传统火炕,使其焕发新的活力,对当地乡村民居采暖仍然具有积极的生态意义及经济价值。

3. 节能灶

农村的"灶"作为炊事要素,是民居中生活用能主要的能源消耗形式。

（1）传统柴灶存在的问题:传统柴灶热效率低,一般不超过20%,并且释放大量的污染物,不仅造成生物质能源的巨大浪费,也会严重影响室内空气质量,给长期暴露在厨房内的人造成严重的健康问题。主要问题包括:"一高"(高度高),"两大"(大灶门,大灶膛),"三无"(没有灶箅子,没有进风道,缺少烟囱)。因此引起的弊端是:吊火高,火的外焰只能烧到锅底,导致锅底与燃烧面接触面积小,不能有效加热锅体;灶膛大,薪柴燃烧火力不集中,造成能源浪费;灶门大,冷空气会直接从灶门进入灶膛而降低灶膛温度;没有灶箅和进风道,空气就不能从灶箅下进入灶膛,造成燃烧不充分;没有烟囱,燃烧产生的烟气只能从灶门排到室内,恶化室内空气质量(图4.36)。

（2）青海乡村民居炊事柴灶用能现状:目前虽然已从传统粗放的柴灶用能形式转变为当前普遍带有灶箅的柴灶形式,灶膛燃烧效率有所提高,但是依然无法改变"烟熏火燎、烟气呛人、室内杂乱"等现象(图4.37)。农村柴灶用料依然是几千年来未曾改变的麦秆、杂草以及当地的牛羊粪,燃料物质形式未有改变,同时柴灶与室内空

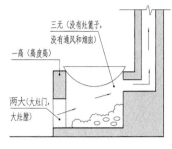

（a）传统柴灶1　　　　　　（b）传统柴灶2　　　　　　（c）传统柴灶构造
（湟中县群加乡上圈村）　　（湟中县群加乡上圈村）

图4.36　传统柴灶

资料来源：作者拍摄、绘制（拍摄时间：2013年8月）。

（a）带有传统风箱柴灶　　　（b）炊事空间　　　　　　（c）依然是"烟气呛人"
（门源县北山乡）　　　　（共和县曲沟乡次汉土亥村）　　（化隆县雄先乡）

图4.37　青海农村炊事柴灶现状

资料来源：作者拍摄［拍摄时间：(a)、(b)于2012年7月；(c)于2014年2月］。

间组合形式依然为传统做法，"进去一身净，出来一身灰"的现象如故。随着社会的进步，农户对生活水平有了更高的要求，人们日渐改变柴草、牲畜粪便做燃料的传统用能习惯，改而学习城市用能模式，加大了煤炭、液化气等非生物质能源的使用量。从表4.7和表4.8中可以看出，近年来青海乡村生物质能源消耗占炊事用能总量的比重并不高，维持在32.8%的水平，煤炭比重大且液化气消耗呈现增加的趋势，这与青海当地充裕的年298.2万tce（吨标准煤）生物质资源总量相矛盾，白白丢掉大量对环境无

表4.7　西北地区各省炊事能源消耗数据

省份	实物量				生物质能所占比例	占生活总用能比例	户均量（kgce）
	柴薪（万t）	秸秆（万t）	煤炭（万t）	液化气（万t）			
青海	23.4	12.3	57.3	0.4	32.8%	34.1%	793.3
甘肃	5.4	38.7	269.8	1.0	10.5%	31.3%	465.5
宁夏	0.0	27.4	62.6	0.0	23.6%	34.4%	621.2
陕西	31.0	69.5	420.4	5.7	14.8%	31.6%	512.9
新疆	8.8	2.5	307.2	0.4	2.9%	26.9%	456.1

注：1 kgce（千克标准煤）=7 000 kcal（千卡）。

资料来源：清华大学建筑节能研究中心.中国建筑节能年度发展报告2012［M］.北京：中国建筑工业出版社,2012：82.

表4.8 西北地区各省生物质资源总量 (万tce/年)

省 份	农村生物质资源总量			总 计
	秸秆	牲畜粪便	柴薪	
青 海	17.8	233.3	47.1	298.2
甘 肃	298.9	303.7	66.0	668.5
宁 夏	140.0	69.2	12.6	221.8
陕 西	516.8	218.6	158.6	894.0
新 疆	725.5	288.0	84.8	1 098.3

注:1 tce:1吨标准煤。

资料来源:清华大学建筑节能研究中心.中国建筑节能年度发展报告2012[M].北京:中国建筑工业出版社,2012:98.

害的生物质资源,盲目采用城市化商品能源,这与高原人居环境良性发展方向不符。

一边是大量的生物质资源弃而不用,另一边又是高昂的商品能源支出,反映出农村生物质资源利用方式依然落后,需要改进柴灶构造形式,提高燃烧效率。同时也应积极研发适应乡村的新型生物质炉具,并配合生物质固体压缩成型燃料加工技术,在减少建筑能源消耗的基础上,改变长期以来纠缠农民的厨房烟气呛人、室内杂乱的局面。

图4.38 省柴灶基本结构

资料来源:作者描绘(引自:贾振航.新农村可再生能源实用技术手册[M].北京:化学工业出版社,2009:381)。

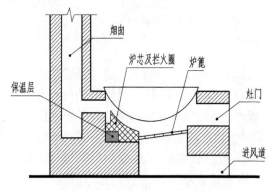

（3）省柴灶设计:省柴灶和传统旧灶的区别主要在于利用科学的燃烧技术对炉灶的灶膛、烟囱、进风道等炉灶结构和部件进行优化设计,使得燃烧可以充分并能向外释放更多的热能,同时还要保证较低的污染和烟气排放。因此,省柴灶设计应注意三个关键点:促进燃料燃烧充分、提高热效率、防止倒烟(图4.38)。

不论是火炕还是炉灶都离不开烟囱,烟囱对燃烧效果起到很大的作用,同时也是建筑外观风貌的重要方面。烟囱的高低会直接影响烟气抽力的大小,烟囱愈高抽力就愈大,灶膛进入的空气也就愈多,这样会影响燃烧及灶膛温度,因此烟囱的高度应适中。烟囱的高度宜高出房顶0.5～1 m,烟囱顶端宜安装风帽,避免高处气流影响。烟囱的截面大小也很重要,过大或者过小都会导致倒烟现象的发生,北方地区宜考虑采用120～180 mm的方形截面。烟气在烟囱中的流速应以0.5～1 m/s为宜,可以据此选择合理的横截面大小。农村每家每户都会打灶台,但随着生活水平的提高,炉灶的制作工艺正逐渐被废弃,这并不符合农村的实际情况。废弃的原因是我们对传统柴灶的弊端未能进行有效应对,而导致盲目追求城市化的用能方式。通过对传统柴灶的优化更新,进行省柴灶的设计推广将有助于实现农牧地区生物质资源的充分利用(图4.39)。

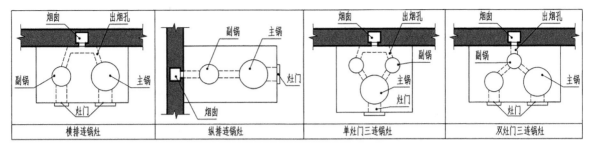

图4.39 "连锅灶"的基本形式

（一灶多用,充分利用余热）

资料来源:作者绘制。

（4）生物质固体压缩成型燃料加工技术:该技术是通过揉切（粉碎）、烘干和压缩等专用设备,将农作物的秸秆、树枝、木屑等农林废弃物挤压成具有特定形状且密度较大的固体燃料。该技术是农村生物质资源高效利用的关键。传统生物质柴薪诸如麦秆、杂草具有结构松散、分布分散、不便运输和储存、形状不规则等缺点,农村目前炊事是将厨房独立,厨房内往往杂乱、灰暗、卫生状况差,燃烧带来的烟气影响身体健康。通过生物质固体压缩成型燃料加工技术,可大幅度提高生物质的密度,压缩后的能量与中热值煤相当,且方便运输与储存。压缩成型燃料在专门的炊事炉具内燃烧,效率高,污染物释放少,可替代煤、液化气等常规石化能源,满足广大乡村农户炊事、采暖和生活热水等生活用能需要。[1]

该技术燃料加工工艺较为复杂,对于单一农户来说所需加工场所、经济投入均不适宜,但是可以以村为单位,采用小规模"代加工"模式。这种模式下,农户自行收集秸秆等柴薪,送到村内进行代加工,生产得到的成型生物质燃料,农户仅需要支付燃料加工费用。这种代加工模式燃料收集、运输、存储对农户来说易于接受,对于民居院落空间影响较小,仅需要提供相应的存储空间。由于生物质固体压缩燃料具有形状规整、体积小、密度大、储存方便等优点,可有效节省建筑空间,同时燃料污染物释放少,也可有效改善厨房卫生环境,以上均会对乡村农户炊事活动以及厨房空间产生较大改善（图4.40）。

（5）新型生物质气化炉具:生物质炉具在21世纪初出现在我国农村市场,2005年得到迅猛发展。生物质炉具采用半气化燃烧技术,解决了千百年来传统秸秆燃料高污染、冒黑烟、空气质量差的困境,受到广大村民好评,具有重要的推广价值。该新型炉具使用生物质成型燃料、柴薪、牛羊粪等生物质原料,燃料适用范围较广,在青海农牧地区发展潜力巨大。生物质新型气化炉具的燃料在炉膛里燃烧,为增加燃烧效率,一次风从炉底进入,在炉具上端设二次进风口,这样生物质燃料和空气由气固两相燃烧转变为单相的气体燃烧,这种半气化燃烧使得燃料得到充分燃烧,可减少颗粒物和一氧化碳的排放,明显地降低室内烟气污染,与传统炉灶具有明显节能环保的效果（表4.9,图4.41）。生物质新型气化炉具具有较高的热效率以及低污染低排放的优势,不仅有利于高原地区生物质能源的高效利用,同时也有利于改善农户厨房空气质量,提高农户居住环境品质。

---

① 清华大学建筑节能研究中心.中国建筑节能年度发展研究报告2012[M].北京:中国建筑工业出版社,2012:171.

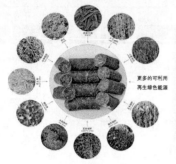  

（a）原料为农林废弃物　　（b）生物质固体压缩成型燃料　　（c）小规模燃料"代加工"

图4.40　生物质固体压缩成型燃料加工技术

资料来源：网络www.hzzxgl.net（生物质炉具生产企业网站）。

风箱 ⟶ 锅灶 ⟶ 煤球炉 ⟶ 煤气炉 ⟶ 生物质炉具

（a）乡村炉具发展历程

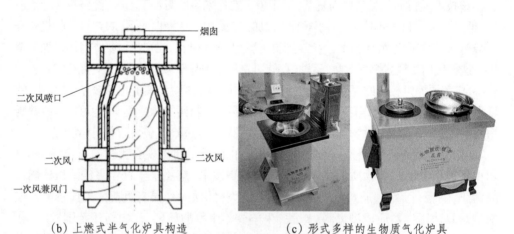

（b）上燃式半气化炉具构造　　　　（c）形式多样的生物质气化炉具

图4.41　新型生物质气化炉具

资料来源：(a)贾振航.新农村可再生能源实用技术手册[M].北京：化学工业出版社,2009：400；

(b)作者绘制；(c)大丰市宝鹿生物科技有限公司宣传网站。

表4.9　户用生物质气化燃具各项指标

热效率	炊事炉>35%,采暖炉>65%,炊事采暖炉>60%
烟尘排放浓度	<50 mg/m³
SO₂排放浓度	<30 mg/m³

NOₓ 排放浓度	<150 mg/m³
CO 排放浓度	<0.2%
烟气林格曼黑度	<1 级

注：NOₓ指氮氧化物；林格曼黑度是反映锅炉烟尘黑度（浓度）的一项指标。

资料来源：贾振航.新农村可再生能源实用技术手册［M］.北京：化学工业出版社,2009：400.

4.4 新型绿色建材与本土资源优化策略

新型绿色建材是乡土民居实现绿色更新的重要途径之一。从建筑革新历史发展的角度看，采猎文明下的土、石、木建筑材料到农业文明的砖、瓦、木构件，再到工业文明的钢筋混凝土、玻璃，建筑材料在建筑变革中无不起到决定性的作用。在当前工业化大生产及绿色文明观念的影响下，许多绿色节能建材纷纷涌现，在绿色建筑中扮演着重要角色。

按照前文所述适宜技术观中相对的本土性、辩证的适时性及多层次的综合性，民居更新建设应在优化提升本土传统建造技术的基础上，融合当前新型绿色建材，共同推进民居绿色更新。根据青海特殊的地理资源环境，本书选取了免烧砖、秸秆复合材料、太阳能陶瓷三种新型绿色建材，此类新型建材与青海丰富的黏土砂石资源、农业秸秆资源、太阳能自然资源相契合，对于当前青海乡土民居更新建设具有一定的推广价值。

4.4.1 免烧砖

免烧砖是指以石灰和含硅材料（砂子、粉煤灰、煤矸石、炉渣、页岩、黏土等）加水和一定量添加剂搅拌，经压制成型、蒸汽养护或蒸压养护而成，主要品种有灰砂砖、粉煤灰砖、空心砌块以及新型免烧黏土砖。免烧砖具有节约能源、降低能耗的优点，传统的烧结黏土砖烧制消耗大量燃煤，每生产1万块砖平均消耗1.3 t标准煤，造成资源的极大浪费。免烧砖可保护耕地，避免毁田，无须窑厂且就地取材，可有效减少烧砖挖土毁田。同时免烧砖可有效地减少CO_2的排放量，环境效益明显。免烧砖造价低，经济优势亦明显。免烧黏土砖最大的优势是加工技术简便，个人易于掌握，且与本土建筑传统建造技术相仿，这与乡村普遍的村民自建模式相对契合。因此免烧砖是当前广大乡村地区建筑材料绿色革新的重要方向。

青海地质类型主要分为东部黄土地貌、中部草甸、西部砂石戈壁、南部山石河谷四种，各个地区有其自身的建材资源优势，新型免烧砖技术可充分利用地区丰富的黄土、砂石、页岩等本土材料，替代当前污染大、成本高的烧结砖。调研发现，在青海海西柴达木地区，村民建房已自发引入混凝土砂石免烧砌块机，利用当地随处可见的戈壁砂石自己加工建材，一方面降低了建房成本，另一方面减少了对环境的污染和破坏，对于维护当地生态环境和提高村民生活水平成效显著［图4.42（a）］。

混凝土砌块压制成型　　　　　利用戈壁丰富的砂石资源　　　　　小规模加工,简便易行

(a) 青海海西柴达木地区混凝土免烧砌块加工制作

(b) 由手动生土砖机制作的土坯砖(充分利用当地丰富的黄土资源)

图4.42　发挥本土资源优势的新型免烧砖技术

资料来源:(a)作者拍摄(拍摄时间:2011年5月);(b)笔者导师王军教授研制的"手动生土砖机",已获得国家专利。

对于青海东部河湟地区而言,该地区人口密集度高(占全省总人口的68%,但面积仅为全省的5.18%),其建筑量大,同时该地区地质类型主要为黄土地貌,因此利用免烧砌体成型技术,开发免烧黏土砖,对于该地区人居环境建设意义重大。免烧黏土砖是指用黏土掺和水及少量添加剂等,无须烧结,经自然养护风干而成的新型黏土砖。早在20世纪90年代,西安建筑科技大学王军教授课题组即研制出手动土坯杠杆压制机(简称"手动生土砖机")并获得了国家专利[图4.42(b)]。这种手动设备所生产出来的土砖,可以显著提高生土墙体的力学性能,并保留了生土材料的各种生态优势,对于我国以生土建筑为主的乡村地区村民自建房是一种有益的探索。

4.4.2　秸秆生态复合材料

西安建筑科技大学王军教授研究团队与英国朴茨茅斯大学工程学院机械系金明博士,在2010年联合研制出农业秸秆合成建筑材料,该秸秆复合材料英文名称为

图4.43　秸秆复合建筑材料样品图
资料来源：北京天地筑基新材料科技有限公司Martin Jin Ming提供。

WPC（Wood-Plastic Composite）材料，又名生态木材或木塑复合材料，是以锯末、竹屑、棉秸秆、麦秆、木屑等生物质纤维为主原料，与塑料合成的一种绿色环保的复合材料，并可以重复使用和回收再利用，也可生物降解，对当地环境无污染（图4.43）。

　　这种成型设计的新型建材具有天然木材的质感和纹理，可以应用于室外外墙保温饰面、复合门窗、农村住宅木屋架、地板、家具板材等，具有较高的环保性能和实用经济价值。WPC材料以秸秆纤维为主，来源主要为秸秆等农业废弃物，而这些原材料又为当地所富有，因此该新型建材基本摆脱了对传统木材的依赖，也减少了对宝贵林木资源的破坏。由于WPC材料在生产过程中具有可塑性，能够制造出不同规格、不同形状的建筑构件，利用模具的热冲压工艺，在模具压出的构件上可形成各种图形，实现特殊建筑构件的加工要求。利用秸秆生态复合材料替代传统木材，可满足建筑工业化要求，特别是在乡村民居建设、政府新建牧民定居工程等领域，可实现流水线生产及现场装配的建造模式。

4.4.3　太阳能陶瓷

　　为充分利用高原丰富的太阳能可再生资源，保护高原脆弱的生态环境，民居更新有必要积极引进太阳能新型建筑材料。太阳能陶瓷即为一种集采暖、发电、防雨为一身的新型绿色建材。如前文4.2.3节所述，太阳能利用与建筑一体化主要体现在"光热""光电"两个方面，太阳能陶瓷也分为以集热为主的光热陶瓷和以发电为主的光电陶瓷两大类。

　　1. 光热陶瓷——陶瓷太阳能热水器

　　陶瓷太阳能板全称为黑瓷复合陶瓷太阳板，该材料是以普通陶瓷为基体，立体网状钒钛黑瓷为表面层的中空薄壁扁盒式太阳能集热体。该材料以工业废弃物制造钒钛黑瓷，具有成本低、寿命长、性能稳定等优点。建材整体为瓷质材料，不透水、强度高、不腐蚀、不褪色，无毒、无害、无放射性元素，同时具有长期较高的光热转换效率。经国家太阳能热水器质量监督检验中心检测，陶瓷太阳能板的阳光吸收

(a) 陶瓷中空太阳能集热板　　(b) 坡顶安装陶瓷太阳能板　　(c) 钢化玻璃代替屋面瓦

(d) 共用结构层、保温层、防水层　　(e) 储能箱放置在坡顶夹层　　(f) 陶瓷太阳能房顶农村社区

图4.44　陶瓷太阳能集热屋顶（太阳能集热与建筑一体化）

资料来源：王军教授提供。

比为0.95，混凝土结构陶瓷太阳能房顶的日得热量为8.6 MJ，优于国家标准规定的7.0 MJ[①]（图4.44）。

相比真空管、平板型太阳能集热器，陶瓷太阳能集热器具有造价低、强度高、使用寿命长等优点，更为重要的一点是可与建筑屋顶相融合，实现陶瓷太阳能板与屋顶共用结构层、保温层、防水层的效果，真正做到太阳能热水系统应用与建筑一体化。陶瓷太阳能板以屋顶构造层为基础，形成太阳能屋面，陶瓷板围护面3.2 mm厚的玻璃可代替传统屋面黏土瓦。陶瓷太阳能屋顶将集热材料作为建筑构件的一部分，与建筑整体有机结合，充分利用屋顶闲置空间，将屋顶作为集热面，为建筑提供生活热水。陶瓷太阳能板作为新兴绿色建筑材料，可有效利用太阳能清洁能源，并为太阳能集热系统与建筑相融合提供了有益尝试，为当前高原地区乡村民居更新建设提供了重要参考。

2. 光电陶瓷——陶瓷太阳能光伏瓦

目前光伏与建筑结合形式主要分为建筑与光伏系统结合，或称之为附着设计（BAPV）；建筑与光伏组件的结合，或称为光伏和建筑一体化集成设计（BIPV）；光伏组件本身即为建筑材料的一部分（BUPV）[②]。陶瓷太阳能光伏瓦即为BUPV的一种。

① 曹树梁，石延岭，许建丽，杨玉国，修大鹏.陶瓷太阳板及其应用研究[J].墙材革新与建筑节能，2011（2）：58-61.

② 李现辉.太阳能光伏建筑一体化工程设计与案例[M].北京：中国建筑工业出版社，2012：36.

（a）陶瓷光伏瓦　　　　　（b）陶瓷光伏瓦安装　　　　（c）光伏瓦系统运行图

图4.45　新型绿色建材陶瓷光伏瓦

资料来源：http://zjheda.com/index.php（绍兴合大太阳能科技有限公司）。

　　陶瓷光伏瓦是以陶土为原料，与多种特殊材料形成特定配方，通过一定的生产工艺制作成具有高强度、高效隔热、高度防渗性能的陶瓷瓦片，再通过封装工艺嵌入晶硅太阳能光伏模组，形成具有光伏发电功能的陶瓷瓦片（图4.45）。陶瓷光伏瓦具有以下优点：① 能发电：陶瓷光伏瓦将太阳能电池模组与陶瓷瓦片有机结合，在保持建筑特有地域风格的基础上，具备太阳能组件的发电功能。以 16 W/片的陶瓷光伏瓦为例，发电功率可达到 85 W/m^2，50 m^2 屋顶面积可产生 4 200 多度电，足以满足普通家庭的用电需求。② 寿命长：陶瓷光伏瓦使用寿命可达 50 年以上，由于陶瓷光伏瓦的渗水率小于 0.5%，是普通建筑瓦片的几十分之一，水分很难渗透到瓦片内部，减少了内部结冰膨胀损坏的概率，从而减少换瓦次数以及节省材料成本。③ 强度高：陶瓷光伏瓦的抗弯曲强度达到 5 000 N/mm^2，是普通瓦的 3 倍，同时光伏模组采用 3.2 mm 的低铁钢化玻璃，可以抵御冰雹等重物敲击，在瓦片运输、搬运过程中破损率低，具有较好的经济价值。④ 符合建筑美学：一方面作为瓦类建筑材料，可以与传统建材统一铺设在各类屋顶上，另一方面光伏瓦用模具制作，可加入各地区民族风格的图案造型，从而实现绿色建材技术与地域文化的结合，这对于高原地区多民族建筑文化的传承具有积极意义（表4.10）。

表4.10　陶瓷光伏瓦性能指标

型　号	HDSA08M-2	HDSD08M-2	HDSF20M-8	HDSF24M-6
最大输出功率（W）	8	8	20	24.5
外形尺寸（mm）	400×330×45	440×330×45	665×375×25	642×437×25
重量（kg）	3.2	3.2	6.5	4.7
材　质	陶瓷复合材料			
光伏玻璃嵌入体	高透光、低铁钢化玻璃，厚度3.2 mm			
抗压强度（N/cm^2）	＞3 000			
渗水率	＜0.5%			

资料来源：http://zjheda.com/index.php（绍兴合大太阳能科技有限公司）。

太阳能是实现高原地区人居环境可持续发展的重要能源,积极探索绿色新型建材,实现绿色技术与地区民族文化的融合,建立起以太阳能利用为主体的新型民居建造模式是本书民居更新生态策略的重要方面。太阳能陶瓷集热及光伏产品,集太阳能可再生能源利用与建筑材料为一身,具有成本低、寿命长、效率高等众多优点,为高原地区乡土民居绿色革新提供了物质材料的可能,预示着高原地域建筑演变发展的新方向。

4.5　小结

从生态承载力的角度看,一味地扩张居住范围和对自然资源的无限消耗,注定引发人地冲突,进而带来高原生态危机。随着经济社会的全面发展,高原地区对人们来说已不再陌生,开发力度正逐渐加大,农牧区人居环境建设正经历着重要的历史时期。本章正是基于以上的思考,针对传统民居向现代民居转型的重要时间节点,探求乡土民居可持续发展的生态营建策略。

本章第一节从青海人居环境建设生态困境出发,分析了农牧业转型与聚落环境重构的时代背景,提出生态民居是高原可持续发展的必然选择。第二节从生态住区规划、建筑形态与空间优化、再生资源利用与建筑一体化等方面,重点探讨了青海乡土民居生态设计方法。第三节立足农牧区客观实际,从被动式太阳房、主体围护技术、民居采暖技艺等方面,试图探寻本土适宜性节能建筑技术。考虑到当前绿色新型建材的不断涌现,第四节选择生土免烧砖、秸秆生态复合材料、太阳能陶瓷三种新型建材,分别对应当地丰富的生土、生物质秸秆、太阳能资源,探讨高原乡土民居绿色更新中技术材料与地域文化融合的可能性。

5 青海多元民族建筑文化的传承策略

只有当一个建筑设计能与人民的习惯、风格自然地融合在一起的时候,这个建筑设计才能对文化产生最大的影响。

——马丘比丘宪章,1977

"文化的发展,无论是着眼于全球化,还是着眼于地方多样化,实际上都面临着同样的问题,即如何使民族、地区保持凝聚力和活力,为全球文明作出新的贡献,同时又使全球文明的发展有益于民族文化的发展,而不至于削弱或吞没民族、地区和地方的文化。"①

如前文资源气候共性与民族文化差异性所述那样,尽管自然气候、资源环境对民居建筑形成影响很大,但它并不是影响建筑发展的唯一因素。青海位于西北农牧交错地带(图5.1),处于西北中原文化、伊斯兰文化、藏传佛教文化叠加地区,属于我国典型的多民族地区,其民居建筑发展受到内在的民族人文环境的制约。这意味着

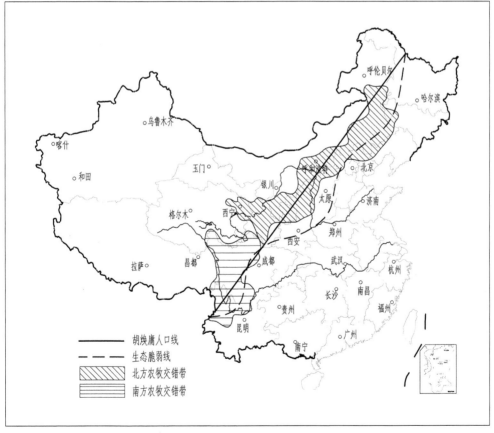

图5.1 中国农业牧业交错带
资料来源:作者整理描绘(引自:吴贵蜀.农牧交错带的研究现状及进展[J].四川师范大学学报(自然版),2003(1):108)。

图例:
胡焕庸人口线
生态脆弱线
北方农牧交错带
南方农牧交错带

---

① 吴良镛.国际建协《北京宪章》——建筑学的未来[M].北京:清华大学出版社,2002:237-238.

地区乡土民居建设不但要实现与高原自然环境相融合,同时也要考虑到民族文化的差异性,做到对民族文化的尊重、继承和弘扬。本章将通过对多元民族文化现状的分析,基于青海不同民族居住形态及其背后的意识观念,对乡土民居更新地域及民族文化表达进行重点论述,并针对建立地区多元民族建筑文化传承途径进行探讨。

5.1　青海多元民族概况

民族文化,是指各民族在其历史发展过程中创造和发展起来的具有本民族特点的文化,包括物质文化和精神文化,住宅、衣着、家具、工具等属于物质文化的内容;宗教、语言、文字、风俗和习惯属于精神文化的内容。民居建筑是民族文化重要的物质载体,它在彰显民族物质世界的同时,也折射出民族的精神世界。民族建筑文化不是永恒不变的,事实上总是处在演变和创造的过程之中。当今,全球化、信息化、工业化正改变着我们身边的一切,原本神秘、特色鲜明的高原传统民居建筑文化正发生着剧烈且明显的变化。高原特色民居正逐渐被城市化住宅所取代,高原地区少数民族丰富多彩的民居建筑艺术濒临消失,民族文化逐渐淡化,从而导致心理层面缺乏民族认同感,带来民族文化生存危机。

5.1.1　多元民族分布

青海所处的西北地区本身即是少数民族广泛分布的地区,探讨青海多元民族文化有必要对整个西北乃至川西和西藏地区的民族分布进行整体考虑,因为民族的分布往往不能用行政区界定,应考虑到所居住自然环境的相似性。西北地区整体来看地广人稀、干旱少雨,生存环境恶劣和生态环境脆弱,同时西北也是我国古代陆上丝绸之路的重要通道,是古代中原文明与西亚和欧洲文明的重要桥梁,地区文化呈现出十分丰富的多元特征。西北地区指新疆、青海、宁夏、甘肃、陕西五省,从多元民族人口分布来看,其中新疆总人口为2 095.19万人,少数民族占60.7%(2007年);青海总人口562.67万人,少数民族占46.98%(2010年);宁夏总人口630.14万人,少数民族占35.7%(2005年);甘肃总人口2 557.53万人,少数民族占9.43%(2010年);陕西总人口3 753.09万人,少数民族仅占0.4%(2012年)。这说明青海是西北五省少数民族人口较为集中的地区,同时也有别于其他四省,具有鲜明的高原地区特点(图5.2)。

从少数民族人口所占比重来看,青海省是典型的少数民族人口分布的大省,也是民族文化多样性的典型省份(图5.3)。青海省少数民族人口264.32万人,占全省总人口562.67万人的46.98%,除西藏(91.83%)、新疆(60.7%)以外,位居全国第三,比广西(38.34%)、宁夏(35.7%)、云南(33.37%)、内蒙古(21.37%)等少数民族人口大省要高出许多[①](表5.1)。同时青海也是少数民族分布较多的省份。世居青

---

① 西藏总人口300.21万人,少数民族占91.83%(2011年);新疆总人口2 095.19万,少数民族人口约为60.7%(2007年);广西总人口5 199万人,少数民族占38.34%(2010年);宁夏总人口630.14万人,少数民族占35.7%(2005年);云南总人口4 631.0万人,少数民族人口占33.37%(2012年);内蒙古总人口2 413.75万人,少数民族人口占21.37%(2007年)。

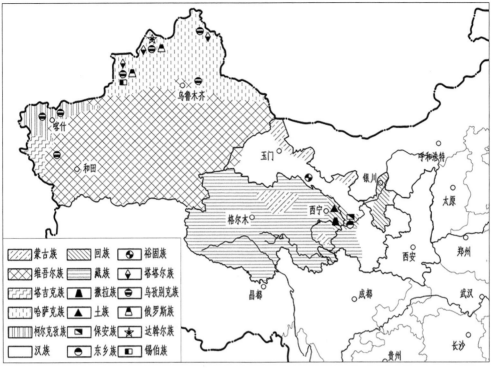

图5.2 西北五省民族分布略图

资料来源: 作者描绘(引自: 兰州大学人口研究室.西北人口[M].西北人口编辑部, 1980: 60)。

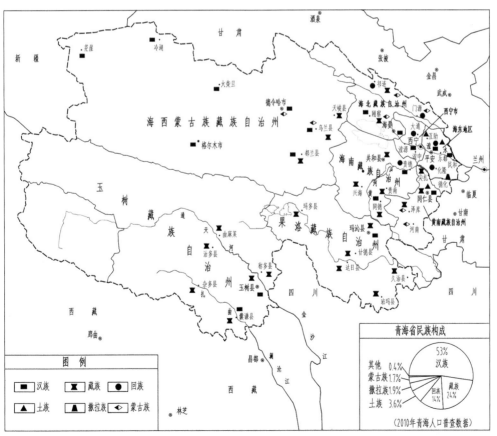

图5.3 青海省民族分布示意图

资料来源: 作者调研分析整理绘制。

海的民族有汉族298.35万人（占全省总人口53%）、藏族137.51万人（占全省总人口24%）、回族83.43万人（占全省总人口14%）、土族20.44万人（占全省总人口3.6%）、撒拉族10.71万人（占全省总人口1.9%）、蒙古族9.98万人（占全省总人口1.7%）[1]。青海省内有民族自治州6个，民族自治县7个[2]，占全省总面积的90%以上。以上说明，青海少数民族比例庞大、民族众多，民族文化多元。这为本书限定了特定的人文环境背景，表明地区民族文化多样性是相关研究不可忽视的重要因素。

表5.1　我国少数民族省份人口状况分析

省　份	少数民族人口比例	少数民族人口	全省总人口	统计年度
西　藏	91.83%	275.68	300.21	2011 年
新　疆	60.70%	1 271.78	2 095.19	2007 年
青　海	46.98%	264.32	562.67	2010 年
广　西	38.34%	1 993.30	5 199	2010 年
宁　夏	35.70%	224.96	630.14	2005 年
云　南	33.37%	1 545.36	4 631	2012 年
内蒙古	21.37%	729.52	2 413.75	2007 年

资料来源：作者依据各省人口统计数据整理绘制。

5.1.2　游牧与农耕双层品格

青海所处的地理环境是青藏高原与西北黄土高原的交汇处，这里海拔较高，山大谷深，西部多以游牧为主，东部多以农耕方式为主。受海拔地势垂直高差的影响，即使在东部农业区内也有部分畜牧业的存在，同样在青南牧业区河谷地带也有部分农业经济存在。因此，青海部分地区农牧与农耕交错存在，这意味着从事不同农业方式的少数民族聚居在同一片土地上，其生活方式和宗教习俗之间发生着潜移默化的影响和融合。有史以来青海就是西北游牧民族与农耕民族交融碰撞的地区，几千年里西北游牧文明与农耕文明此消彼长，说明该地区同时具有游牧与农耕的双层品格。

5.1.3　西北儒释道、藏传佛教、伊斯兰教多元文化交融

如前所述，青海是西北多元民族宗教文化叠加地区，信奉中原儒、道思想的汉族与信奉藏传佛教的藏、土、蒙古族，以及信奉伊斯兰教的回、撒拉族共同组成青海特有的地域文化。各民族文化源流各不相同，根据历史学者研究，早在秦汉时期中原文化就深入此地，藏传佛教是在公元7世纪吐蕃时期兴盛，并灭吐谷浑后在青海逐渐形成，青海伊斯兰教是在元明时期从中亚东迁的波斯、突厥人在此定居而逐渐

---

[1]　2010年青海省第六次人口普查 .http://www.qhtjj.gov.cn/tjfx/201307/t20130704_52178.asp.

[2]　青海省内6个自治州是：海西蒙古族藏族自治州、玉树藏族自治州、果洛藏族自治州、海南藏族自治州、海北藏族自治州、黄南藏族自治州；7个自治县是：互助土族自治县、大通回族土族自治县、循化撒拉族自治县、化隆回族自治县、民和回族土族自治县、河南蒙古族自治县、门源回族自治县。

形成①。不同宗教思想信仰下的各族人民,共同生活在同一片蓝天下,他们之间存在着密不可分的内在联系,共同组成和谐共生的人居环境。不同宗教信仰下人们的意识形态、伦理道德、审美情趣、社会心理以及生活方式和居住习惯存在或多或少的差异,但是民族与民族之间和谐相处、互通有无,形成一定意义上的"生物多样性"的地区特质。青海是我国文化多样性的典型地区,针对当前全球文化趋同的背景下,该地区具有重要的研究价值。

5.2 青海多元民族建筑文化现状与发展分析

在经济全球化、产品工业化、信息网络化等因素共同作用下,各地区丰富多彩的地区文化正遭受着严峻的考验。尤其对于我国正处于快速城市化过程,城乡建设大规模建设时期,传统民居所具有的地区建筑特质正逐渐被城市化建筑模式所取代,地区丰富多彩的建筑文化濒临消亡。本节内容结合实地调研考察,针对青海目前既有民居建设现状,分析民族建筑文化发展所面临的困境,并从技术与人文融合的角度,指出建筑文化传承发展的必然趋势。

5.2.1 民族建筑文化发展困境

如今,随着社会经济的快速发展以及全球气候变化的影响,我国北方农牧交错地区普遍存在生态环境下降、土地沙化等生态安全问题,为此政府实行了多项农牧产业结构调整政策,土地利用与景观格局也正处于快速变化之中。随着生态移民、现代农业、生态农业方式的推进,原本从事相应的游牧和农耕的农牧民的生活方式正发生着重大的改变,目前不论游牧还是农耕,农牧民所居住的建筑空间趋向城市化的单一模式,农牧民自组织式的民居营建的本土脉络衰落,从而引发人们对民族建筑文化生存现状的担忧。

科学技术的快速发展一方面带来了地区物质上的丰富,同时也带来了地区建筑文化的趋同。受此影响,青海多元的民族建筑文化正趋向单一化,千篇一律的"土改砖""平改坡",以及类似于全国"彩钢瓦屋顶"的形象工程正盲目开展,原先丰富多彩的高原乡土建筑大有被城市化的钢筋混凝土所淹没的趋势,高原特色的乡土景观遭到日趋严重的破坏。高原地区原本多元的民族建筑文化正面临发展的困境,纵观其现象及其背后原因主要体现在以下方面。

1. 困境的表象

(1)现代技术与传统文化的背离。时代正大踏步地发展,技术也日新月异地改变着,在这全球化的时代,技术的传播迅速而高效,同时也带来对地区民族文化的漠视,出现技术与文化的冲突和不相容。调研中发现,当地盲目移植城市化的建筑技术,乡村中出现"欧陆风"的小洋楼等现象。现代网络信息的传播和现代化的运输手段,为现代技术的推广提供了条件,但它忽视了地区居民精神世界的认同感,与多

---

① 崔永红.青海通史[M].西宁:青海人民出版社,1999:268.

样化的民族意识观念和审美情趣相背离。

（2）工业化建筑产品的文化趋同。传统技术水平和交通条件，只能依靠自然赋予人们的本土资源建筑房屋。但如今已大不相同，随着交通、技术的发展，不论天南海北不同地理环境，我们有足够的能力实现使用相同的建筑材料去建造房屋。人们对传统材料的态度正发生改变，如今已不再像传统手工社会受到技术等条件的制约，加之城市化的审美取向，乡村民居建设对本土材料的依赖程度正逐渐减弱，人们错误地认为城市化的建筑材料乃至建筑风格是好看的，导致从城市到乡村建筑的雷同。在当前如火如荼的商品经济环境下，大量工业化、批量化的建筑产品和材料正从城市蔓延到乡村。我国东部经济较发达的省份已经很少能够看到极具地域特色的乡土建筑了，基本上已经被千篇一律的钢筋混凝土建筑所代替，仅有的一些乡村也成为一种博物馆式的没有活力的展示建筑，失去了作为民居生产生活的本质。值得庆幸的是青海地处偏远、交通不便，境内仍有一些集生产生活为一体与周围自然环境和谐共生的乡土聚落，但是它们的命运正步东部地区的后尘，城市化所谓的现代建筑正在高原乡村蔓延。盲目的工业化建筑模式所带来的建筑样式趋同，正在改变高原地区传统多元化的建筑文化。

（3）建筑空间形态单一。多元民族文化集中地区，不同民族生活方式有较大差别，人们对居住空间的要求也不尽相同，由此带来建筑空间形态的多样化，但事实并不尽如人意。如前所述，诸如生态移民新村、游牧民定居点等政府主导型新居建设，社区"兵营化"布局，一方面社区形态机械呆板，缺少与地形地貌的融合以及缺少与民族宗教信仰相配套的公共设施；另一方面，单体居住建筑空间形态千篇一律，忽视不同民族宗教生活习惯，缺少必要的宗教生活空间。从农牧民自助建造型民居来看，由于缺乏必要的科学指导以及模仿城市化建筑模式，空间组织不合理，并不能满足新时期生产与生活的双重要求，出现诸如现代家居设备无处安置、民族文化衰落和现代生产工具与传统院落空间尺度不符等现象（表5.2）。

2. 困境的原因

（1）缺乏本土适宜技术。这反映出现代技术与地区传统文化缺乏融合，一方面大工业的生产企业不愿意增加生产成本去满足不同地域建筑的文化需求，另一方面传统技术又缺乏必要的更新，来不及消化吸收现代技术，盲目套用城市化的建造技术。总之没有形成适应新时期条件下的本土适宜技术。

（2）忽视居民主体地位。民居建筑不同于城市建筑，民居建筑往往是一种"自下而上"自主型的建造过程，但目前在政策环境的推动下民居建筑往往又是"自上而下"教条式的建设状态。农牧民的主动性和积极性并没有完全发挥出来，出现"赶农民上楼"的情况，农牧民对自身宗教民族文化的要求没有得到充分的满足。

（3）民居建设缺乏科学指导。技术的进步致使人们的选择范围扩大，建筑的样式、材料、设备都比传统建筑有了较大的变化，但这些新技术、材料与传统民族文化缺少必要的联系，导致建筑风貌的杂乱无章以及高原特色乡土景观逐渐丧失。这反映出缺乏必要的民居建设风貌控制导则，对建筑形体关系、色彩、屋顶坡度、门窗样式、园林布局等缺乏建设指引。特色民居风貌控制导则的制定对地区多元民族乡村景观的有序发展具有积极意义。

表5.2 青海多元民族建筑文化发展困境分析

困 境 的 表 象			困 境 的 原 因
技术与文化的背离  平安县小洋楼	 共和县移民新居	 门源县欧式别墅	物质层面：缺乏本土适宜技术；传统技艺失去活力；对传统材料的排斥
工业化产品的趋同  格尔木市建筑加建彩钢瓦	 班玛县平顶加建彩钢瓦	 祁连县坡顶加建彩钢瓦	精神层面：忽视居民的主体地位；民族文化自觉意识淡化
建筑空间形态单一  贵南县兵营式新村	 天峻县牧民定居新村	 称多县牧民定居新村	

资料来源：本书观点，作者制表、拍摄（拍摄时间集中在2011年至2012年期间）。

（4）民族文化自觉意识淡化。所谓"文化自觉"①，是指生活在一定文化历史圈子的人对其文化有自知之明，并对其发展历程和未来有充分的认识，是文化的自我觉醒，自我反省和自我创建②。当前人们盲目采用城市化的建设模式，对自己本民族建筑文化缺少足够的信心，从一个侧面反映出优势文化对边远弱势文化的巨大冲击，但这不应成为放弃本土文化的理由，相反单一文化、全球化愈是强劲，人们对本土民族文化认知愈应重视和珍惜。从当前青海乡村旅游的现状看，人们重新审视自己民族的传统文化，兴建了许多原汁原味的民族乡土民居建筑，但是从文化自觉的自我创新的角度看，民族建筑文化传承和发展仍旧引人深思。

5.2.2 走向技术与文化的融合

"全球化和多元化是一体之两面，随着全球各文化包括物质的层面与精神的层面之间同质性的增加，对差异性的坚持可能也会相对增加。"③ 这并不意味着对传统文化的"复古"，而是技术的发展与地区民族文化的融合。由于技术为人所制造同

---

① "文化自觉"是费孝通1997年提出，此后不断将其理论予以充实和完善。2003年在第八届"现代化与中国文化"研讨会上，做了进一步的阐述。文化自觉首先要认识自己的文化，理解所接触到的多种文化，才有条件在这个正在形成的多元文化的世界里确立自己的位置。经过自主的适应，和其他文化一起，取长补短，共同建立一个有共同认可的基本秩序和一套与各种文化能和平共处、各抒所长、联手发展的条件。
② 费孝通.对文化的历史性和社会性的思考[J].思想战线，2004（2）：1-6.
③ 吴良镛.国际建协《北京宪章》——建筑学的未来[M].北京：清华大学出版社，2002：235.

时服务于人，因此不可避免地应将人的因素放置在技术的中心位置，技术的发展必须考虑人的因素，不能割裂与地域文化的联系。这种对待技术的态度被称为"技术的人文主义"①，正如阿尔瓦·阿尔托（Alvar Aalto）所强调的那样："只有把技术功能的内涵加以扩展，直至覆盖心理范畴，才能真正使建筑成为人的建筑。这是实现建筑人性化的唯一途径。"

1. 文化多样性与技术的人文倾向

随着全球化、信息化的深入发展，人们突破传统意义上的交通、通信条件的制约，思想文化观念正走向更为广泛的交流和传播。与此同时，受到全球强势文化的冲击，从生产方式到生活方式甚至吃、住、行等具体事物大有趋同泛滥之势，地区本土的文化特色正走向雷同。有学者对此抱有乐观态度，库哈斯（Rem Koolhaas）在其1995年出版的《广普城市》（*Generic City*）书中，认为无个性、无历史、无中心、无规划的普通城市是未来城市发展的方向。库哈斯是反历史主义的，相对历史文脉、场所精神，他更对信息化和城市化抱有乐观的态度和极大的热情②。但是，正是由于全球化、信息化带来的趋同使我们重新审视我们的传统以及传统背后先人们的思想和智慧，地区的、民族的、本土的传统文化被我们重新挖掘，传统文化正焕发新的活力。由此，民族的传统文化正受到人们越来越多的重视。人们愈发认为维护世界文化多样性是可持续发展的基本保证，保护自然界的生物多样性和社会的文化多样性同等重要，这种认识逐渐被世界各国人民和政府所认同。1992年世界环境与发展高峰会议通过的《生物多样性公约》和2005年10月联合国教科文组织会议正式通过的《保护和促进文化表现形式多样性公约》充分表达了世界各国的这种共识③。对于青海多元民族文化汇聚的省份，文化多样性的保护和发展具有重要意义。

按照人类生态学的观点，文化的多样性与环境的多样性是有着必然联系的④。如前所述青海是青藏高原与黄土高原的交汇处，产生了灿烂的游牧和农耕文明，属于我国典型的农牧交错带。这里山高谷深，地势垂直环境差异大，地区之间自然气候、资源地理、农业方式都不尽相同，这也是产生多元民族文化的自然物质基础。因此民居建设应注重自然地理环境的差异性，充分考虑民族文化、生活习俗的不同需要，保护和传承好高原特有的乡土人文环境。

由于技术与人及社会息息相关，因此不可避免要将人的因素放在技术的中心位置。相同的技术条件，但建筑创作的路径却存在较大差异。正如克里斯·亚伯（Chris Abel）在其书中对诺曼·福斯特（Norman Foster）和弗兰克·盖里（Frank Gehry）不同创作方向的论述那样，福斯特在他的德国新议会大厦的设计中，利用高新电脑软件技术模拟自然通风和进行节能分析，同时圆顶的造型与老国会大厦取得了很好的新老联系；同样的高科技电脑软件技术，盖里在其毕尔巴鄂古根海姆博物馆项目中，却创造出造型独特、独树一帜的建筑形态（图5.4）。二者给我们留下的是

①　Ashby E. Technology and the Academics［M］. London: Macmillan, 1966: 81-97.

②　雷姆·库哈斯. 广普城市［J］. 王群, 译. 世界建筑, 2003（3）: 64-69.

③　裴盛基. 生物多样性与文化多样性［J］. 科学, 2008, 60（4）: 33-36.

④　周鸿. 人类生态学［M］. 北京: 高等教育出版社, 2001: 65.

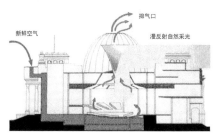

（a）德国新议会大厦	（b）西班牙毕尔巴鄂古根海姆博物馆
（福斯特设计，通过高新技术，在保留传统意向的同时，实现建筑的节能）	（盖里设计，通过高新技术，更为关注形式与空间的艺术感受）

图5.4　同样的高技术产生两种不同的文化倾向

资料来源：互联网，作者整理绘制。

截然不同的印象，这说明即使我们具备同样的高科技手段，但创作的文化价值取向却存在很大的不同[1]。技术毕竟是为人所用，脱离对人的生理及心理的诉求的回应，技术不会被人们所认同，因此技术的人文价值取向在当今文化多样的强烈诉求下，越发得到重视和运用。

2. 设计链接历史和未来

建筑形式的意义与地方文脉相连，并解释着地方文脉，但这并不意味着建筑设计仅仅就是重复历史。创造性的设计可以链接历史和未来。没什么东西可以无中生有，我们的任何设计总是有最初的来源，传统文化是其重要的思想源泉，但传统既是潜在的新思想的萌发处，也是潜在的障碍，这需要我们辩证地思考与判断。创新重要的特征在本质上是一种整合的过程。创新不只是打断过去，而是要寻求一种新的范式，这一范式植根于本土传统的土壤中。如比较成功的地域乡土建筑创作作品，印度的查尔斯·柯里亚（Charles Correa）[2]和埃及的哈桑·法赛（Hassan Fathy）[3]从各自国家的传统文化中汲取营养并与当代相关的要素相结合，创作出与地域文化相呼应的现代乡土建筑（表5.3）。

---

[1]　Chris Abel. *Architecture, Technology and Process*［M］. Kidlington, Elsevier Ltd, 2004.（书中，Abel指出，"作为每一种传统的杰作，每一栋建筑互为参照的尺度，以不同的语境或评价标准，根据不同信仰体系进行比较。当我们对两座不同的建筑进行比较时，我们比较的是它们不同的语言，它们具有各自的规律和内在的逻辑，分别对现实进行完全不同的解读。因此，我们不只是比较建筑，而且是比较思想，比较价值观。"）

[2]　汪芳.查尔斯·柯里亚［M］.北京：中国建筑工业出版社，2003.

[3]　樊敏.哈桑·法赛创作思想及建筑作品研究（硕士论文）［D］.西安：西安建筑科技大学，2009.

表5.3 发展中国家现代地域建筑创作分析(乡土民居类)

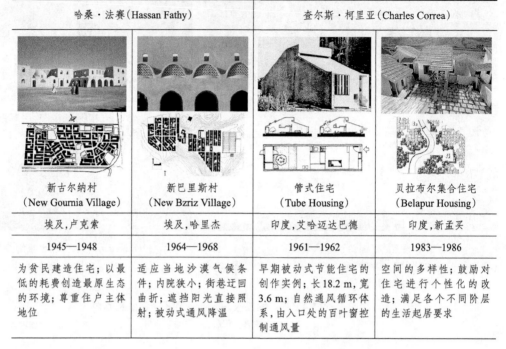

哈桑·法赛(Hassan Fathy)		查尔斯·柯里亚(Charles Correa)	
新古尔纳村 (New Gournia Village)	新巴里斯村 (New Bzriz Village)	管式住宅 (Tube Housing)	贝拉布尔集合住宅 (Belapur Housing)
埃及,卢克索	埃及,哈里杰	印度,艾哈迈达巴德	印度,新孟买
1945—1948	1964—1968	1961—1962	1983—1986
为贫民建造住宅;以最低的耗费创造最原生态的环境;尊重住户主体地位	适应当地沙漠气候条件;内院狭小;街巷迂回曲折;遮挡阳光直接照射;被动式通风降温	早期被动式节能住宅的创作实例;长18.2 m,宽3.6 m;自然通风循环体系,由入口处的百叶窗控制通风量	空间的多样性;鼓励对住宅进行个性化的改造;满足各个不同阶层的生活起居要求

资料来源:作者研究整理、制表。

3. 寻求建筑文化的连续性

吴良镛先生提出,"现代建筑地区化,乡土建筑现代化"[1],从中我们发现不论是地区化还是现代化,地域文脉的"传承有序"是其显著特征。它突出反映在地域建筑文化的"连续性"。这种连续性表现在:① 本土技艺的有序更新;② 本土建材的优化利用;③ 本土空间形态的更新改造;④ 本土营造智慧的传承与发展。可以说连续性离不开"本土"和"更新"两个重要因素,离开本土意味着地域文脉的中断,建筑处于"无根"状态,建筑文化的连续性更无从谈起;离开了更新意味着建筑文化的停滞,地域文脉将失去活力,最终也会走向衰亡。设计的意义恰恰就在于此,用科学的设计方法传承地域文化,保持民族精神空间的连续性,这也是组成本研究适宜模式建构的重要方面之一。

5.3 青海乡土民居更新设计多样性表达

面对高原地区丰富多彩的民居建筑文化,单一化的某一种形式或方法并不能满足民居更新建设的实际需要,我们应清晰地认识到不同地域环境及民族文化的差异,即使在相同地域环境下也存在居住个体之间的差异。因此,在乡土民居更新建

① 吴良镛.乡土建筑的现代化现代建筑的地区化——在中国新建筑的探索道路上[J].华中建筑,1998(1):1-4.

设中宜采用多样性表达方式,保护和传承高原地区多元的民族文化。本书对青海乡土民居更新多样性表达的讨论主要体现在:民居地域文化的多样性、生产生活空间的多样性、民族建筑语言的多样性三个方面。

5.3.1 "多样性表达"概念解析

文化是人的一切行为方式的表达,表达是文化的一个重要功能[①]。本书提出的"多样性表达"是指在特定建筑语境下民居更新设计的多种表达方式。表达和语境源于语言学的概念。"表达"一词用语言学的解释是将思维所得成果用语言、表情、行为等方式反映出来的一种行为,它具有语言的针对性、多样性、恰当性、丰富性和情感性。"语境"(context)即言语环境,广义地来看它包括时间、空间、情景、对象等因素[②]。

1. 语境——此人(人间)、此时(时间)、此地(空间)

本书从建筑专业的视角提出的语境概念具有人间、时间、空间三个方面的含义。从"人间"视角来看,语境强调居住者的主体地位,住户是民居投资、建设、使用的主体,即使是同一地域、同一民族,若民居的使用主体不同,建筑的表达仍需有针对性和多样性,因此语境的表达脱离不了对人的关注。从"时间"上看,语境强调当前的民居建设,着眼此时民居发展中的问题和现象,传统民居建筑文化固然特色鲜明,但与当前生产生活和文化观念处于何种状态,设计如何衔接过去与未来,对当前生产生活方式以及技术条件和经济水平的关注是本书语境表达的重要方面之一。从"空间"上看,不言而喻这里语境强调建筑的地域性,地域的概念具有同一地域和不同地域之分,同一地域意味着本土本乡,不同地域意味着此乡和彼乡,但对民居建筑而言,它实实在在地存在于特定的地域环境中,因此语境离不开它的空间属性。

2. 表达——针对性和多样性

本书提出的"表达"具有以下含义:① 语境对表达具有界定作用。任何语言的表达都离不开特定的语言环境,对特定表达的对象的关注,以及考虑到所在地区自然环境和所处的时间阶段等,这些要素都对语言的表达做出要求,只有对以上有一综合的回应,表达才具有较高的清晰度和准确性。对于民居建筑更新而言,同样需要清晰辨别建筑更新中的诸多制约因素,有针对性做出恰当的表达。② 表达具有多样性。语境本身具有多样属性,表达也理应多样。比如对青海多元民族建筑文化而言,汉、藏、回、土、撒拉、蒙古族等民族各自的生产生活方式不尽相同,聚居的自然地理环境和生活习俗有较大差异,民族文化语境丰富且多元,在当前民居更新建设中理应采取多样化的表达方式。

---

① 赵旭东.文化的表达:人类学的视野[M].北京:中国人民大学出版社,2009.

② 语境这一概念最早是由波兰人类学家马林诺斯基(B. Malinowski)在1923年提出来的。他区分出两类语境,即"语言性语境"和"非语言性语境"[曾绪.浅论语境理论[J].西南科技大学学报(哲学社会科学版),2004(6):95-98]。

5.3.2 民居地域性的多样化表达

地域性是指某一地区的自然地理环境、经济地理环境和社会文化环境方面所表现出来的特性，是某一地区有别于其他地区的特点。地域性是建筑的基本属性之一。地域文化（regional culture）是指特定区域源远流长、独具特色，传承至今仍发挥作用的文化系统，是特定区域的生态、民俗、习惯等的文化表现（图5.5）。

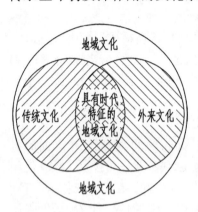

图5.5 地域文化范畴示意图
资料来源：王纪武.人居环境地域文化论：以重庆、武汉、南京地区为例[M].南京：东南大学出版社,2008：27.

地域文化并不是一成不变的，它总是处于运动发展过程中，只不过它的改变所需时间较长，因此在一定时期内它又表现为相对的稳定性和独特性。青海地域辽阔，总面积72.12万 km²，约占全国总面积的7.5%，由于自然地理环境的差异和历史上经济社会发展水平的不平衡，使青海地区的历史文化形成了较明显的地域差异。随着长期的历史演化和地域分工，目前逐渐形成了河湟文化、环湖文化、柴达木文化和三江源文化四个主要的地域文化区（图5.6）。

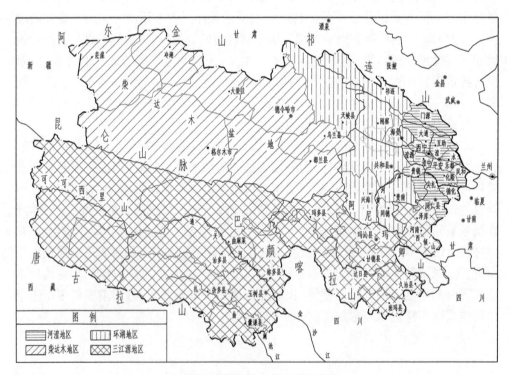

图5.6 青海地域文化分区示意图

注：示意图绘制参考① 卓玛措.青海地理[M].北京：北京师范大学出版社,2010：136中自然区划；② 张忠孝.青海地理[M].北京：科学出版社,2009：6中青海农牧业经济区划；③ 王昱.青海历史文化与旅游开发[M].西宁：青海人民出版社,2008：39中对地域文化区划的有关观点。
图片来源：作者整理分析绘制。

如前所述，青海地大物博，民居类型的地域差异性明显，这对乡土民居更新提出了具体要求，即民居更新应体现出各自地域文化特色。如今随着新技术、新材料的涌现以及外来强势文化的冲击，这种地域特征的多元属性正面临着趋同和单一化的困境，有必要重新审视青海多元的地域文化，探讨乡土民居更新的应对策略。

1. 河湟地区与民居更新——"河湟庄院"

河湟地域文化：河湟文化区是指青海东部黄河、湟水、大通河谷地的农业区。该区面积约 3.69 万 km²，占全省面积的 5.18%，却养活了全省约 68% 的人口，人口密度达 96.61 人/km²，约是青海省平均人口密度的 13 倍①。河湟文化区是以汉族为主体，兼有回、藏、土、撒拉族等多民族聚居地区。其中互助土族自治县、循化撒拉族自治县分别是全国唯一的土族、撒拉族自治县。这里也是全省农业生产方式类型最为多样和民族分布最为集中的地区，汉、回、撒拉族多分布在海拔较低的川水（1 650 ～ 2 300 m）、浅山（1 800 ～ 2 800 m）农耕地区，土族和少量藏、蒙古族分布在脑山半农半牧地区（2 700 ～ 3 200 m），高山草甸地区（3 200 m 以上）多为藏、蒙古族游牧范围。河湟地区山体纵横交错，因此民族分布呈现出大分散小聚居的特点。

民居更新地域文化表达：如前所述（2.4 节），虽然各民族宗教信仰和文化习俗不同，但共同面对着相同的自然气候和资源环境，他们的居住形态基本相同，共同以庄廓作为自己的居住建筑。但是在聚落形态、民居外观、门楼以及装饰构造上又存在较大的差异，每个民族都极力在民族符号、形态上标明身份，以便强化民族文化的认同感。正如前文所提到的那样，城市化的快速推进和现代技术材料的广泛普及，河湟地区原本丰富多彩的高原乡土聚落和民居建筑正倾向于城市化、单一化的发展趋势，地域特色文化面临着生存困境。为此针对河湟地域文化特点在民居更新中应注意以下几点：

① 旧村改造——保护川水、浅山、脑山地区聚落乡土景观。河湟地区乡土聚落景观类型最为多元，尤其是在不同地形地貌间形成的人与自然和谐相处的乡土人居环境，是青海高原特色乡土的最佳范例，因为它囊括了农耕、半农半牧、游牧聚落的基本特质，河湟地域建筑可以称为青海高原特色民居典型代表。为适应现代生产生活方式，应对以上不同地区传统聚落进行有序更新和改造。具体体现在：逐步完善基础设施，如水电、垃圾收集回收；道路整治，如完善宽、中、窄道路体系；增加必要的公共设施，如商店、健身场、村民中心；老旧建筑的更新整治，如加固危房、整治村容村貌等。

② 移民新村——完善公共设施，体现民族文化特色。随着生态移民、牧民定居的深入开展，新型社区的建设数量逐渐增多，新居在满足农牧民物质生活需要的同时，应考虑到民族文化精神生活的需求。信仰藏传佛教的少数民族的新社区应设置必要的宗教设施，如村庄入口标志物（佛塔、经幡等），有条件规模较大的社区可在地势较高的地区修建小型寺庙，满足少数民族宗教文化信仰的需要。信仰伊斯兰教的少数民族新社区，有条件的应提供穆斯林礼拜的清真寺，并在社区规划之初体现出"围寺而居"的民族聚落文化特色。

（a）传统庄廓民居优化更新　　　　　　　　（b）适应现代生产方式的新型庄院

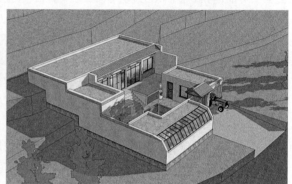

（c）适应降雨较多地区的双坡民居　　　　　　（d）适应坡地的台地式新型庄院

图5.7　"河湟庄院"多样性表达创作方案

资料来源：作者方案设计、制图。模型由西安建筑科技大学2009、2010级研究生剧欣、赵威娜、赵一凡、张瑞涛、张璠、霍敏绘制。

③ 民居建设——更新传统庄廓民居，在建筑装饰构造等方面突显民族特色。在延续庄廓生态经验的基础上，引入现代技术与绿色建筑设计方法（见第4章）优化更新传统民居。庄廓是河湟地区各族群众共同的居住类型，在新民居建设中应注重地域建筑风格统一，同时在民居装饰构造等方面彰显不同民族建筑文化。如藏、土、蒙古族庄廓中的佛堂、中宫、煨桑炉、经幡旗杆等具有民族特色的建筑元素，应在新民居建设中得到传承。回、撒拉族的经堂、内院花园、砖雕等与建筑设计融为一体，实现传统民居的现代化，同时彰显出各民族的乡土建筑特色（图5.7）。

2. 环湖地区与民居更新——"环湖藏居"

环湖地域文化：环湖文化区主要是指环绕青海湖、地处祁连山地和阿尼玛卿山之间的广阔地域，中部由青海湖盆地、共和盆地、同（德）兴（海）盆地等组成，面积为9.3万 km^2，占青海全省面积的13.10%，人口约42.97万人，占全省的7.85%，人口密度为4.61/km^2[①]。该区人口分布不平衡，大量人口分布于北部的黑河谷地、南部的共和盆地以及青海湖湖滨地带。环湖地区有着丰富的古代文化，也是西北多元民族文化交融更迭的大舞台。从汉武帝起到明朝中期先后有羌人、汉族、鲜卑族、藏族在此生

---

① 卓玛措.青海地理［M］.北京：北京师范大学出版社，2010：166.

存居住。明正德时期，东蒙古占据青海湖地区，藏族被迫迁居黄河以南。清朝咸丰时期藏族部落北渡黄河，还居环海地区，世称"环海八族"[①]。至此，藏文化成为环湖地区代表性的文化。除藏族以外环湖地区还有蒙古族、汉族、回族，其中汉族多集中在共和、海晏城镇市区，回族集中于种植业较发达的河谷地区，如在祁连县附近。除此以外的地区多为藏族和蒙古族的广大牧区。

民居更新地域文化表达：环湖地区多为游牧民居建筑类型，如冬季牧场的土木房和夏季牦牛帐篷，庄廓仅在共和、同德、兴海等黄河谷地集中分布。环湖地区原本就是以牧业为主，牧民放牧点十分分散，但随着人口的逐步增加，环湖地区生态承载力降低，草场沙化等生态压力加大。目前该区面临现代农牧产业结构调整，推行生态移民、游牧民定居等工程，由此带来原先分散的牧民居住方式逐渐向乡镇及城区集中居住。这一方面缓解了草场过度放牧的生态压力，一定程度满足了牧民居住要求，但另一方面，由于缺乏适宜的规划和设计指导，出现新村兵营化布局、民族风貌缺失等问题。例如环湖地区的天峻县千户新村，以及贵南县过马营乡游牧民定居点，两地相隔250多千米，二者地理环境各不相同，但新村聚落形态却十分相似，都以兵营式进行布局（图5.8）。夸张的道路系统与人的行为模式不相符，笔直的道路多为500多米长，天峻县千户新村最长的道路达到了800多米，失去了合理的行为尺度以及高原特色景观应有的地域风貌。为此环湖地区新民居建设应注意以下几点：

① 新村建设应能与环湖地区自然风貌相融合。聚落形态与地形、地貌相结合，避免兵营式规划。聚落规划应与周边景观相协调，根据地形环境形成多样化的聚落形态。

② 彰显环湖地域文化，突出社区的民族特色，增加民族认同感。新建社区应与地域建筑文脉相协调，传承和创新游牧民族建筑文化。适当增加公共活动和居民交流空间，并使之与社区形态相融合。同时，在新村建设中应考虑到必要的民族宗教文化设施，如经幡、白塔等。

③ 建筑单体应进行统一规划，使之符合环湖地域特色。统一规划建筑形态、色彩、屋顶样式等，避免由于各自为政而出现的建筑风格杂乱、地域特色丧失的现象。

④ 提供多种户型，满足农牧民个性化需求。当前新村建设普遍存在户型类型单一，与农牧民多样化的生活状况并不适应。因此应提供多种户型方案，满足农牧民多样化的需求，同时以此也可以打破兵营式布局机械和呆板的建筑形态（图5.9）。

3. 柴达木地区与民居更新——"绿洲新居"

柴达木地域文化：柴达木文化区位与青海省西北部，行政区划相当于除天峻县（划入环湖文化区）以外的海西蒙古族藏族自治州全境，面积约26.96 km²，占全省的37.86%，人口约34.3万人，占全省的6.43%，人口密度约1.4人/km²，城镇人口比重高达65%。全区有汉、蒙古、藏、回、土、撒拉族等民族，其中汉族占78.43%，少数民族占21.57%[②]。柴达木地区文化历史悠久，早在西周时期这里就存在诺木洪古代文化，是当时青海古羌人所创造的一支早期文化，之后有吐谷浑文化（公元329—663年）、隋

① "环海八族"指移入黄河以北环湖地区的河南八个藏族部落，即千卜录、刚咱、汪什代克、都秀、完秀、曲加羊冲、公洼他尔代、拉安部落（引自：王昱.青海历史文化与旅游开发［M］.西宁：青海人民出版社，2008：44）。

② 卓玛措.青海地理［M］.北京：北京师范大学出版社，2010：195.

（a1）千户新村鸟瞰　　　　　　　　　（a2）千户新村照片

（a）天峻县游牧民定居的千户新村

（b1）过马营乡牧民新村鸟瞰　　　　　　（b2）过马营乡牧民新村照片

（b）贵南县过马营乡游牧民定居新村

图5.8　当前聚落兵营化、建筑单一化，致使民族特色缺失

资料来源：(a1)、(b1)来自互联网;(a2)、(b2)作者拍摄(拍摄时间：2012年7月)。

朝汉族文化（公元612年左右）、吐蕃文化（7—9世纪）、元朝蒙古文化（公元1271—1368年）、明朝汉族文化（公元1433年左右）。明正德时期，东蒙古诸部进入青海，清雍正时编定蒙古29旗，统归青海办事大臣管辖。清咸丰时，黄河以南藏族部落北迁，部分藏民进入柴达木地区。民国时，柴达木地区仍有蒙古诸旗驻牧，汉族、藏族、哈萨克族、撒拉族、回族等民族逐步迁徙至此，形成多民族杂居的局面，其中蒙古族、藏族是少数民族人口的主体[①]。

　　民居更新地域文化表达：柴达木地区是我国最干旱的地区之一，它位于我国海拔最高的封闭型内陆盆地，降雨量稀少，干燥度大，自然条件严酷。1949年以前几乎没有农业和工业，仅是作为藏族、蒙古族等少数民族的游牧地，人口相对稀少。因此，类似河湟地区的传统农业聚落在柴达木地区基本没有，传统民居建筑类型仅为

---

①　王昱.青海历史文化与旅游开发［M］.西宁：青海人民出版社,2008：45.

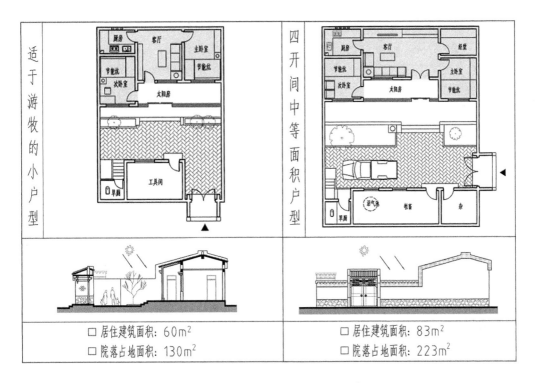

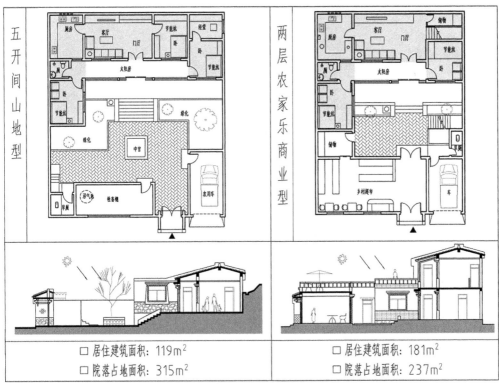

图 5.9 "环湖藏居"多样化表达创作方案

资料来源：作者方案设计，制图（方案设计及制图时间：2012年9月至12月）。

少量的低矮土坯房，仅有的大型传统建筑也多为寺庙建筑，如都兰县香日德镇班禅寺院。1949年后，随着盆地荒地开垦和矿产资源勘探开发，人口迅速增加。人口多集中在新建的城市如德令哈市（1988年设立）、格尔木市（1980年设立），以及大型的绿洲农场如诺木洪农场。至此柴达木地区居住建筑基本为近代新建的城市建筑和农场民居建筑。因此，柴达木地区民居建筑文化具有自身的特殊性，与河湟庄廓、青南碉房民居相比，柴达木地区民居发展历程较短，地域建筑特色相对不明显。柴达木地区民居建筑主要为近现代建筑，可以说能够体现出柴达木地区自然与人文的地域建筑类型并没有形成，随着该地区开发程度和人口数量的增加，城市规模的扩展和农牧区乡村建设量逐年加大，柴达木地区乡土建筑正处在重要的历史变革时期。如何在新时期下创作适宜于该地区的民居建筑，发挥地区自然资源优势，创新民居建筑设计，实现地区自然与社会发展相和谐的人居环境，是当前该地区城乡建设的重要历史任务（表5.4）。

随着城乡一体化的逐步推进，游牧民定居等新民居建设广泛开展，由于柴达木

表5.4 柴达木地区民居发展历时性分析

	聚　　　落	单体民居建筑	备　注
中华人民共和国成立初期	（a1）都兰县诺木洪农场	（a2）早期集体联排式民居	简陋空间矮小
新农村建设时期	（b1）乌兰县柯柯镇移民新村	（b2）新村民居建筑	兵营化单一化
近期	（c1）格尔木市大格勒乡新村规划方案	（c2）新村欧式民居方案	缺乏地域特色

资料来源：（a1）、（b1）来自互联网，其余作者调研拍摄（拍摄时间：2011年5月）。

地区民居建筑地域特征不明晰,各地区各自为政,民居建筑多为风格杂乱的现代式小洋楼。一方面,新建小洋楼过分依赖外来技术和材料,本土地域特色没有发挥出来,可以说与江浙一带乡村建筑没有多大差别;另一方面,居住者的民族宗教信仰和生活文化习俗没有得到应有的重视,建筑空间形态基本雷同。对此,在新民居更新建设中应体现出柴达木地域特色,具体表现在:

① 基于该地区自然气候、本土材料以及地域文化,确立本土地域建筑特色。建筑是地域文化的重要载体,柴达木地区有别于青海其他地区环境,该区民居建筑类型发展相对滞后,更应挖掘本土地域潜在优势,确立该地区特色民居的营建模式。

② 发挥该地区自然资源优势,发展新型生态民居文化。柴达木可再生自然资源有两大明显优势。一是充足的太阳能资源,相比青海其他三区是最多的,平均每年高于 6 700 MJ/m^2,同时年日照时数在 3 000 h 以上。二是风力资源丰富,平均风速在 3 ~ 20 m/s 每年可达 5 000 h 之多[①]。因此,基于地区太阳能集风能资源优势上的新型生态民居是柴达木地区乡村民居建筑发展的重要方向之一,这也是确立该地区地域建筑特色不可或缺的重要因素之一。

③ 统一民居地域建筑特色,突出不同民族建筑风貌。处理好多样与统一的关系,一方面形成柴达木新型民居地域建筑文化特色,另一方面处理好不同民族对建筑空间形态、建筑装饰与民族色彩的多样化需求(图5.10)。

4. 三江源地区民居更新——"多彩藏居"

三江源地域文化:三江源是长江、黄河、澜沧江的发源地,即青南地区的地域文化,自古至今该地区与羌人文化、吐蕃文化、藏族文化有着密切联系。秦汉时期,三江源地区为西羌部落驻牧地区。魏晋南北朝时期,玉树及囊谦地区属苏毗女国政权(后亡于吐蕃),今果洛等地属党项羌的活动地区。隋唐时期,苏毗、党项与中央封建王朝通好,苏毗后被吐蕃征服,党项羌因受吐蕃逼迫,屡有北迁。宋代,囊谦部落头人归附南宋。元代,青南各地归中央王朝管辖。明代,青南藏区基本沿用元代旧制。清初青南藏区为和硕特蒙古属地。民国初,在玉树和果洛设行政督察区。三江源地区是青海省海拔最高的地区,是世界屋脊青藏高原的腹心地带,整个地域环境呈现出高阔博大、雄浑粗犷、原始纯真、大美厚重的自然面貌。区内果洛藏族自治州是长篇英雄史诗《格萨尔》产生的地方,该区是藏族集中聚居区,藏传佛教寺院众多,宗教意识十分浓厚。

民居更新地域文化表达:该区产业结构以草地畜牧业为主,高寒草甸土地覆盖度60% ~ 90%,传统民居建筑类型多以游牧帐篷和定居式的碉房为主。三江源地区土质多为高山岩石,这为碉房民居的形成提供了物质基础,与西藏昌都和四川甘孜碉房民居同属一种民居类型,具有相似的建筑文化。青南不同地区之间碉房也存在差异。玉树等地海拔高,居住的河谷地带海拔多在 3 600 ~ 4 200 m,降雨量相对较少(300 ~ 550 mm),冬季寒冷(1月均温为 –12 ℃),这里的碉房相对封闭,形态也较为规整,厚重的岩石墙体是其显著特征。然而在果洛州班玛县的碉房却与之有较大差别,这里是青海省降雨量最多的地区,年均在 70 mm 左右,这里也是青海林

① 刘明光.中国自然地理图集[M].北京:中国地图出版社,2007:102.

（a）蒙古族新型民居　　　　　　　　　（b）藏族新型民居

（c）游牧民新型社区规划

图5.10　柴达木地区"绿洲民居"多样化表达创作方案

图片来源：青海特色民居研究课题组，王军教授2010、2011级研究生绘制。

业最为发达的地区之一，因此这里的碉房突出的特点是石木结合，被称作擎檐柱式碉楼。

随着新的建筑技术和材料的涌现，传统碉房的建筑模式逐渐被废弃，取而代之的是城市化的建造方式。当前玉树灾后重建、游牧民定居等项目的深入开展，新建了大量的移民社区，新建筑抛弃了传统本土建筑材料和营建技艺，本土的地域建筑文脉没能得到有效延续，出现诸如坡顶红色彩钢瓦等与地域特征不协调的现象（图5.11）。

三江源地区是我国重要江河的源头，承担着稳定国家生态安全格局的重要作用，加之地区文化底蕴深厚，乡村人居环境建设应将生态环保放在重要位置，同时注重与地区文脉的融合，传承青南传统民居生态经验，结合现代技术材料优化更新乡土民居建筑。对此，三江源地区民居更新中地域性表达主要体现在：

（1）传承发展本地区碉房民居建筑特色。三江源地区有别于东部河湟、环湖和柴达木地区，其自身的地域建筑特色鲜明。为适应现代生产生活方式，应优化提升本土建筑技艺与材料，传承与发展碉房民居建筑艺术。

（2）发挥居住者的主体地位，鼓励自下而上的建造模式。灾后重建、牧民定居建

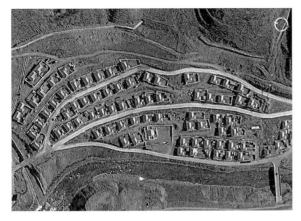

（a1）新村平面   （a2）现场照片

（a）房屋统一加盖红色彩钢瓦（玉树县栽星各玛新村）

（b1）新村平面   （b2）现场照片

（b）城市化的建造模式（称多县珍秦乡牧民新村）

图5.11　三江源地区牧民新村建设现状

资料来源：（a1）、（b1）来自互联网；（a2）、（b2）作者调研拍摄（拍摄时间：2011年8月）。

造的主体是政府，居住主体角色缺位，这不利于民居今后的修缮和改造，缺少农户的参与的民居建设，在建筑使用之后由于农户不了解建造方法，往往会出现对建筑的不合理改造等私搭乱建现象。政府主导下的民居建造方法是农牧民所不熟悉的，脱离了本土的营建模式，当地住户短时间很难适应，从而也降低了民族身份的心理认同感。因此，民居更新建设中应鼓励农户参与建造过程，熟悉建造方法，进而掌握现代本土建筑技术。

（3）民居建设应重视维护生态环境，从选址到材料的选用做到低碳环保。三江源地区是青藏高原生态安全格局的重要节点，人居环境建设生态意义重大。应注重从传统聚落民居营建智慧中吸取经验，如避风向阳、就地取材、结合地形等。同时引入现代生态设计理念，增加居住舒适度的同时减少能源消耗，减少对周边环境的破坏（图5.12）。

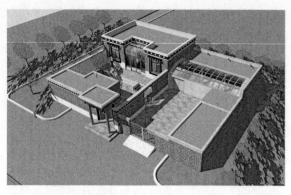

（a）三开间小型冬季牧场民居 　　　　　　　　（b）五开间游牧民新村民居

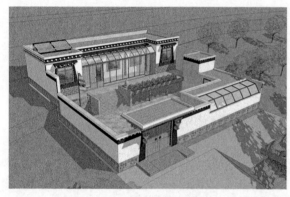

（c）山地环境下新型民居 　　　　　　　　　（d）联排式、集中式的新型民居

图5.12　三江源地区"多彩藏居"多样化表达创作方案

图片来源：作者方案设计、制图，模型由西安建筑科技大学2011级研究生何积智、魏友嫚、张博强、陈青、郝思怡绘制

（方案设计及制图时间：2011年11月至2012年5月）。

5.3.3　生产生活方式的多样性表达

乡村民居不同于城市住宅，有其自身的特殊性，生产的功用性是其重要特点，房子对农民来说不但是居住的工具，同时也是生产的场所，因此乡土民居更新设计不能脱离建筑的生产属性。生产方式是组成地域文化的重要方面，也是构成民族文化的经济基础。青海不同民族的生产方式各有不同，传统农业生产方式以农耕种植、游牧以及半农半牧方式为主。农牧民的人居环境在传统生产方式下缓慢发展，但是随着现代农牧业产业结构调整、生态移民、游牧民定居、迁村并点等项目的实施，现代社区型的新型聚落数量逐渐增多，同时也随着高原旅游的日渐升温，一些地区传统乡村转变为旅游型乡村，村庄的生产及村民的生活模式发生了较大变化。这些生产和生活方式新的变化，给地区多元民居建筑文化传承和发展带来了挑战和机遇。

从目前青海乡村生产生活具体状况来看，主要存在：传统农业型（生产与生活一体）、现代社区型（生产与生活分离）、乡村旅游型（生产、生活、经营一体）三种类型，当前每种类型中民居建设与农牧民生产和生活模式均存在众多问题，主要表现为忽视住户的生产方式、民居更新的单一化、样式风格的城镇化等。以上三种产业模式下的乡村环境是目前社会经济发展背景下的一种客观存在，它们之间既有相似之处又有差异,因此应针对不同的生产类型采取相应的民居更新对策。

1."传统农业型"(生产与生活一体)民居更新设计

传统农业生产方式的乡村聚落相对数量最多,人口分布也最多,它们也是构成地域特色乡土景观的重要元素之一。人们认知地域乡土景观首先是从传统生产方式下的乡土聚落开始的,它们承载着一个地区厚重的历史和文化。青海传统农业方式有农耕、畜牧和半农半牧型,它们具有以下共同特征:① 生产与生活一体,民居建筑同时要满足生产和生活的双重需要;② 沿用着传统的建造方式,房屋建造依然是自助或者邻里互助型,建造模式依然采用传统建造方式;③ 就地取材,沿用着本土的建筑材料和结构形式;④ 乡土气息浓郁,真实地反映着地域自然与人文特征;⑤ 没有建筑师的建筑,是居民主体意愿的真实表达。

但是,随着生产生活方式的改变,传统农业型民居建筑文化也在发生着改变,外来文化对原本较为封闭的传统文化带来了冲击。当前全球化、信息化正以难以想象的速度改变着我们生存环境的每一个角落。现代建筑技术与材料正消解着传统营建技艺,由于传统农业型村落基本为村民自助建造,缺少必要的建设指导,民居更新出现诸多问题。例如:① 建造方法新旧并置,建筑风貌不伦不类;② 居民自助建设中技术与材料新老并用,缺乏技术指导而显示出杂乱现象;③ 现代生产工具与传统民居空间尺度不适应,传统民居大门入口较小,满足不了现代农用机车的进入;④ 传统空间形态满足不了现代生活方式,现代家具电器使用空间与传统民居空间布局不协调;⑤ 缺乏技术指导,存在抗震设计不足等安全隐患,居民对新技术材料缺乏了解和掌握,又盲目抛弃老传统,带来建筑构造及结构上的安全问题;⑥ 盲目迎合城市化生活方式,民族文化逐渐弱化,原先具有民族特色的建筑元素,逐渐被城市化建筑语言所代替,多元民族文化趋向单一。

传统农业型的民居更新是乡村建设的主体,该类型民居承担着生产和生活的双重任务,其民居更新有别于移民新村,应具有自身的更新建设模式。由于传统农业型乡村民居建设往往是无序的,属于居民自助更新改造行为,建造的技术和材料十分杂乱和多变,很难做到统一有序。因此,制定民居更新风貌控制的政策引导是十分必要的。通过政策的引导,鼓励民居向着统一且有序的建设方向发展,将有利于高原特有乡土景观和民族建筑文化的保护和发展。政策引导的制定应注意以下几个方面:

(1)聚落形态层面——尊重传统聚落肌理,做到有序更新。聚落形态特征从一个侧面反映出村民的社会组织结构和宗教文化观念。青海民族宗教文化观念对聚落形态的影响表现在藏传佛教的"上寺下村"、伊斯兰教的"围寺而居"和儒家文化的"宗族祠堂"等方面,这些均在传统农业型聚落中存在。同时在以上文化观念的基础上,聚落随地形变化而改变,又凝聚着长期以来人们应对自然地理环境的建造智慧。因此对传统农业型聚落民居更新首先要尊重聚落形态的肌理,为满足现代生产生活方式需要,还应对传统聚落进行适当的更新和改造。例如村中基础设施的完备、道路体系的完善、危房整治和改造、公共服务设施的健全等。

(2)民居单体层面——适应现代生产生活方式,更新优化空间形态。空间是可以塑造的,民居空间形态的形成主要出于对地形、生产和生活模式的适应。对传统民居的更新建设而言,地形环境相对不变,但生产和生活方式如今发生了巨大改变,为适应现代生产方式,民居建筑应满足现代生产工具对院落空间的要求,例如农用机车对大门入口的宽度要求等。同样,为适应现代生活方式的需要,居住空间应能够满足现代家具电器的摆放要求,同时还要考虑到室内卫生间的设置。

（3）本土技术层面——新老技术融合,尊重传统营建技艺。生产生活方式变化带来民居空间结构的改变,势必对传统建造技艺提出新的要求。目前传统乡村民居建设现状是传统营建技艺还来不及消化突如其来的现代技术和材料,传统技艺俨然已逐渐被遗忘和抛弃,这也是当前传统民居更新中地域特色丧失的主要原因。现代技术的出现并不意味着传统技艺就一无是处。对依旧从事着传统农业生产的聚落民居而言,传统技艺所具有的就地取材、方法简便等优点仍具有重要传承价值。为突破传统技术材料的局限,应引入现代技术和材料,优化和提升传统技艺,使传统本土技艺焕发新的活力（图5.13）。

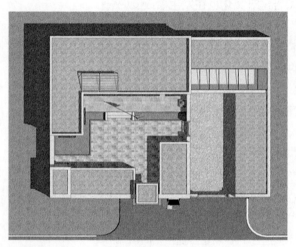

（a）总平面图

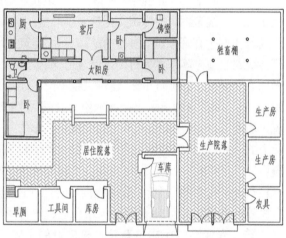

（b）院落平面图（生产与生活一体）

（c）效果图

图5.13 传统农业型民居更新方案

（三江源地区牧民新居）

资料来源:作者设计、制图,模型由西安建筑科技大学2011级研究生林道果绘制。

2. "现代社区型"（生产与生活分离）民居更新设计

"现代社区型"是指当前生态移民、游牧民定居、迁村并点等新建的居民社区。之所以称之为社区，是因为它以基本脱离生产的功能，趋向单一化的居住功能。从该类型民居的选址也反映出民居生产功能的弱化，如受政策的引导，规模庞大的新村建设多集中在乡镇周边，这里的用地属性也多为城镇用地，民居的生产功能正逐渐消失。因此这一类型的民居建筑有别于仍从事农业生产的民居，有其自身特点。具体表现在：① 生产空间与生活空间分离，分离并不意味着居民不再从事生产，部分新建社区是生产和生活的地点发生了变化，也有一部分社区从第一产业转变为第三产业；② 民居已不再是居民的自建行为而是由政府统一建设，从选址规划到单体建筑基本为政府主导的建设活动；③ 拥有较好的基础设施，生活水平有显著的提高，集中集约的居住模式和依靠邻近城镇基础设施，生活条件有了较大改善。

综上，现代社区型属于政府主导下的民居建设，居民一定程度上丧失了民居建设环节的主导地位，成为被入住的对象。传统生产生活中民居建设是由居民按照各自的家庭宗教习惯、家庭状况自主建设，而如今是由政府统一建设，不免会出现一些问题：① 新村多兵营式布局，聚落形态机械且单一。类似"围寺而居""上寺下村"等多样化的聚居文化，在新村建中没能够得到充分重视。② 民族宗教设施不完善，民族身份淡化。对于藏族游牧民定居新社区，缺少必要的宗教文化设施，如佛教白塔、煨桑炉等。同样对于伊斯兰民族移民新村也存在缺少清真寺、经堂等宗教设施的现象。③ 民居空间形态千篇一律，多元民族多样化的生活方式得不到满足。

现代社区型民居基本上采用城市化的建设模式，技术的选用和材料的选择与城市居住区没有多大的区别，也多是采用工业化建筑方式。现代社区型民居的地域性和民族性如何体现？这对于青海多民族聚集、文化多元的省份是十分值得探讨的问题。为此，应针对不同民族生活习惯，开展多样化的规划与建设指导，避免地域文化的丧失。具体体现在：

① 尊重居民的主体地位。与传统农业型民居自助更新不同，现代社区型民居建设的主体已发生改变，房屋已不再是居民亲自建造，这时更应尊重居住者本身的具体要求和生活习惯，为住户提供多种户型方案，设计不同面积的户型以及不同宗教信仰下的民居方案。

② 尊重地域建筑文脉。青海自然气候环境多样、民族多元，即使是同一民族也应注意到所在地区自然气候条件和资源环境特点，采用与之相适应的建筑模式。现代技术材料突破了交通及自然资源的局限，使建筑不再受到地区资源条件的约束，城市化、工业化的建筑模式成为可能，但是这也使得地域建筑走向趋同，造成场所感的缺失。因此，现代社区型民居建设依然要注意到所在地区气候及资源特点，针对特定的"语境"进行民居规划和设计，这是延续地域建筑文脉的重要途径之一。

③ 民族建筑文化的再诠释。现代社区型民居需要对民族建筑文化进行传承、转化和创新。既然是新村就需满足现代化生活的方式，完全复古的民居建筑并不能代表时代特征，应通过建筑设计的再创造，使传统文化焕发新的活力。同时，以生产与生活的分离为主要特征的移民新村建设，由于其量大面广，目前正成为高原特色乡村景观的重要载体，并起到重构高原地域建筑风格的重要作用。现代社区型模

式也给民居建筑的更新带来了创作机遇，地域建筑文化的延续，设计作为连接"过去"与"未来"的桥梁，应从传统生产生活模式及其文化观念中汲取灵感，结合现代生活模式寻找建筑创新的突破口，以此实现民族建筑文化的现代表达，为高原特色乡土景观的保护和发展起到积极的促进作用。

④ 发展第三产业，优化空间布局。虽然目前现代社区型民居从千百年来传统生产生活方式转变为城镇化的生活方式，但其生计问题依然是存在的。告别传统农业生产并不意味着不再从事与生计有关的劳动，为此民居建设应区别对待，为游牧民定居后可能出现的第三产业的劳动，提供必要的建筑空间（图5.14）。

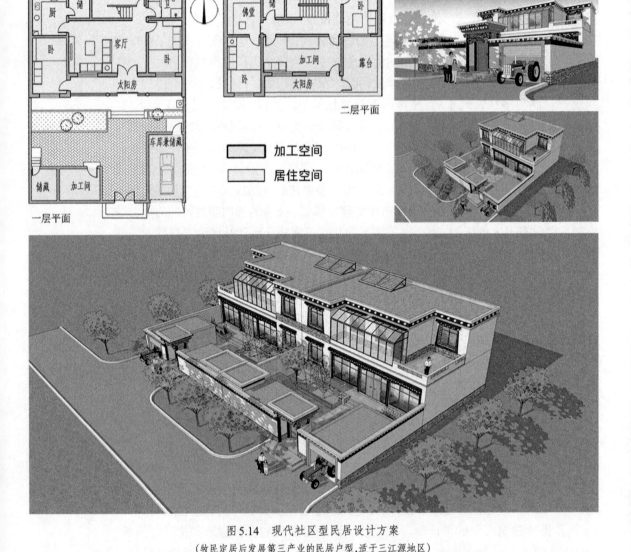

图5.14　现代社区型民居设计方案

（牧民定居后发展第三产业的民居户型，适于三江源地区）

资料来源：作者方案设计、制图，模型由西安建筑科技大学2011级研究生魏友嫚绘制。

3. "乡村旅游型"（生产、生活、经营一体）民居更新设计

大美青海旅游潜力巨大，目前随着高原旅游的逐渐升温，青海乡村中开设旅游

服务的村落和民居日渐增多。根据有关报道,青海各种形式的乡村旅游接待点已达上千家,年接待游客280万人次,占青海省旅游总接待量的1/4以上[①]。乡村旅游型民居除从事第一产业以外,同时从事着第三产业的经营,它是集生产、生活、经营为一体的民居建筑。乡村旅游之所以大受游客的欢迎,主要由于其所具有的浓郁的乡土气息和地域特色的民族文化,然而目前乡村旅游型民居在这方面做得并不理想(图5.15)。

(a) 复古式,不能适应现代生活　　　(b) 异域建筑,缺乏本土特色　　　(c) 城市化的欧式建筑
　　(互助县土族民族文化村)　　　　　(门源县新建旅游型建筑)　　　(共和县龙羊峡生态移民新村)

图5.15　近年来新建的乡村旅游型民居(与地域建筑文脉不符)
资料来源:作者拍摄[拍摄时间:(a)于2011年3月;(b)、(c)于2012年7月]。

当前我国乡村旅游普遍存在两种极端倾向。一种倾向是完全"复古式",这类民居不考虑居民现代生产和生活需要,过度强调原汁原味,成为一种无法居住的"建筑古董"。乡村旅游型民居毕竟是一种集生产、生活、经营为一体的民居类型,它与文物保护单位的民居建筑有本质上的区别。另一种倾向是追求新奇的"异域式",这类民居建设完全背离所在地区的建筑文化,模仿和拷贝异域建筑风格,如西欧田园式、罗马宫殿式的建筑风格。这种被商业利益冲昏了头脑的乡村旅游建设,丧失了本土的地域特色和民族文化。两种倾向都是过分强调某一方面而走向事物的反面,没能对乡村旅游型民居三大属性进行有效的诠释。对此,乡村旅游型民居建设应注意以下几个方面:

①完善生产、生活、经营三位一体的空间功能。旅游本身具有季节的变动性,在旅游的淡季从事农家乐的农户仍需要进行必要的农业生产,因此生产空间与经营空间之间随着旅游淡旺季的不同,呈现不同的使用频率,对此民居更新应考虑到生产、生活、经营三种空间之间的互动调整的可能性。三种类型的功能空间应进行合理分配,针对不同旅游项目对民居空间进行整体化设计。

②保护乡土风貌,不断完善村落居住环境。对乡村旅游而言,乡土风貌的保护是旅游良性发展的重要保障。在传统聚落基础上发展起来的乡村旅游,民居建设应尊重传统聚落肌理形态,民居更新应与聚落整体风貌相统一。同时还应不断完善村落的基础设施,如水、电、给排水等,提高居住者的生活质量。完善村中公共文化设施,在不同的民族村应增加必要的民族宗教设施,一方面满足村民精神文化的需求,另一方面可以强化乡村旅游的民族文化特色。

③将民居更新视为地域建筑文化传承创新的契机。在旅游经济的带动下,民

---

① 青海新闻网,http://www.qhnews.com/index/system/2008/05/12/002505456.shtml.

居建设对体现地域特色和民族风貌的要求相对较高，乡村旅游型民居建设为民居建筑文化传承与创新提供了展示的舞台。彰显地域特色成为居住主体内在要求，这与外来游客对异域风貌的心理预期相一致，因此乡村旅游型民居对弘扬地域建筑文化具备内在和外在的共同意愿，由此可以较好地实现传统文化与现代文化的融合，传承和创新地域民居建筑(图5.16)。

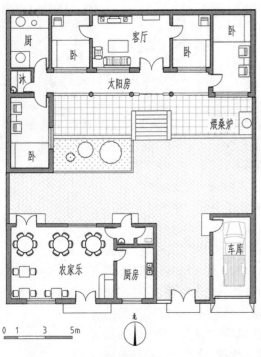

（a）平面图

（b）单体透视

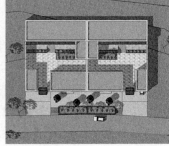

（c）单体及并联式组合形式探讨

（d）并联式鸟瞰效果

图5.16　乡村旅游型民居更新设计方案

（适于河湟地区的藏式民居）

资料来源：作者方案设计、制图，模型由西安建筑科技大学2009级研究生赵薇娜绘制。

5.3.4 建筑语言的多样性表达

青海是西北少数民族聚居地区,民族建筑语言十分丰富。随着科学技术及文化观念的巨大变化,传统民居建筑语言也发生了巨大的转变,其中从尺度较大的聚落形态,到中观的单体建筑空间,再到微观的建筑装饰及构造均发生了较大的改变。这种改变本质上是一种自我的更新,往往表现出一种自组织状态,虽然其中还有众多不合理的现象,但它所表达出的一些普遍的规律是我们不可回避的,如由封闭到开敞、由繁到简、由无到有、由神到人的转变。

1. 由封闭到开敞

"空间的开敞"是传统建筑语言转变的重要方面之一。传统建筑受到技术水平和材料的限制以及对防御的功能要求,建筑的空间形态多封闭,而如今,追求开敞的空间成为居住者的普遍愿望。建筑语言中由封闭到开敞的转变主要体现在聚落、建筑、居住三个层面(表5.5)。

(1)聚落空间层面:传统聚落空间形态是传统生产方式的集中体现,小型农业工具无须较大的街巷空间,同时窄小街巷尺寸也有利于节约稀缺的土地资源。如同仁县郭麻日村和循化县孟达乡大庄村,两处古村落中街巷两侧院墙之间距离一般在1.7～2.5 m,二者的共同之处是聚落空间的紧凑和封闭。然而,如今聚落空间尺度有了较大改变,为满足私家车和农用车空间需要,传统农业生产型聚落形态正逐渐解体和重构,带来聚落空间肌理的杂乱无序,破坏了本土特有的乡村景观。在政府主导下已建成的农牧民定居新村,社区空间形态相对开敞了许多,一般村中街巷宽度多在4～6 m,它是适应现代生产生活方式的一种改变,是"由封闭到开敞"的具体体现。

(2)建筑空间层面:传统民居建筑单体突出的特点是封闭的建筑形体,如传统的庄廓、碉房这一特征就十分明显,它们除了抵御西北寒风、蓄热保温的自然气候因素以外,很大程度上是防止匪患侵扰的需要。传统庄廓墙体高度多在3～4 m,除大门入口开洞,四面墙体无一处窗洞;传统碉房也是基本一层不开窗,二三层窗孔也相对较小。如今建筑的防御功能已逐渐弱化,加之现代技术材料的使用,传统民居更新建设正由封闭的建筑外观走向开敞的建筑形体。具体表现在:① 墙体的高度逐渐降低。高度的降低一方面弱化了建筑的封闭感,另一方面增加了房屋的日照时间。② 民居入口大门宽度增大。为满足私家车出入的需要,加宽大门已在全国各地乡村普遍存在,正在成为新乡土建筑语言的重要特征。③ 外墙对外增设其他辅助入口。为了避免入口的过大过高影响建筑整体的美观,目前一些民居在院墙一侧增加了单独车库入口,也有一些乡村旅游型民居的经营空间直接对外,以便适应旅游观光的需要。

(3)居住空间层面:"黑暗、矮小、封闭"是人们对传统民居的普遍印象,传统庄廓正房东西两侧的角房往往成为无窗的暗房,传统碉房人们也必须穿过一层黑暗的牲畜间进入二层房间,有的民居厨房与卧室往往同处一室,在烟熏火燎环境下,居住质量不高,同时也存在较大的安全隐患。如今居住空间相对有很大改善,其由封闭到开敞具体体现在:① 房屋层高相对传统民居有所提高。由传统的2.1～2.5 m到

表5.5 民居更新"由封闭到开敞"的转变

		传统民居		现有民居	
聚落层面	街巷		狭窄的街巷空间（同仁县郭麻日村）		新村宽阔的道路（德令哈市尕海村）
建筑空间层面	墙体高度		高大的庄廓墙体（贵德县上尕让村）		墙体高度低于大门（海晏县金滩乡下巴台村）
	大门宽度		矮小的民居入口（湟中县塔尔寺僧侣民居）		高大宽阔的大门（循化县道纬乡俄加村）
	墙体对外		封闭的民居院墙（尖扎县昂拉乡）		增设车库入口（湟中县塔尔寺僧侣民居）
居住空间层面	室内层高		层高低，多为2.2 m（循化县十世班禅故居）		层高多为2.8 m（循化县道纬乡比隆村）
	窗户宽度		窗洞封闭矮小（称多县兰达村）		开窗面积增大（海晏县西海郡故城附近新民居）
	檐口出挑		出檐距离较大（循化县骆驼泉民俗村）		出檐距离缩小（刚察县牧民新村）

资料来源：作者制表，图片均为作者调研拍摄（拍摄时间集中在2011—2013年）。

现代2.7～3.0 m（过高也会增加建设成本及室温消耗）。② 南向窗户逐渐增大。硕大的玻璃窗取代了传统木格窗，宽度也由过去的0.9 m扩大到如今的1.8 m，甚至更大的宽度。③ 檐口的出挑距离由长变短。传统民居为避免墙面受到雨水的侵蚀，往往檐口出挑较远，如今技术和材料有了很大改进，檐口出挑距离逐渐缩小，这也迎合了青海民居最大化获取日照的需要。

2. 由繁到简

由繁到简是传统手工业向现代工业社会转变的一种时代特征。由于历史影响及交通的制约，青海一些偏僻乡村仍从事着较为传统的农业生产方式，保留着一些极具传统特色的建筑装饰语言，例如题材丰富、样式繁多的雀替檐枋的木雕技艺和手工制作的具有民族特色的木格门窗等。这些大多制作精美、工艺烦琐，其样式烦琐的背后是传统材料及手工技艺的一种体现，同时也表现出农户的审美情趣以及家庭的经济实力。如今，现代工业化产品从烦琐的手工制作解脱出来，工业化建筑材料代替了传统建材，人们传统的审美观念也正发生着改变，建筑语言逐渐从烦琐走向简洁。但人们往往从一个极端走向另一个极端，新建房屋的建筑语言完全失去了与传统文化的联系，这种现象表露出民族文化自信心的丧失。从一个侧面也反映出传统与现代缺少有效的衔接方式，因此"新旧融合"是实现地域建筑语言持续发展的有效途径之一。门楼、檐口和窗式是青海民居表现地域特色重要的方面，随着社会经济的发展，逐渐呈现出"由繁到简"的特点（图5.17）。

（1）门楼：入口门楼是民居的门户，是居民装饰的重点。从不同民族大门形式特点看，藏族民居的门楼多为平顶，汉族民居多为坡顶。传统大门多由木结构建造，各种木构件穿插其中，利用梁、枋等部件施以木雕，财力雄厚的家庭门雕更加繁琐和丰富。传统民居大门入口的门楼宽度一般不大，而如今大门宽度和高度增加了许多，同时木门也逐渐换成了铁门，加工制作也逐渐多由统一厂家直接订制。由于工业化加工的模式化和标准化，使得原本各具民族特点的大门样式逐渐走向单一，门楼作为当地多元民族文化身份的重要物质载体，逐渐失去了应有的作用。为此，门楼在民居更新建设中应注意以下几点：① 注意门楼的高宽比。过高和过宽都不利于地域建筑风貌的和谐与统一。② 延续门楼的民族特色。青南藏族民居门楼多平顶，东部河湟地区民居平坡兼有，在民居更新中应区别对待。③ 保留门楼适宜尺度。目前门楼加大加宽主要是为适应车辆出入，而带来非人性化的尺度，为此有条件的地区可增设车库大门，以避免人车共用一处而带来尺度的失真。

（2）檐口：青海民居檐口样式正经历着从传统向现代的过渡。传统民居由于多为土木结构，建筑类型多样，同时檐口也存在多种形式，主要有庄廓民居的单面出檐和碉房民居的四周式出檐两大类。它们有着共同的特点，即都采用木椽出挑、椽头整齐排列、檐口椽檩造型丰富等，不同的是，藏族碉房檐口木椽多为方形并饰有彩绘，而庄廓民居院内房屋檐口多为圆形，色彩单一且多为木材原色。从出挑的距离来看，青南果洛州林场的擎檐柱式碉房檐口出挑最大，庄廓次之，玉树州碉房出檐最小，这种差异主要是受降雨量的影响，其次是由于石墙面与土墙面雨水侵蚀不同所造成的。如今这种差异正在发生改变，新技术

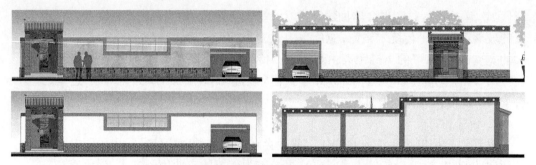

（a）河湟地区民居更新门楼、院墙、檐口设计

（b）三江源地区民居更新门楼、院墙、檐口设计

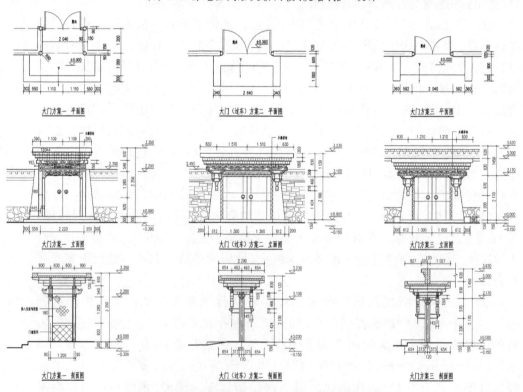

（c）大门样式多样化设计（适用于三江源地区）

图5.17 民居更新"门楼、院墙、檐口"建筑语言的多样化表达

图片来源：作者设计、制图，模型由西安建筑科技大学2009级研究生剧欣、张璠，2010级研究生赵一凡（河湟民居模型），2011级研究生魏友嫚、林道果、何积智、张博强、好思怡（青南民居模型）绘制。

和新的建筑材料使得木椽已逐渐远离新建民居，檐口整体样式由繁到简，逐渐由原先复杂的木质椽檩构造向简化了的砖混檐口方向发展。为了体现出青海多元民族建筑文化的多样性，檐口在民居更新建设中应注意以下几点：① 结合新材料延续传统建筑语言。材料的更新带来檐口样式的变化，从传统语言中总结建筑"语法"，创新和传承民族建筑文化。② 檐口适当与排水设施进行整体考虑。目前现状是新建民居檐口与排水管各自独立，长长的排水管突兀于檐口其间，破坏了乡村风貌，说明二者之间缺乏有效的衔接。对排水设施与檐口的整体设计是保护乡村风貌的重要途径，同时也是实现雨水重复利用的重要保障。

（3）窗式：传统民居门窗都由木质材料制作，在没有玻璃的历史时期，门窗的制作更加复杂，窗棂间距较密，窗框也常有纹饰雕刻或者彩绘。这种传统门窗的做法在青海一些偏远地区仍然比较普遍。传统民居门窗样式也比较丰富，青南地区的碉房窗户有外凸式窗檐，做法与屋檐做法相似，是由窗户上端木梁、木椽、木质窗框、窗棂组成，镶嵌于碉房石砌墙面之中，窗户平面多为"步步锦""灯笼框"等传统样式。碉房窗户往往在其窗口周边制作梯形黑色装饰带，形似牦牛角。庄廓民居的窗户仅在南墙开窗，其他三面墙体多为厚重墙体，窗户在槛墙上布置木质支摘窗，与碉房窗户相比没有外凸式窗檐和梯形装饰带，更多地表现为中原地区传统门窗的特点。当前新建民居中的窗户与传统样式相比发生了较大变化，现代化的塑钢窗、中空玻璃，增加了采光的同时建造方法也简便了许多，但也带来了地域特色的丧失，形成了工业化千篇一律的窗户样式。对此应注意以下几点：① 开窗大小应适宜。在满足正常采光的前提下，开窗不宜过大，避免能耗的损失及安全隐患。② 不同地域之间窗式应有所区别。青南、河湟地区民居窗式独特，民居更新应避免地域建筑特色之间的趋同。

3. "由无到有"动态表达

如今随着技术、材料的发展，青海民居中逐渐出现一些新生事物，如玻璃阳光间、太阳能光电及光热设施等，这些必将影响传统建筑语言，引发对地域建筑特色的重新定义。

（1）太阳能阳光间：如前所述，阳光间又称玻璃阳光暖廊，是出于获得室内良好热工效能而采取的新型建筑措施。自20世纪80年代太阳能阳光间在西北地区实践运用以来，目前在青海大部分地区已得到群众的普遍欢迎和使用，已经成为高原新的地域建筑语言。但是目前阳光间样式单一，缺乏与地域建筑文化的融合，例如铝合金框架和透明玻璃组成的阳光间，从青南到河湟再到柴达木千篇一律，缺乏地域特色。其中主要原因是，一方面本土建筑文化没有得到足够的重视，对民族文化缺乏自信，盲目跟从城市化建筑模式；另一方面铝合金、玻璃作为工业产品农户是无法自己制造的，他们依赖厂家生产，而生产厂家缺少有针对性的产品，未能适应少数民族地区多元民族文化，造成各个地区建筑风格的雷同。因此，对太阳能阳光间地域特色建设而言，应注意以下问题：① 阳光间的材料、形式应与民族建筑特色相融合。把阳光间作为居住空间的一部分进行整体设计，在结构形式、材料色彩等方面与民居整体风貌相协调，进而形成新型乡土民居建筑风格。② 根据青海多元化的民族审美观念,研发创新多种阳光间建筑类型。材料生产厂家应具有多元文化意识,针对不同地区、不同民族,开发类型多样、品种丰富的建筑材料。

(2)太阳能光电及光热设施:太阳能发电和集热设施,是目前高原地区民居建设普遍推行的新型建筑设备。作为新生事物难免有与传统文化相冲突和不协调的地方,表现在建筑上就是太阳能设备过于突兀,与建筑整体形态不协调。对当前资源枯竭、环境污染的客观现实而言,高原地区太阳能利用技术的引入可以说是给古老的高原建筑文化注入了新的活力,有必要对民居更新与太阳能利用进行建筑一体化设计,太阳能光电及光热设施也必将成为高原乡土建筑特色的新元素。

5.4 小结

工业化的技术和材料是我们无法回避的时代潮流,随着全球化的日益深入,技术趋同也日趋明显,但这并不意味着我们每一个人一定会住进一模一样的房屋里,因为技术的使用是靠人的选择,技术本身也存在高技术、中间技术和本土技术,人的选择根本上又受到文化的影响。正如克里斯·亚伯讲到的"一种技术,两种文化",即使是一样的高技术,我们依然可以做出对地域文化的尊重,这需要我们提高对本民族文化的重视程度,在引入新技术的同时融入传统建筑文化,使设计连接过去与未来。

多元的地区文化如同地区物种多样性一样,同样是自然环境、人文生态的一种体现,需要我们给予呵护及足够的重视。本章基于青海多元民族建筑文化特征,从建筑文化传承与发展的角度,提出了民居更新多样性表达的设计策略,以期能够实现民族记忆的延续以及增加民族文化的认同感。

6 青海乡土民居更新的整合设计与实践探索

为获得一个平衡的人类世界,我们必须用一种系统方法来处理所有问题,避免仅仅考虑某几种特定元素或是某个特殊目标的片面观点。我们唯一可走的道路就是不断地建立秩序,以摆脱我们所处的混乱的局面。

——道萨迪亚斯[1]

本章之前有关章节的探讨,基于青海传统民居建筑类型生成与演变规律,对传统民居所具有的生态智慧、民居更新的生态策略和民族文化传承途径等方面进行了论述和分析,这对于我们更为清晰地认知青海乡土民居的过去与现在具有积极意义,但是建筑的更新并不是我们想象的那样简单,仅从单一的方面或视角解决不了建筑所面临的所有问题,包括生态、技术、文化等方面的综合问题。正如美国科学史学家库恩(T. S. Kuhn)所说"范式"[2]的建立将有助于更为全面地认识和处理我们所面临的问题。因此,将民居更新中生态、技术、文化等方面进行整合研究,探索民居更新适宜性设计模式,对于青海乃至高原地区乡土民居可持续发展具有重要的指导意义。

6.1 整合设计模式的提出

事物总是处于变化和发展之中,人们对事物的认知总是受到自身经验和专业背景的局限,往往会从单一的角度对事物作出自己判断,这将阻碍我们对事物全貌的认知。如同"盲人摸象",每个人都摸到了大象,但他们对大象的认知却存在巨大差异,只有将他们每个人的认识综合在一起,大象的全貌才出现在我们面前。本书无力把涉及民居的所有问题进行穷尽式论述,这也超出了本书所研究的范围,但是,树立整体思维依然能够帮助我们更为准确地接近事物的全貌。因此本书提出民居更新整合设计模式的概念,这里将对概念进行解析,同时对整合设计内涵、机制、理念进行探讨。

6.1.1 整合设计概念解析

1. 事物的客观规律:"变是唯一的不变"

"变是唯一的不变"看似绕口,但其中蕴含着深刻的道理。这里的"变"不只是指时间上的新旧之间的变化,同时也含有对空间上地域差异的变化。时间上的变,

---

① 吴良镛.人居环境科学导论[M].北京:中国建筑工业出版社,2001:101.
② 库恩用"范式"来描述科学活动,包括科学理论、定律、方法和技术的总和,以及科学家共同的信念、世界观、方法论或这个共同体所特有的解决学术问题的立场等(Kuhn T S. *The structure of scientific revolution* [M]. Chicago: University of Chicago Press, 1970)。

不难理解，日夜交替、四季更迭，世间的万事万物无不处在变化之中。同样空间上不同地域环境下事物之间也存在明显的差异，即使是同一事物，比如人类自身，一年前的你和今天的你就存在很大不同。这种现象是如何发生的呢？有人说这是因为你所处的环境在变，假定周围环境没有变，那么今天的你和去年的你还会有所不同吗？这是一个难以回答的问题，但可以肯定的一点，任何不变的事物也即意味着死亡，可以说变是维持我们这个星球运转的动力，它是一种永恒不变的客观规律。

从单一客体来说，变化受到内在和外在两个因素的影响，外在因素的变化刺激和推动着内在因素的调整和改变，同样内在因素变化反向影响着所处的外部因素。外部大的环境，是由无数个单一的客体组成，如将视野再拓宽，大的事物又组成更为巨大的事物，它们之间成为一种网络的关系，复杂而又神秘。"变是唯一的不变"看似"剪不断、理还乱"，需要我们找到一个清晰认知并能发现其本质的方法。

2. 系统科学的启示

系统一词源于古希腊，真正得到广泛的重视和使用是在20世纪40年代。美籍奥地利理论生物学家冯·贝塔朗菲（Von. Bertalanffy）1968年在其著作《一般系统理论——基础发展与应用》中认为："系统是相互作用的诸要素的综合体。"[①]钱学森将其定义为："极其复杂的研制对象，即相互作用和相互依赖的若干组成部分组合成的具有特定功能的有机整体。"从有关系统的定义看，系统具备整体性、有序性、集合性、关联性、目的性、环境适应性六种属性。其中反映出，系统中每一个部分的性质或行为将对系统整体的特性和行为产生影响；系统中每一个部分的特性或行为也受到其他部分的制约和影响；系统中每一个部分对整体都不具备独立的影响，所以不能脱离系统孤立地看待某一部分；系统不能独立于环境而存在，它在适应环境与改造环境的过程中演化发展；系统中不同层次的性能和功能是不同的，系统层次结构的调整将改变系统的整体特性[②]（图6.1）。

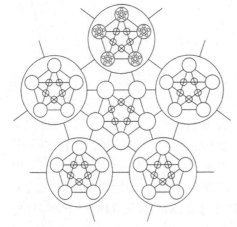

图 6.1
"系统"示意图
（事物内部以及事物之间存在错综复杂的关联性，系统的整体思维有助于我们更为清晰地认知事物）
资料来源：作者绘制。

系统性思维自古以来就有存在，如古希腊亚里士多德的"整体大于部分之和"，以及我国《周易》和"中医"中就有十分丰富和悠久的系统思维模式。但是古代科学方法由于科学技术的不发达，尚缺乏对组成整体的单一客体的认识能力，存在主观性、模糊性，是一种早期朴素的认识论。20世纪40年代以来，迅速发展起来的一般系统论（整体性）、控制论（可控性）和信息论（共享性），为现代科学提供了全新的思维方式。之后70年代耗散结构论、协同论、突变论又陆续确立，新三论的出现意

① ［美］冯·贝塔朗菲.一般系统理论——基础发展与应用［M］.林康义，魏宏森，译.北京：清华大学出版社，1987：279.
② 董肇君.系统工程与运筹学［M］.北京：国防工业出版社，2011：3.

味着一场科学理论的变革,表现在:从可逆性到不可逆性;从稳定性到不稳定性;从线性到非线性;从存在到演化;从机械决定论到非决定论;从简单性到复杂性;从一元的世界观到多元的世界观;从封闭系统到开放系统;从旁观者到参与者;从分析到新的综合①(表6.1)。系统科学的理论和方法已经广泛地渗透到自然科学和社会科学的各个领域,这对本书研究具有重要的理论启示意义。

表6.1　新老科学观比较

传　统　科　学	系　统　科　学
机械论	非机械论(有机论)
还原论	非还原论(整体论)
二元论	多元论
决定论	非决定论
线　性	非线性
单　一	整　体
简　单	复　杂
封　闭	开　放

资料来源:作者绘制。

3. 更新、整合、模式

基于前文对青海传统民居建筑原型的探讨,指出民居生成与演变受到自然与人文环境的综合影响,进而针对民居更新现状,分析论述了生态更新及文化传承策略方法,最后强调将自然生态环境保护与地区多元民族文化传承进行综合考虑,建立整合设计模式对于当前新民居建设具有积极意义。

乡土民居更新整合设计模式具有三层含义:①"更新"意味着转变和成长,强调民居自身的动态的调整性和适应性。更新需要处理的问题是多方面的,它既有时间上建筑文脉演变的规律,需要我们适应时代的步伐采取相应的对策,同时更新也有观念上的认同和心理上的调适,同样需要对更新做出恰当的回应。②"整合"意味着采用多元研究视角并进行综合集成。如本书将建筑的绿色设计、本土适宜技术营建、民族文化的传承划分为三个主要方面进行集成组合,共同应对民居更新中的众多现实问题。③"模式"强调解决问题的方法。1962年美国科学史家库恩用"范式"描述科学活动包括理论、定律、方法和技术的总和②,由此引申出模式、模型、范例等义。因此,模式的探寻具有方法论③的意义。

---

① 方浩范.儒学思想与东北亚"文化共同体"[M].北京:社会科学文献出版社,2011:139.

② Kuhn T S. *The structrure of scientific revolution*[M]. Chicago: University of Chicago Press, 1970.

③ 方法论,就是人们认识世界、改造世界的一般方法,是人们用什么样的方式、方法来观察事物和处理问题。概括地说,世界观主要解决世界"是什么"的问题,方法论主要解决"怎么办"的问题。

6.1.2 整合设计理论内涵

本书提出的多元民族地区乡土民居更新"整合设计模式"即"植根地区建筑环境,着眼民居更新中生产及生活现状,运用动态思维,优化提升传统营建智慧,整合自然及人文各设计要素,努力提高建筑绿色节能与文脉传承的综合效应,最终实现人、建筑、环境的和谐统一与协调发展"(图6.2)。

图6.2 多元民族地区乡土民居更新"整合设计模式"理论框架
资料来源:本文研究观点,作者绘制。

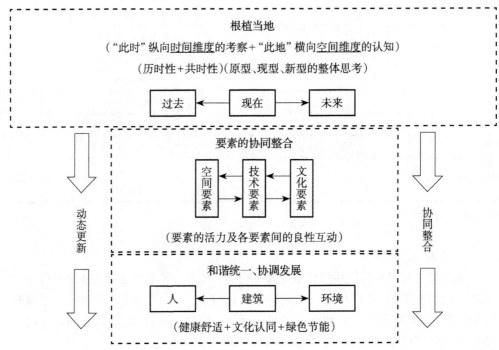

1. 整合设计的基本原则

整合设计基本原则是适应民居动态更新与协调整合建筑各要素的统一,其包含动态的适应性和建筑要素之间的协调性两个方面的内容。

首先,整合设计理论强调对民居更新现状的考量,对空间、形体、材料、技术等建筑各要素过去与未来的关系有一个准确思考和判断,民居建筑设计应能够适应时空上民居更新的动态变化。目前我国乡村民居建设多为农户自主建设,建筑技术和材料往往依据农户自己所能掌握的资源进行建造,各种建筑要素之间很难做到同步设计,常出现"新老并置"的现象,新的建筑构件与老的建筑技艺相冲突,造成建筑资源不必要的浪费以及对地域建筑风貌的破坏。现象背后所反映出的是我国快速的城市工业化与落后的乡村人居环境之间的脱节。从历时性角度看,中国真正意义上的工业化至今仅有近30年时间,期间建筑技术材料乃至人民生产生活方式都发生了巨大改变,相对过去传统社会各种建筑要素更新变化的频率异常增高(图6.3),乡村来不

图6.3 不同历史时期建筑要素更新频率比较
资料来源:本文研究观点,作者绘制。

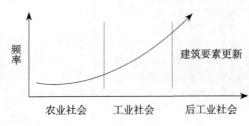

及适应快速变化的工业化技术产品，民居建筑现状往往是新老技术材料拼贴并置，造成乡村地域风貌的破坏，同时单一的城市化建筑模式导致传统营建智慧的丢失。本书整合设计理论强调建筑设计应能够适应民居更新的动态变化，从"过去（原型）、现在（现型）、未来（新型）"时空的宏观视角审视和把握民居建筑的变化与发展。

其次，整合设计理论强调设计要素的协调融合。正如前文所述"系统是相互作用的诸要素的综合体"，民居更新涉及自然与人文环境要素，影响因子众多，如何能够让各要素发挥最佳状态以及各要素之间取得最优组合，是整合设计理论研究的重要内容。协调本身带有动态观念的思考，影响民居建筑更新发展的各种要素自身带有变化的属性，技术存在新老差异，同样其他要素也如此，协调既有要素与要素之间的协调也有要素自身新与旧的协调，它体现出一种系统生长的意向。要素的协调融合追求一种阶段性的平衡，在新的失衡到来之前取得要素之间的良性互动。

2. 整合设计的目标

整合设计寻求"人、建筑、环境"的和谐统一与协调发展。正如前文所述我国学者马世骏提出的"复合生态系统"，英国作家洛夫洛克提出的"盖亚假说"以及我国传统哲学中"万物一体""共生共存"思想价值体系那样，倡导社会环境、人工环境、自然环境三者的和谐统一协调发展。对民居而言，整合设计目标中的"人"意指人物质上的发展诉求以及心理上的精神诉求，同时人作为生物的生理上的健康诉求，这些诉求落实到建筑上必然与环境发生密切联系。建筑是人类长期与自然相处形成的一种介于人与自然之间的人工环境，如将人、建筑以及所处的自然环境视为一个统一的生命共同体，追求三者的和谐统一与协调发展，无疑是整合设计目标的必然选择。

3. 整合设计的要素

本书将乡土民居更新整合设计要素概括为空间要素、技术要素、文化要素三个方面。乡土民居作为人工建筑，其建筑空间、营建技艺、风俗文化是影响建筑更新发展的重要因素。三要素包含在人工环境之内，它们又与自然环境息息相关，建筑空间蕴含着适应自然气候的空间形态组合，营建技艺涉及自然资源利用方式，风俗文化往往源于长期适应自然的生产生活方式，三要素均与自然环境互动关联，整合设计理论强调三要素的人工环境应与自然环境和谐统一。

同时整合设计理论视设计要素及其要素之间为一个完整的互动系统。整合设计模式不仅追求单一设计要素与自然环境最佳契合状态，同时也寻求设计要素之间最佳的组合方式。例如，民居更新设计中建筑空间与自然气候环境取得最佳状态的同时，不能忽视与营造技艺及风俗文化要素的关系，应将空间、技术、文化诸要素作为一个完整的互动系统，进行整合设计考虑。

4. 整合设计模式实现的途径

整合设计模式的实现基于三条途径：一是根植当地，建筑设计应具有落地性，针对当地具体自然与人文环境开展设计；二是生长性，使传统乡土民居焕发新的活力；三是整合性，促进设计要素的活力增长以及要素之间的协同整合。

① 途径一：落地性。乡土民居更新设计首先应立足当地，目前我国城乡建设

常出现忽视地域特点，千篇一律地模仿粘贴城市化建筑模式，不分地区差异而机械套用设计方法等现象，其缘由就是没有从建筑本土出发，看似节省了设计人员的工作量，但实际上造成了资源的巨大浪费以及地域风貌的丧失。落地性能够发挥本土自然资源优势，例如对地区太阳能、风能、生物质能等可再生能源的有效利用，可减少商业能源的使用，降低建筑能源消耗。另外，落地性可以彰显地域建筑特色，使用本土建材、适应本土生产生活习俗等设计策略可延续传承地域建筑文化。

② 途径二：生长性。乡土民居不同于其他建筑类型，其突出的特点就是具有生长性，它会随着人口的增加、技术的进步、材料的更迭而发生改变，民居更新整合设计就是让各要素在不断更新变化中取得一定时期内的平衡，并且尽量延长建筑的使用寿命。这就要求对传统民居注入新的"血液"，使其焕发新的活力，例如利用现代技术条件更新优化传统营造技艺，结合现代生产生活方式更新完善传统建筑空间组合方式，等等，使建筑设计方法总能够适应民居更新的动态变化。

③ 途径三：整合性。一方面，要素自身也存在时间上的变化，民居更新整合设计强调要素对传统与现代的结合，从传统中汲取营养，使设计要素发挥最佳状态。另一方面，促进空间、技术、文化各要素之间的协调融合，在确保单一要素保持优良状态的同时，协调与其他要素之间的关系，避免"盲人摸象""只见树叶，不见树林"的局限。整合设计的难点在于诸要素之间关系的把控上，有时我们一味强调地域风貌的保护，从而忽视了生产生活方式空间上的新变化，空间、技术、文化要素之间缺少配合协调，造成当前民居更新建设的混乱局面。将建筑诸要素纳入一个完整的设计系统中，充分考虑到各要素之间的关系，寻找各要素最佳的契合点，也就是民居更新整合设计模式的真正意义所在。

6.1.3　整合设计机制探讨

在任何一个系统中，机制都起着基础性和根本性的作用。在理想状态下，有了良好的机制，甚至可以使一个社会系统接近于一个自适应系统，即在外部条件发生不确定变化时，能自动地迅速作出反应，调整原定的策略和措施，实现优化目标[①]。本书整合设计机制主要体现在以下方面。

1. "自下而上"的更新

乡村民居与城镇小区住宅有很大区别，它呈现的多是一种自主建造的特点，具有"设计者、建造者、投资者、使用者"[②]四种属性，这要求民居的更新必然是一种"自下而上"式的过程。随着当前新农村建设中迁村并点、生态移民新村、游牧民定居等新民居建设增多，乡村民居的四种属性也逐渐发生变化。这些以政府主导型新民居建设逐渐取代农户自助设计建造的主体地位，不可避免地出现一些问题，如"赶农民上楼""有新房无新村"等现象[③]。从中可以发现，乡村中农民的主体地位没能得到充分的尊重，农户对精神家园的认同感不高。因此，民居更新尤其是政府主

---

① 李以渝.机制论：事物机制的系统科学分析[J].系统科学学报,2007(4):22-23.

② 贺勇.乡村建造：作为一种观念与方法[J].建筑学报,2011(4):19-22.

③ 韩长赋.勿把城镇居民小区照搬到农村赶农民上楼[J].中国农民合作社,2012(8):8.

导型新型社区建设,应考虑到居住者感受,满足他们生产生活以及民族文化习俗的多样性需求。"自下而上"的民居更新机制主要体现在以下方面:

① 农户自己的家园。政府通过制定民居更新建设指导性原则,引导民居建设的良性发展,同时发挥农户的主体地位,使农民有更多的自主权利,按照统一的建设导则进行有序自助建设,以便实现保护本土建筑特色及人人维护美丽家园的良好局面。

② 场所的认同感。青海多元民族汇聚,多样化的聚居模式及民族文化给场所精神空间的营造提出了更高的要求。舒尔兹(Christian Norberg-Schulz)在其《场所精神——迈向建筑现象学》中强调人所在的场所空间,注重以人为中心的存在空间①。因而,建筑除空间实体功能要求的满足以外,还应注意到建筑所处的地域文化环境,这就要求不能脱离居住在这里的人以及他们对建筑的精神文化层面的认同感。

③ 村里人和村外人。村里人即是村民,是民居建筑的使用者,村外人往往是建筑师或者是游客。他们之间对村庄的理解以及对村庄风貌的期许存在很大不同。村里人往往是"不识庐山真面目,只缘身在此山中"②,一方面村里人由于地区客观自然与人文环境的影响,居住建筑具有鲜明的地区特色;另一方面村里人又出于对传统的一种厌倦而追求新奇,从而容易忽视传统和本土的特色;而村外人往往是出于一种猎奇的眼光打量村中的景色,对异域风光感到兴奋,而忽视建筑使用者的感受。从建筑使用者角度看,村里人对建筑的影响显然要比村外人重要得多,民居更新首先要尊重村民作为建筑使用者的主体地位,然后应使村民增强民族文化自觉意识,在民居建造中自觉保护和传承民族建筑文化,使村民对本民族传统文化具有更为清晰的认识。

2. 适时适度的更新

经济建造是村民自助建造十分重要的原则,在满足基本的生产生活需求的基础上,尽量寻求民居建造的经济性,是广大农户普遍的意愿。现有的高新建筑技术及材料被"空降"在特定乡村建筑中,虽然能够较好实现建筑的节能保温,但是价格普遍昂贵,无法被农民接受。例如,在一些试点新村民居建设中,单一化的依靠主动式采暖技术以及一些价格昂贵的建筑材料,虽然一定程度上提高了居住质量,但与村民经济实力不符,也与本土建筑技艺相差甚远,难以在乡村中推广普及。这里"适时适度"是指民居的更新建设应考虑到此时、此地农户的经济承受能力,民居更新指导方案尽量结合本土建筑技术和材料,在减少建筑成本的同时,便于农户对建筑的维护和更新。适时适度更新机制主要体现在:

① 适应时代的要求,既不保守也不冒进。一方面不停留在传统建筑模式下孤芳自赏,步入一种复古式的民居更新;另一方面也不会能商业建筑那样"勇尝天下先"的冒进式更新。一味地复古,虽然会保留一些传统建筑语言和符号,但其实质上是一种传统的建筑模式,与当前的时代精神不符。对民居更新而言,复古体现出

---

① 舒尔兹.场所精神——迈向建筑现象学[M].武汉:华中科技大学出版社,2010.

② 苏轼《题西林壁》。

一种保守思想，它是排斥新生事物的，其本质上是一种时间的倒退。但是，过于强调"求新、超前"从而忽视新老之间的对话，丧失地域建筑特色，也与本土建筑文脉背道而驰。两种都是民居更新的极端，都与民居更新发展的客观规律不符。应当采取的态度是一种"中和"，适应时代的要求，既不保守也不冒进，考虑并照顾到大多数农户对建筑的实际需要，使建筑体现出一种新与旧的融合。

② 依据村民经济实力适度更新。应依据村民经济实力，由政府统一制定民居建设风貌控制导则，对层高、院墙、门楼装饰等方面进行控制，引导村民适度建设，避免民居中过度装饰、资源浪费的不良现象。当前随着村民经济收入的提高，部分农户为了炫耀自家财富，往往把门楼及正房建造得超出合理的建筑规模，贪大、贪高、贪豪华，原本层高2.8 m即可满足日常生活之需，却要加建到3 m多，耗费大量没有实际承重功能的粗大构件，一方面浪费了宝贵的木材资源，另一方面高大的室内空间不利于室内蓄热保温，增加了建筑能耗。

3. 有序生长的更新

乡土民居作为一种地域建筑类型，它是有生命的，它的生成、演变和发展经历了漫长的历史过程，一脉相承没有中断，但也会因为自然环境的恶化或者战争、迁徙等原因而出现中断或者灭亡。青海典型的传统民居"庄廓"和"碉房"历经千年，仍然在使用并受到村民的喜爱，说明它仍具有与时代同步的优秀地域基因，如蓄热保温的宽厚墙体、避风聚能的建筑形态等。如今需要我们积极行动的是，引入现代科学技术与本土传统技艺相融合，优化重组传统地域基因，使其焕发新的活力①。本书有序生长的更新机制主要体现在以下方面：

① 重视引导村民的"自发性"建造。在系统科学自组织理论的影响下，建筑的地域性被视为特定地区建筑单体特征的"涌现"，并非预设，不可预知且不断演进，具体形式由偶然、随机因素决定，其生成需经历"产生—成核—临界—成序—导控—传播"的过程②。自发性建造并非认可其简陋的形态，而是关注其对所处环境的朴实应答、对生活诉求的真实展现。对此在民居更新中应重视村民的自发性建造，并从中发现新的"生长点"，使其成为民居更新的有益元素。为避免自发性建造出现的无序状态，应加强对村民自建活动的引导。首先，从思想观念上改变农户盲从城市化的审美取向和追求异域风格的文化不自信心理，使民众更为清晰地认知本民族文化价值，这需要多方面的共同努力。其次，从民居更新政策制定的角度看，应体现出一种灵活性和开放性，采取一种"抓大放小"的指导原则。抓大即控制整体建筑风格和形式，使之与地域文脉相统一；放小即尊重村民的自我更新和改造的权利，在整体乡土风貌得到保证的前提下，在空间的个性化布局、建筑构件的选用以及建造的技术等方面，给农户足够的自主建造的空间和条件。

② 延续"生命"，有序生长。王澍将建筑视为有生命的，他认为建筑的生命意义在于可以重复利用和更新维护以便延长使用寿命。不光如此，他也将文化视为有

① 王竹.地区建筑营建体系的"基因说"诠释：黄土高原绿色窑居住区体系的建构与实践[J].建筑师，2008（1）：29-35.
② 卢建松.自发性建造视野下建筑的地域性[J].建筑学报，2009（S2）：49-54.

生命的,从他的作品中能够感受到他对传统文化的重视程度,他给建筑赋予了新的生命,使它一脉相承而富有生命力①。每个人心中都有一处"方塔园"②,它集传统与现代于一身,而且很好地处理了过去与未来的关系,取得一种平衡。但类似这种作品在我们身边又是很少的,其中的原因是多方面的。但是,将文化视为生命体,引入时代精神并使其有序生长,应当是我们共同的建筑理想。

4. 多元一体的更新

多元一体的概念源于费孝通1988年提出的"中华民族多元一体格局"③的概念,这是从文化人类学的角度探讨多元一体的社会特质。建筑具有其自身的特殊性,它是集技术与文化的综合体,它一方面存在技术方法的理性问题,另一方面也存在艺术表达文化领域的感性问题。本书多元一体的更新机制具有理论运用和形象表达两个层面的含义。理论运用层面的多元一体是指民居更新建设的技术理论方法具有多学科的综合性;形象表达层面的多元一体是指地域建筑的多样与统一。本书多元一体更新机制主要体现在以下几个方面:

① 基本原理的一致性与形象表达的多样性。追求建筑的"实用、经济、美观"及"形式与内容相统一"依然是今天所应遵循的基本原理。面对青海特殊的自然与人文环境,民居建筑生态意义与民族文化的传承共同组成民居更新建设的基本原则。依据基本原则,因地制宜、适应气候、就地取材、文脉延续,就能够创造出丰富多彩的建筑形象。正如《北京宪章》所讲到的"一法得道,变法万千",说明设计的基本原则("道")是共通的,形式的变化("法")是无穷的④。

② 民族建筑文化多元一体、和而不同。不同的自然气候环境产生出多样的地域建筑文化,即使在相同的自然环境下同样存在丰富多彩的个性化的建筑语言,因为,物质的自然环境相对恒久不变,而作为建筑的所有者的人却是存在很大的不确定性,人受到宗教、风俗以及个人的审美情趣的影响,人的行动受控于特定的文化观念。正如拉普卜特(Amos Rapoport)在其《宅形与文化》中所强调的那样:"物质上的可为,总是要受到文化上的不可为的反制。"他将社会文化因素作为影响住屋形式的重要方面⑤。但是,拉普卜特并没有做出"文化决定论"的简单判断,他认为宅形的演变主要是物质因素和非物质因素综合作用的结果。本书认为,针对民居而言,即使地区民族文化是多元的,但住屋所使用的材料、技术等应与本地区自然资源条件相适应,从而表现出"一体""和"的相似性,这也是乡土建筑显著的外在特征之一。

③ 个性表达与整体和谐统一。在重视个性化的同时也需强调整体的和谐和统一。既不要"鹤立鸡群",也不要"千篇一律",应取得多样性与整体性的一种平衡,

① 王澍.营造琐记[J].建筑学报,2008(7): 58–61.

② 方塔园是冯纪中教授1978年在上海松江区设计建造的一座融现代与传统为一体的中国式园林。设计中注重延续民族建筑文化底蕴,对传统中不合时宜的建筑语汇进行简化抽象,通过设计将传统与现代进行了有效衔接(引自:冯纪忠.方塔园规划[J].建筑学报,1981(7): 40–45.)。

③ 费孝通认为中华民族主流是由许许多多分散、孤立存在的民族单位,经过接触、混杂、连接和融合,同时也有分裂和消亡,形成的一个你来我去、我来你去、我中有你、你中有我而又各具个性的多元统一体(费孝通.中华民族多元一体格局[M].北京:中央民族大学出版社,1999.)。

④ 吴良镛.人居环境科学导论[M].北京:中国建筑工业出版社,2003: 150.

⑤ Amos Rapoport. *House form and culture*[M]. London: Pearson Education, 1969.

这种平衡便是一种和谐，是每个人心中的一种文化倾向，既要体现自我的审美情趣，又不脱离本民族的建筑语言。这种和谐局面的形成源于对本民族文化的一种文化自觉意识的建立①。在王澍看来，"从事建筑活动，以什么态度去做永远比用什么方法去做重要得多②"，这同样体现出一种对文化自觉所持有的态度。

6.1.4 整合设计理念

如前文所述，青海河湟、环湖、柴达木、青南四区地域建筑风格各异，生土庄廓、游牧帐篷、绿洲民居、山区碉房是不同自然资源环境下的典型民居类型，它们的更新建设应当延续地域建筑文脉，体现出高原的地域特色，同时要满足当代生产、生活的新要求，在延续文脉的基础上进行传承与创新探索。青海乡土民居更新整合设计的理念体现在以下方面。

1. 智慧延续

传统民居建筑类型的形成是人类与地区自然气候、自然资源长期融合而逐渐形成的，它具有丰富的生存经验和厚重的历史渊源。如今，民居更新应延续传统民居的营建智慧，这既是生态节能的需要，也是传承地域建筑文化的要求。智慧延续的设计理念主要基于前文气候适应模式语言的运用，如形态规整、宽厚墙体、内聚向阳、平缓屋顶、背山面南、"回、凹、L"形平面、南高北低、大面宽小进深等方面，本文将选取其中几点做进一步阐述。

① 继承优化"回、凹、L"形建筑平面。以上几种民居平面形态，在四区传统民居建筑类型中均有体现，这几种平面类型表现出形态规整、蓄热保温、适应高原严寒气候的特点，说明这是千百年来人们应对相似自然气候环境的一种共性的选择，民居更新对此不应"视而不见"，应避免建筑师自大、主观的设计心态，虚心汲取传统智慧和经验，并赋予新时代的建筑要素，使传统民居得以优化和更新并能焕发新的活力。对此，在民居更新设计中应延续"回、凹、L"基本平面形态，引入玻璃阳光间现代建筑元素，并优化居住空间布局，将厨房、卫生间、储物间等附属空间设置在平面的西北角及北墙等处，形成对室外热环境的温度阻尼区，以便改善室内保温、采光等微气候条件，增加居住舒适度。

② 重视"大面宽、小进深"建造经验。"大面宽、小进深"可以说是青海乡土民居最具特点的地域元素之一。大面宽、小进深是相对的概念，要从院落空间和居住空间两个方面分析。院落空间方面，青海民居与同一纬度的陕西关中民居相比，青海民居院落东西方向较宽、南北较短并多为一进院，而关中民居多为二进院或三进院，形成"关中窄院"的院落形式，其中原因除气候日照因素外，关中人口多土地资源少，窄院形态利于土地的集约使用，而青海总体来看人口相对较少，绝大丘陵山区土地分散，这为布局零散和相对独立的"大面宽、小进深"建筑特征提供了条件。居住空间方面，小进深是北方民居的普遍规律，但大面宽并不是所有北方民居都是如

---

① 费孝通认为生活在一定文化历史圈子中的人对其文化要有自知之明，并对其发展历程和未来有充分的认识。换言之，是文化的自我觉醒，自我反省，自我创建。费先生还以他在80岁生日那天说到的"各美其美，美人之美，美美与共，天下大同"作为"文化自觉"历程的概括(费孝通.文化与文化自觉[M].北京：群言出版社，2010.)。

② 王澍.营造琐记[J].建筑学报，2008(7)：58-61.

此。同样以关中民居为例，关中民居多为三开间，五开间的并不多，而青海庄廓民居基本为4～5开间，有的可达7～9开间，如此多的开间数量在我国传统民居类型中并不多见，因此这也成为青海乡土民居突出的地域特点。然而，如今民居建设中出现盲目套用南方民居户型，有甚者以"农民别墅"概念生硬加大房屋空间进深，以显示建筑师的"创新能力"，殊不知这正是不良建筑师的无知和自以为是。千百年来人类付出智力和汗水积累下的营建智慧，如今竟如此被对待，这不得不引发人们的反思和自省。进深和面宽是民居建筑形态特征的重要指标，正如前文所分析的那样，青海乡土民居适宜的进深与层高比为1.5～1.6，面宽多为5开间左右，这样青海乡土民居更新整体的建筑形态就有了大致的轮廓。这是基于汲取传统民居适应气候日照的经验基础上的更新策略，不论是建造方法还是空间使用以及住户对新民居的认同感都相对较好，这也为民居建筑地域特色的传承途径确立了正确的方向。

③ 从聚落选址到单体设计充分考虑到"北高南低"的地域特点。北方民居空间形态多为"北高南低"，而南方居住空间较高以便利于通风，显而易见北高南低可获得更多日照，较大的层高可有效增加空气流动速度、降低室内温度，二者体现出应对气候的不同建筑策略。青海传统民居建筑屋顶多平缓屋顶，但随着太阳能光电光热设备的引入，建筑屋顶坡度有增大趋势，为此民居更新设计中一方面将南向屋顶面积增大，满足太阳能建筑一体化的功能需要，另一方面适应所在丘陵地区背山向阳的地形环境，采用北高南低的空间布局，使得居住空间可获得更多的日照时间，增加房屋蓄热时间和蓄热量（图6.4）。

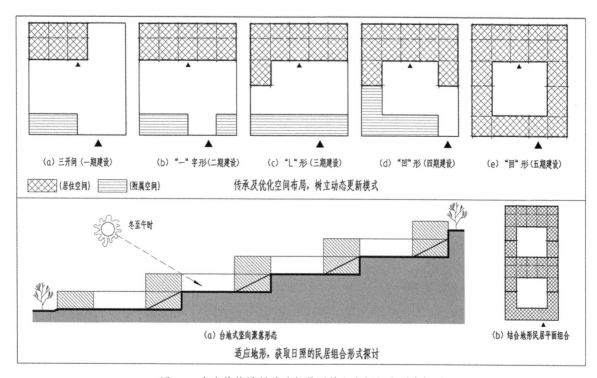

图6.4　青海传统民居营造智慧延续之空间组合形式探讨
图片来源：本文研究观点，作者绘制。

2. 新旧融合

设计连接过去与未来,这并不是新旧生硬的并置,而是将新与旧进行有机的融合。一些仍能适应时代要求的传统技艺应给予保护和弘扬,以便体现出地域建筑特色,一些已不能满足时代要求的,并不是完全抛弃,而是引入现代技术对其进行优化和提升,一些由无到有的新技术和材料,不是盲目移植"遍地开花",而是在形式、构造、形式等方面与传统建筑文化相融合,使新生事物符合民居建筑的场所精神。能够做到这一点并不容易,这将意味着原本可以到处拷贝的现代技术材料,遇到了阻力,必将增加运行的成本,这也成为全国各地地域风貌丧失的主要原因。克服困难需要材料生产商、制定建设政策的政府、建筑使用主体的住户和有良知的建筑师们的共同努力。从乡土民居更新来看,新旧融合主要体现在三个方面。

一是,营建技术本身新与旧的融合。对于乡土建筑而言,技术是由地域性的,建造技术的发展演变与所在地区自然资源环境是相适应的,因而技术带有鲜明的地域特色。用动态发展的眼光看待技术本身,新旧技术之间存在必然的关联性,虽然如今高新技术日新月异,但是新技术的运用仍然不能忽视本土技术的作用,应当注意到新旧技术之间融合互补的可能性。

二是,现代与传统文化相融合。社会在进步,人的生活、生产方式也在发生变化,传统的居住模式一定程度上已经不能满足现代生活及生产方式的需要,改变是任何事物发展的客观规律,是任何人也不能回避的,可以说民居建筑的改变每时每刻都在发生。如果,我们将某一地区建筑文化视为有生命的,那么现代与传统必然是相互关联的,它们拥有相似的地域特质,这就是我们称为的地域文脉。

三是,建筑技术与民族文化相融合。从地区多元民族文化汇聚的角度看,技术与民族文化的融合是增加民族文化认同感,保护文化多样性的必要途径。如今随着城市化的扩展,新技术新材料的使用日益广泛,规模化、批量化的工业产品忽视了不同地区多样的地域文化,导致场所感和地域文脉的丧失。早在1934年人文主义者芒福德(Lewis Mumford)就在其《技术与文明》(*Technics and Civilization*)一文中对技术的滥用提出了质疑,引发人们对建筑文化地域性的关注①。综上,本书新旧融合的设计理念强调在传统与现在之间架起一道桥梁,起到联系过去与未来的积极作用。

3. 多元共生

前文对整合设计机制中多元一体做了阐述,它强调的是同一地域环境下民居表征的一致性,而这里提出的"多元共生"则侧重于文化的和谐相处与共同发展。作为民居更新设计的重要理念,多元共生中"多元"包含以下方面。

一是,重视不同民族建筑文化的差异性。每一个民族都有自身的文化传统与风俗,民居更新设计应深入当地了解民情民风,尊重不同民族多样化的生活习俗,在民居方案中应具有针对性,避免"一刀切"式的万能设计模式。

二是,相同民族不同住户的个性化需求应得到尊重。社区中的人是多样的,即使是同一民族同一宗教信仰,也存在喜好上的差异。民居更新方案无须制定严格单一的建筑样式,让人们被动地接受。为避免僵化的行政指令式建筑方案的出现,民

---

① Lewis Mumford. *Technics and Civilization* [M] . New York: Harcourt, Brace & Company, 1934.

居设计应提供多样化的户型设计供农户灵活选择。

三是,重视农户生计方式的多样性。游牧与农耕显而易见存在农业生产方式的极大不同,随着城乡一体、产业结构调整,农家乐、新型社区不断出现,这给民居更新带来不同的建设思路。同一聚落有可能同时存在从事传统农业、农家乐经营、进城务工或外出做生意回乡新建房屋等不同的住户,他们对民居更新有着各自截然不同的要求,民居建设方案应注意到这种现象,并为此提供多样化的设计方案。

多元共生设计理念中"共生"便是在尊重以上民族、个体、生计多样性的基础上,通过制定灵活且具有针对性的建筑设计方案,促成多元民族建筑文化的和谐共存及有序发展。

4. 根植当地

设计是有条件的,不是随心所欲不受约束的。在美国建筑师路易斯·康(Louis Kahn)看来,设计的关键在于"灵感",但这种灵感不是凭空而来的,而是通过对任务的了解,即只有了解到这个任务不同于其他任务的区别时,才会有灵感,才会联系到形式,才会启发设计。路易斯·康认为:"建筑在其表面化之前,就已经被其所处的场所和当时的技术条件所限定了,建筑师的工作便是捕捉这种灵感。"[1]

在本书看来,灵感源于对地域建筑语汇的准确把握,设计就是将相关地域要素进行综合分析、归纳,在各要素共同作用之下自然生成的设计方案。建筑师应摒弃自己的高傲和自大,虚心向自然、农户以及人文历史环境寻找答案,努力总结出当地气候、技术、文化等地域建筑模式语言,并由此激发创作灵感。

6.2 整合设计要素建构与协同

整合设计要素主要由气候适应、技术适宜、文化传承、结合地形四个方面组成,每一方面都有若干要点,它们共同构成本书的整合设计模式。各个设计要素之间并不是平行、独立地线性发展,而是"你中有我、我中有你"的非线性的辩证统一的关系,它们共同推动民居更新建设的良性发展。

6.2.1 整合设计要素建构

建构(Tectonic)一词最早作为建筑术语,原指建筑的一种构造,如今建构一词被使用在多种学科中。弗兰普顿(K. Frampton)1995年的论著《建构文化研究》中"建构"一词被重新提及和认识,书中作者强调在建筑艺术的创作中应表达出建筑所蕴含的文化内涵以及对人文的关怀[2]。民居更新涉及方方面面的问题,本书中的建构是指,基于前文传统民居生态适应性以及民居更新设计策略的总结,以此作为本书整合设计要素的重要组成部分。它们主要包含气候适应、技术适宜、文化传承、适应地形四个方面。

1. 气候适应要素

本书将气候适应视为民居更新过程的主导模式,这是基于前文对地区自然气候

---

① 罗小未.外国近现代建筑史[M].北京:中国建筑工业出版社,2004:318.

② 肯尼思·弗兰普顿.建构文化研究——论19世纪和20世纪建筑中的建造诗学[M].王骏阳,译.北京:中国建筑工业出版社,2007.

环境和资源条件的深入分析所得出的基本结论。虽然随着物质条件的日益丰富，人们受自然的限制程度越来越小，人们已经有能力不受自然约束，按照自己的主观意愿建造房屋。但是面对当前生态环境破坏、自然资源枯竭的严峻现实，唯有去努力适应自然气候环境，学习传统生态经验，才是民居更新良性发展的正确方向。本书对青海乡土民居更新气候适应要素的总结如表6.2所示。

表6.2 青海乡土民居更新气候适应要素总结

编号	模式语言	应对方面	特点、说明	对应章节
1	形态规整	高原严寒	凹凸变化小，减少散热面	3.1.1
2	宽厚墙体	昼夜温差大	良好的储热显热功能	3.1.1
3	内聚向阳	长冬无夏	蓄热保温贯穿建筑始终	3.1.1
4	住屋类型多样	气候垂直变化大	庄廓、碉房、帐篷各居其位	3.1.1
5	平缓屋顶	雨量小、蒸发大	多为平缓屋顶	3.1.2
6	背山面南	抵御西北寒风	依靠山体抵御寒风	3.1.4
7	"回、凹，L"平面	严寒、风大	北向墙体封闭，南向开窗	3.1.4
8	北高南低	最大化获取日照	聚落及建筑单体普遍北高南低	3.2.1
9	大面宽、小进深		减少阴影区，增加采光面	3.2.1

资料来源：本文研究观点，作者制表。

2. 适宜技术要素

从技术的复杂性来看，低技术（low-tech）、轻技术（light-tech）、高技术（high-tech）[①] 各不相同，并且差别很大。因此每一个设计项目都必须选择适合的技术路线，寻求具体的适宜途径，亦即要根据各地自身的建设条件，对多种技术加以综合利用、继承、改进和创新[②]。本书从传统营建方法中提取仍适应时代发展的传统建造技术，同时结合既有民居中普遍得到住户喜爱和认可的现代技术及材料，与当前绿色节能设计技术进行融合，归纳出青海乡土民居适宜更新技术要素，如表6.3所示。

表6.3 青海乡土民居更新适宜技术要素总结

编号	模式语言	应对方面		特点、说明	应对章节
1	太阳能发电	可再生资源利用	太阳能光热、光电	青海太阳能丰富，潜力巨大	4.2.3
2	太阳能集热			太阳能利用与建筑一体化设计	4.2.3
3	风力发电		风能利用	风电互补的用能方式	4.2.3
4	牲畜粪便		生物质能	优化提升传统用能方式	4.2.3

① "低技术"是指建筑设计最大限度地使用当地可用的自然资源；"轻技术"意味着我们不只是简单地运用可循环使用的建筑材料，还要开展最有效地运用资源的设计；"高技术"象征着未来的信息和通信系统对建筑的影响（Klaus Daniels. *Low-tech light-tech high-tech: Building in the information age*. Basel, Boston, Berlin: Birkhauser Publishers, 1998.）。

② 吴良镛.国际建协《北京宪章》——建筑学的未来［M］.北京：清华大学出版社,2002：230.

编号	模式语言	应对方面		特点、说明	应对章节
5	秸秆	可再生资源利用	生物质能	应具备相应的储存加工空间	4.2.3
6	沼气			与旱厕、牲畜棚一体化设计	4.2.3
7	雨水集水系统		雨水利用	完善雨水收集的管网设施	4.2.3
8	生态澄清池		水质恢复	与村落景观相结合,美化环境	4.2.3
9	微型水电系统		水利资源	水利再生动力,产生环境友好的电能	4.2.3
10	被动式太阳房		蓄热保温	太阳能"日储夜放",经济实用	4.3.2
11	夯土技术	围护结构		东部地区墙体围护适宜技术	4.3.3
12	岩石砌筑技艺			青南山区墙体围护适宜技术	4.3.3
13	双层窗			调节室内热量、光线、空气及噪声	4.3.3
14	节能热炕	生活采暖		生物质资源得以利用,本土技艺优化	4.3.4
15	灶连炕			灶和炕的结合,提高热效率	4.3.4

资料来源:本文研究观点,作者制表。

3. 文化传承要素

文化是一个非常宽泛的概念,笼统地说,文化是一种社会现象,是人们长期创造形成的产物;确切地说,文化是指一个国家或民族的历史、地理、风土人情、传统习俗、生活方式、文学艺术、行为规范、思维方式、价值观念等。文化从类型划分上分为物质文化和非物质文化[①],时间上分为古代文化、传统文化、现代文化,从地域看分为南方文化、北方文化等地域文化,从生产方式看分农耕文化和游牧文化等。由此可以看出文化具有突出的多样性特点,青海地区作为西北多民族聚居和多元文化汇聚的省份,该地区的文化多样性具有十分突出的典型性和代表性。文化的多样性与生物的多样性同等重要,对于民居建筑研究而言,对文化的多样性应给予足够的重视。本书对青海乡土民居文化传承要素概括如表6.4所示。

表6.4　青海乡土民居更新文化传承要素总结

编号	模式语言	应对方面		特点、说明	章节
1	"中和无为"	生态观念	价值观念	天人合一、顺其自然;事物之间互济互补、均衡协调,和谐有序	3.4.1
2	"众生平等"		宗教思想	普度众生的无我观与慈悲思想,带有"非人类中心主义"的倾向	3.4.2
3	尊重自然		习俗禁忌	神灵存在于万物之中,人们受到神灵的保佑,也会因触犯神灵而受到处罚	3.4.2
4	轻物质、重精神		生活态度	清淡的物质生活中却具有丰富的精神世界,节制、勤俭是其主要特征	3.4.2

① 物质文化指物质世界中一切经过人的加工,体现了人的思想、观念的东西。非物质文化又称精神文化,它主要包括两个方面:一是科学、艺术、宗教、价值观等;二是社会制度与行为规范。

编号	模式语言	应对方面			特点、说明	章节
5	合理开发自然	生态观念	生存伦理		人类开发自然的权利是有限的,不能为满足自己的私欲任意妄为	3.4.3
6	聚族而居;形态有序	多元民族建筑文化	汉族	聚落	儒家思想、宗族观念与农耕生产方式相适应	2.2.1
	对称布局;院内花园;装饰丰富			民居	合院式布局;院内多种植植物;空间组织丰富	
7	上寺下村、类型多样、宗教色彩		藏族	聚落	佛教净心修行思想;农业方式多样;寺庙、白塔、经幡等宗教设施鲜明	2.2.2
	碉房、帐篷、庄廓;独立旱厕;佛堂			民居	民居类型多样;宗教生活空间丰富	
8	围寺而居;高耸的礼拜塔;宗教色彩		回族	聚落	"围寺而居"传播福音;院落空间宽敞多植物;清真寺等宗教设施	2.2.3
	正房多一字形;平坡兼有;净房			民居	院落空间相对宽松;分期建设;必要的宗教生活空间	
9	半农半牧;依山傍水;宗教色彩		土族	聚落	游牧与农耕叠加;多居住在脑山地带;白塔、经幡等宗教设施鲜明	2.2.4
	封闭紧凑;平缓屋顶;门楼、角楼			民居	空间紧凑,采用"垫墩"的双面缓坡屋顶;受藏、汉文化影响较多	
10	河谷绿洲;形态紧凑;类型单一		撒拉族	聚落	村中多水系;街巷空间窄小;人口分布相对集中;紧凑型川水聚落形态	2.2.5
	篱笆楼;院中园林化;凹形平面			民居	一层土坯墙、二层篱笆墙;院中种植花卉;空间形态丰富;居住空间开敞	
11	聚落松散;放牧点;宗教色彩丰富		蒙古族	聚落	游牧聚落极为松散;放牧点为鱼骨式布局形态	2.2.6
	蒙古包			民居	逐水草而居;移动的家	
12	庄廓式民居	地域文化	河湟地区		多元民居聚居;汉、藏、回、土、撒拉、蒙古族等民族共同的住屋形式	5.3.2
13	帐篷式民居		环湖地区		居住方式与地区自然环境和畜牧生产方式相适应	5.3.2
14	绿洲式民居		柴达木地区		居住方式与地区绿洲灌溉农业生产方式相适应	5.3.2
15	碉房式民居		青南地区		就地取材;石砌墙体等元素成为青南山区地域建筑的鲜明特征	5.3.2

编号	模式语言	应对方面		特点、说明	章节
16	生产与生活一体	生产方式	传统农业型	传统农业型是乡村更新建设的主体,属生产与生活一体的居住模式	5.3.3
17	生产与生活分离		现代社区型	生态移民、游牧民定居等;基本脱离生产,趋向单一化的居住功能	5.3.3
18	生产、生活、经营一体		乡村旅游型	从事第一产业、兼营第三产业;集生产、生活、经营为一体的建筑类型	5.3.3
19	由封闭到开敞	建筑语言	空间更新	传统聚落、单体及居住空间由封闭到开敞的转变	5.3.4
20	由繁到简		装饰更新	工业化建材代替了传统材料,建筑构建及装饰从繁琐走向简洁	5.3.4
21	由无到有		功能更新	民居中的一些新生事物,引发对地域建筑特色的重新定义	5.3.4

资料来源:本文研究观点,作者制表。

4. 适应地形要素

地形地貌相对恒定不变,传统民居中对地形的适应是地域建筑特色突出特征之一,其中体现出人们对自然环境的适应和尊重的态度。如今,顺应地形看似已不是那么重要,人们可以依靠现代大型机械"开山铺路、削山建城",自然犹如一个木偶,可以任由人们拆装把玩。这反映出的是对技术的过度依赖,认为它可以解决人类面临的一切问题,使得人类忘乎所以,人类为了追求自身的发展对自然环境的破坏日趋严重,对此我们应当给予足够的重视和反思。对自然环境尊重,从传统建筑中适应地形和尊重自然地形地貌的生存智慧中汲取经验,尽量避免对自然环境的过度干扰和破坏,是当前乡村人居环境建设的重要原则之一。本书总结的青海乡土民居更新适应地形要素的主要表现,如表6.5所示。

表6.5　青海乡土民居更新适应地形要素总结

编号	模式语言	应对方面		特点、说明	对应章节
1	形态紧凑	川水平原地貌	聚落形态	土地资源稀缺,为集约土地聚落形态紧凑,有效利用空间	3.3.1
2	密集院落		民居形式	民居并联、联排组合,形成较为密集的院落式民居形态	3.3.1
3	聚落沿等高线带形发展	浅山丘陵地貌	聚落形态	地形较为复杂,整体聚落形态依据地貌特点有机发展	3.3.2
4	台地式套庄		民居形式	利用地形、北高南低,适应地形的同时增加了日照面积	3.3.2
5	山地聚落	高山峡谷地貌	聚落形态	适应山体峡谷地形走势,避风向阳是聚落选址的最佳地带	3.3.3
6	错层式空间		民居形式	采用错层布局,功能空间不在同一平面,适应陡峭的地形变化	3.3.3

资料来源:本文研究观点,作者制表。

6.2.2　整合设计要素协同

"协同"并不是新生事物，早在《汉书·律历志》就有"咸得其实，靡不协同"①的记载，中文的解释为协调一致、和合共同，协同也指协助会同、相互配合。20世纪70年代西德物理学家哈肯（Haken）创立协同学说，协同论在不同领域探讨了非平衡开放系统从无序到有序，以及从有序到无序的演化规律。协同论认为，一个由大量要素或子系统构成的开放系统，之所以能够形成有序的结构，关键在于要素或子系统之间形成协同作用，正是微观上的这种协同作用在宏观上产生了有序的时间结构、空间结构以及时空结构②。

从当前民居更新建设现状来看，往往缺乏协同一致的工作。例如在新民居建设中，单方面强调生态节能，而忽略民族文化的传承；大量使用的工业化技术、材料与地域民族文化缺乏融合；"只见新房不见新村"，村中缺少必要的公共服务设施；"看着光鲜住着辛酸"，村容村貌形象工程看似美好，但居住质量并不理想等，这些现象反映出我们往往只重视某一方面的工作，看不到问题的复杂性及其相关性，从而忽视了对问题的整体解决。从中可以看出，人们往往局限于某一方面思考，缺乏协调综合意识。

建筑学本身就是一门跨工程技术和人文艺术的综合性学科，建筑学所涉及的建筑技术和建筑艺术包含着实用和美学两个方面，建筑设计便是要处理好这两者之间的关系，因此建筑学本身体现出一种协同思想。

前文将青海乡土民居更新整合设计要素划分为：气候适应、技术适宜、文化传承、结合地形四个方面，它们之间虽然属性各不相同，但并不是相互排斥和孤立，而是一种协作和配合。它们拥有共同的目标，即实现建筑的可持续发展，这不仅仅是居住环境的改善和提高，也是包含民族文化的一种全面的可持续发展。

6.3　青海东部地区庄廓民居更新整合设计实践

随着青藏高原经济社会的全面发展，城乡之间正经历重要的转型、重构的历史时期。当前高原生态移民、游牧民定居、灾后重建、危房改造等新民居建设工程大面积建设，对未来高原乡村景观影响深远。在这全球化、城市化主导下新老碰撞的时代背景下，传统营建模式受到现代技术和材料的全面冲击，乡土民居建设正走在无序、无根、新老冲突的困境中，背后所反映出的问题是缺乏本土适宜营造模式的研究以及对民居更新建设科学方法的探讨。

---

① 《汉书·律历志》是东汉史学家班固所著的有关天文观测和历法的汉代书籍。在农业社会中，顺应天时和发展生产是社会的首要任务，因此在书中主要涉及当时人们对自然规律的认识及实际掌握的水平（夏国强.《汉书·律历志》研究[D].苏州：苏州大学，2010.）。

② 赵树智.系统科学概论[M].长春：吉林大学出版社，1990.

为此,2011年年初,青海省住房和城乡建设厅联合西安建筑科技大学(建筑与环境研究所)组成了青海特色民居课题组[①],对青海东部地区、环湖地区、柴达木地区、青南地区的民居建筑发展及现状进行了调查研究,相继完成河湟、柴达木、青南、环湖四个地区特色民居建设的推荐图集[②]。河湟地区民居类型以庄廓为主,本节内容将结合图集编制过程中所积累的研究素材,以及在2014年2月冬季实地调研测绘成果,展开庄廓民居更新整合设计探讨。

6.3.1 典型庄廓民居调研分析——以化隆县雄先藏族乡巴麻堂村为例

巴麻堂村位于青海东部化隆县最西端,距离所在的雄先藏族乡中心地区仅1.5 km,属于典型的藏族传统村落(图6.5)。受大山的阻隔,地区交通不便,仅有一条县级公路通往外界,人员及物资交流相对较少,由此巴麻堂村还保留着相对完整的传统村落环境和民居建筑。作为高山游牧与浅山农耕的过渡地区,巴麻堂村带有鲜明的半农半牧的传统农业特点,成为青海东部农耕地区藏族乡村聚落的典型代表。

1. 巴麻堂村地理自然环境

青海东部农耕地区基本是由黄河谷地与湟水谷地构成,东西走向长约260 km的拉脊山脉是黄河及湟水干流的分水岭,本书调研的巴麻堂村即位于拉脊山脉的南侧,属于下游李家峡水库的黄河流域范围,相对周边村落,该村是最为接近拉脊山脉山脊的村子,上与高山草原游牧相连,下与浅山农耕种植相应,造成该村生产方式既有游牧又有农耕的双重特点。该村总体地形为北高南低的山地村落,距西北4 km和东北方向5 km分别是海拔3 800 m的金刚山和海拔4 200 m的八宝山,村子正好处于两山谷地的中间,河流环绕,形成相对适宜的局部小气候。

2. 巴麻堂村村落格局

巴麻堂村分别由一队九下、二队牛滩、三队巴麻堂三个生产队组成(一队九下有25户,二队牛滩有13户,三队巴麻堂有45户,全村共计83户)。三队巴麻堂规模较大,位于海拔2 750 m的山谷台地上;一队九下距离村落西北角金刚山较近,由于地势较陡,村中交通不便;二队牛滩村落较小,位于巴麻堂村的东北角,紧邻八宝山山脚。全村三个生产队分别被东西两条冲沟河谷分割,形成各自相对独立的环境,但它们又都具有北高南低、背阴向阳的聚落特征(图6.6)。巴麻堂村是自主生成发展的自然村,村落形态与所在的地形地貌环境相融合,空间肌理变化完全与地区生产、生活方式相契合,具有鲜明的高原地域特色。从村落景观格局构成看,该村主要由民居、寺庙、道路、打麦场、河流、田地、植被等组成(图6.7)。

---

① 青海特色民居研究西安建筑科技大学课题组主持人:王军教授。

② 青海省住房和城乡建设厅官方网站,《青海省特色民居推荐图集》,http://www.qhcin.gov.cn/Sites/RootSite/QHSTSMJTJTJ/HHMJTJ.html。

图6.5 巴麻堂村地理区位图
资料来源:作者绘制。

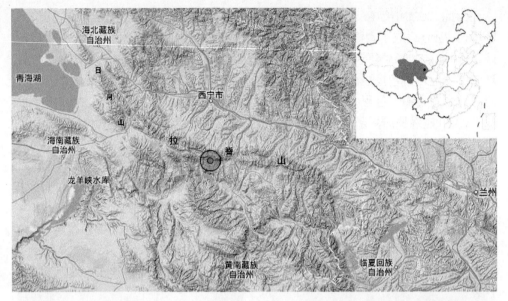

图6.6 雄先藏族乡巴麻堂村(村落位于脑山地带)
资料来源:(a)来源google地图;(b)、(c)作者拍摄、绘制(拍摄时间:2014年2月)。

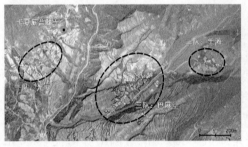

(a)巴麻堂村卫星影像图

(b)三队巴麻堂全景

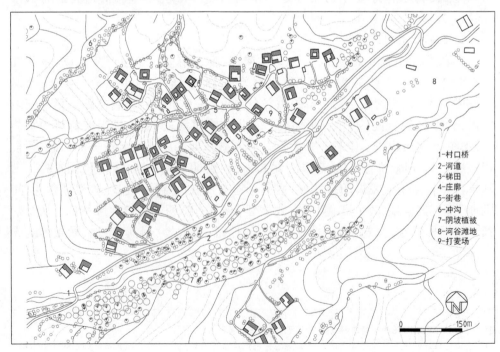

1-村口桥
2-河道
3-梯田
4-庄廓
5-街巷
6-冲沟
7-阴坡植被
8-河谷滩地
9-打麦场

(c)三队巴麻堂聚落形态

| （a）村落肌理 | （b）"上寺下村" | （c）院前打麦场 |

图6.7 巴麻堂村村落格局

资料来源：作者调研拍摄（拍摄时间：2014年2月）。

3. 巴麻堂村庄廓民居建筑要素解析

（1）民居形制及典型测绘。巴麻堂村地理区位偏远，交通不便，民居建筑仍保留着一定的传统营造模式，其中蕴含着丰富的绿色建筑经验和鲜明的地域特征，随着城镇化的发展和工业建筑材料的出现，传统建造方式也发生着转变，其中有合理的成分，也存在众多问题。调研选取巴麻堂村三个典型的庄廓民居进行分析。

A户：中多杰家（典型传统庄廓）。中多杰家位于巴麻堂村一队的九下，该队地理位置偏僻且地势陡峭，由于交通不便，与外界较少接触，现代工业建材很难运送到山上，因此民居建筑仍旧保留较为传统的土木结构形式。中多杰家居住老少两代共6口人，民居院落整体主要由居住建筑庄廓、生产空间的打麦场、院外猪圈、草料棚、旱厕组成，依附地形走势各个功能空间合理分布，之间既相互联系又相对独立，形成半农半牧地区典型的完整院落空间组合形式。

就单体庄廓而言，建筑结构为土木结构，庄廓外墙及院内隔墙等均由生土夯筑而成，建筑支撑材料及门窗也都由原木建造，属于典型的传统庄廓建筑构造形制。该庄廓东西宽17 m，南北长20 m，占地340 m²，主要由居住用房（卧室与厨房同处一间）、储粮间、羊圈、马圈、牦牛粪柴薪储存间及院心花园组成。受周围大的地形走势的影响，庄廓内存在北高南低的建造特点，北侧居住用房地势较高，南侧牲畜棚、草料间地势较低，一方面较好地划分了生产生活空间，另一方面有利于生活空间获得更多的日照（图6.8）。

B户：文成扎西家。文成扎西家位于巴麻堂村三队，三队距离雄先乡较近，经济及交通条件相对较好，村中民居更新改造相对较多。文成扎西家庄廓占地266 m²，现已经将庄廓内的正房拆除，仅留西厢房备用居住，准备重新改建正房，同时庄廓大门也从传统矮小的入口空间改造成贴有白色瓷片的高大门楼（图6.9）。受经济条件的影响，该户西厢房仍保留典型的传统土木建造形式，厚重的庄廓外墙和土坯内墙具有良好的蓄热保温效果，经现场24 h温度测试，室外冷热波动变化对室内温度影

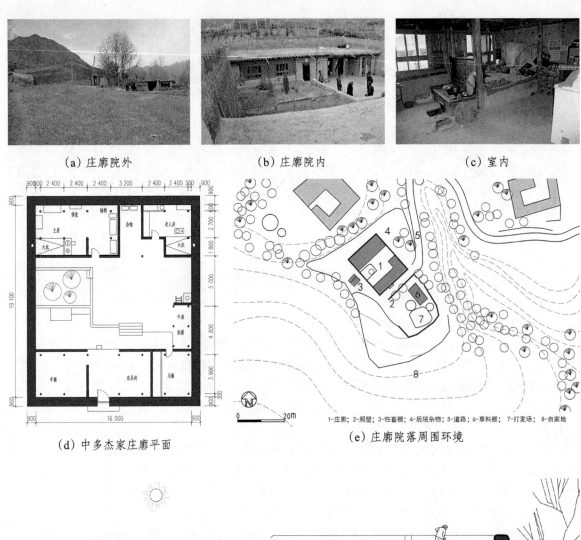

(a) 庄廓院外　　　　　　　(b) 庄廓院内　　　　　　　(c) 室内

(d) 中多杰家庄廓平面　　　　　　　(e) 庄廓院落周围环境

1-庄廊；2-照壁；3-牲畜棚；4-后院杂物；5-道路；6-草料棚；7-打麦场；8-自家地

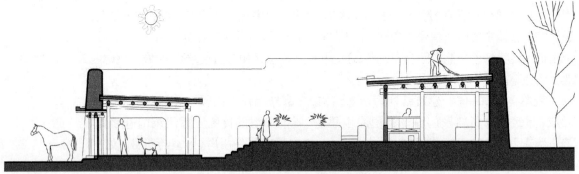

(f) 中多杰家剖面

图6.8　中多杰家庄廓及院落环境

资料来源：作者拍摄、制图（拍摄时间：2014年2月）。

响不大，室内日夜均温可控制在5～10℃［表6.6(a)］。但由于传统椽梁及门窗构造形式密闭性不佳，存在室内热源损耗的现象。为提高室内温度，对传统庄廓而言常采取加大火炉燃烧量或者进行煨炕补充室温，以此弥补传统木结构密闭不足的缺陷，因而传统庄廓用能模式比较粗放。

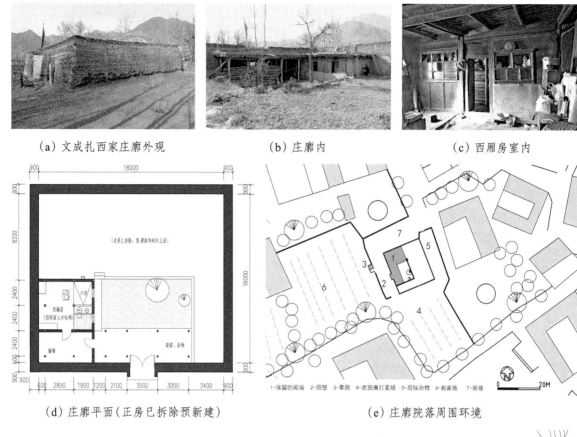

（a）文成扎西家庄廊外观　　　　（b）庄廊内　　　　（c）西厢房室内

（d）庄廊平面（正房已拆除预新建）　　　　（e）庄廊院落周围环境

1-保留的厢房 2-照壁 3-旱厕 4-农田兼打麦场 5-后院杂物 6-自家地 7-街巷

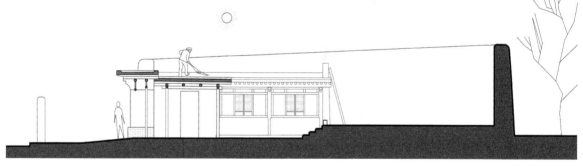

（f）庄廊剖面

图6.9　文成扎西家庄廊及院落环境

资料来源：作者调研拍摄、制图（拍摄时间：2014年2月）。

　　C户：文成家。该户位于巴麻堂村三队的北侧，庄廊占地360 m²，家庭经济条件较好，已经对传统土木房屋进行了较大改建。文成家外围仍旧保留厚重的庄廊土墙，但庄廊院内正房的隔墙已经改成了砖墙，居住正房门廊处也增加了玻璃阳光间。针对现有民居更新改造现状看，该户具有一定的普遍性（图6.10）。经调研测试，新加阳光间能较好地阻止室外冷空气的侵袭，减少了室内热量流失，冬季室内温度有了较大提高，一定程度上提高了室内居住舒适度［图6.11（b）］。但目前村民自建的铝合金玻璃阳光间支撑结构外露且密闭性差，一方面成为日间得热源，另一方面也成为夜间失热的主要部件。村民自建的玻璃阳光间受室外温度影响波动较大，被动式阳光间蓄热保温的热工性能并没有得到充分的发挥。

（2）建筑用能模式。庄廓民居的生活用能模式主要有三种，一种是卧室的火炕，一种是客厅的取暖火炉，再一种是厨房的灶台。青海气温长冬无夏，除夏季以外火炕均有使用，成为用能的主要模式。火炉一般做取暖、烧水之用，摆放位置及使用时段较为灵活，成为村民生活必要的取暖设备。青海东部地区灶台类型分为独立锅灶和灶连炕两种，农区的藏族多以灶连炕为主，利用做饭炉灶余热加热炕床。村民

（a）文成家庄廓

（b）庄廓内院（新建阳光间）

（c）进行了装修的室内空间

（d）平面图　　　　　　　　　　　（e）庄廓院落周围环境

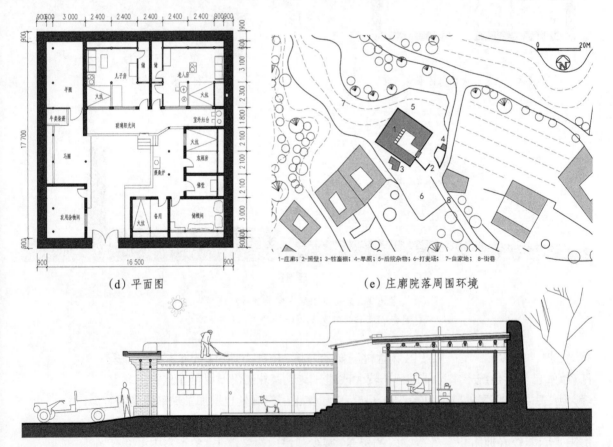

（f）剖面图（正房增加隔断及屋顶吊顶）

图6.10　文成家庄廓及院落环境

资料来源：作者调研拍摄、绘制（拍摄时间：2014年2月）。

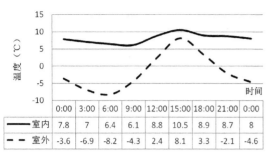

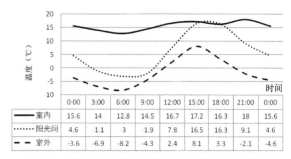

时间	0:00	3:00	6:00	9:00	12:00	15:00	18:00	21:00	0:00
室内	7.8	7	6.4	6.1	8.8	10.5	8.9	8.7	8
室外	-3.6	-6.9	-8.2	-4.3	2.4	8.1	3.3	-2.1	-4.6

（a）文成扎西家室内外温度（传统土木）

	0:00	3:00	6:00	9:00	12:00	15:00	18:00	21:00	0:00
室内	15.6	14	12.8	14.5	16.7	17.2	16.3	18	15.6
阳光间	4.6	-1.1	-3	-1.9	7.8	16.5	16.3	9.1	4.6
室外	-3.6	-6.9	-8.2	-4.3	2.4	8.1	3.3	-2.1	-4.6

（b）文成家室内外温度（加建被动式阳光间）

图6.11 文成扎西家和文成家庄廓室内外温度对比（2014年2月23日数据）

资料来源：作者绘制，数据由青海省建筑建材科学研究院提供，作者现场参与测试。

的燃料来源主要由农业秸秆和牦牛粪、柴薪组成，利用废弃的麦秆和晒干的牛羊粪，很好地解决了生活燃料的需求。火炕与炉灶在民居建筑用能模式中扮演着重要的角色（图6.12）。

（3）建筑排水。庄廓是一种相对封闭围合的生土民居类型，屋顶排水及院内积水的及时排出会直接影响庄廓墙体的稳定和安全。该村庄廓地基一般由河谷冲刷下来的岩石砌筑，并高出院外地坪400 mm，院内地坪略高于院外，庄廓内的居住房屋地面普遍高于院内地坪500 mm。传统庄廓民居屋顶排水属于内排式，屋顶均向内院放坡，雨水由檐口水舌排向院内积水坑，通过暗道由大门方向排向院外。随着村民生活水平的提高和新型排水材料的普及，目前巴麻堂村部分庄廓民居屋顶采用了PVC排水管网，院内地面也由土质地面建成了水泥地面（图6.13）。

（4）建筑装饰中的民族特色。青海是多民族聚居的省份，巴麻堂村所在的河湟地区居住了汉、藏、回、土、撒拉、蒙古族等民族，他们大多使用庄廓，各民族庄廓的外观基本相同，但在空间布局、建筑色彩、大门装饰、宗教设施等方面存在较大的差异性。巴麻堂村村民庄廓内一般建有佛堂、煨桑炉、玛尼旗杆等宗教设施，房屋色彩一般以木料本色为主，辅以橘黄色涂料装饰门窗家具，有条件的家庭常在屋檐橡头装饰蓝、白、红、绿、黄等色。巴麻堂村庄廓大门前常建有照壁，一方面阻挡视线，另一方面可以减少院外寒风的进入。布置在村口及民居内色彩丰富的玛尼旗杆成为藏族有别于其他民族的显著特征，同时藏族庄廓外形厚实，相对封闭，内部构造粗犷质

（a）灶连炕及火炉

（b）牛粪及麦秆柴薪

图6.12 巴麻堂村民居用能模式

图6.13 屋顶排水做法
（采用有组织排水）

图6.14 建筑装饰中的民族特色
资料来源：作者调研拍摄（拍摄时间：2014年2月）。

（a）佛堂

（b）佛龛

（c）煨桑炉

（d）装饰质朴

（e）门楼经幡

朴，这与藏族宗教信仰和审美情趣不无关系（图6.14）。

4. 巴麻塘村生产、生活实态

（1）"上牧下耕"的农业生产格局。巴麻塘村是典型的山地藏族村落，地理区位位于高山与川水平原的过渡地带，农业生产方式以半农半牧为主。相对海拔较低的川水地区密集型聚落，该村落民居分布较为松散，其间多有小块农田分布其中，成为构成村落形态肌理的重要组成部分。早期土地资源尚不稀缺，人少地多，巴麻塘村农田多位于村落以下，以上多为林地和草原，形成"上牧下耕"农业生产基本格局，而位于巴麻塘村下游距离拉脊山脉较远的川水平原地区，回族、撒拉族村落则以单一的农业种植为主。

（2）旱地梯田。随着人口增加，村落以上适宜耕种的土地也常被开垦成农田，为保持水土养分，村民沿等高线建造阶梯式农田，梯田降低了地面坡度和缩短了坡长距离，起到了很好的蓄水、保土、增产的作用，成为巴麻塘村乃至青海东部农业地区典型的农田种植方式。

（3）谷物收集晾晒。当地主要种植小麦、青稞、豌豆、油菜、洋芋等，农收季节村民将梯田种植的谷物收割后，沿田埂小道送至各家打麦场，经加工整理，储存在庄廓内的储粮间。期间常在庄廓屋顶晾晒谷粒，以免村内牲畜破坏，因此庄廓的平屋顶既是建筑的组成部分，也是农业生产加工的重要场所。

（4）牲畜饲养。巴麻堂村主要饲养的牲畜有羊、猪和少量马及牦牛，白天一早羊群出栏沿山间小道觅食，日落时分回到羊圈。庄廓内一般都建有羊圈及牲畜棚，并配以草料间，牛羊的粪便可收集作为生活燃料，猪圈由于卫生原因常被布置在庄廓外，猪粪也常作为田地的肥料。

（5）饮茶习俗。西北多民族地区饮食多油腻，喝茶是日常生活的重要内容，与内地中原茶不同，"砖茶"①是西北数百万平方公里的少数民族地区普遍使用的民族茶。庄廓内的火炉主要起到日常沏茶和取暖之用，做饭很少用到火炉，人们常沿炕而坐，备以砖茶款待客人，火炉、砖茶、热炕构成人们日常生活的主要方式。

5. 巴麻堂村民居及聚落环境生存智慧总结

（1）聚落层面。巴麻堂村村民认为自己的村子是当地风水最好的，调研发现拉脊山脉的八宝山、金刚山阻隔了西北寒分的侵袭，同时村落东西两翼又有山丘环抱，仅以南向开敞通往外界，形成一个相对封闭稳定的局域小气候，是聚落选址的理想所在。从大的地形来看，巴麻堂村位于南北向的山坳内，虽相对周围山丘地势低洼，但村落位于山坳内较高的台地上，且北高南低可以获得充足的日照。巴麻堂村的一队九下和二队巴麻堂村前分别有河流经过，由于该村紧邻拉脊山主峰，山间溪流水质清澈，四季水源不断，很好地满足了生产及生活需求。背山向阳、北高南低、临近水源等聚落布局特点，对于当前农牧区新农村建设具有重要的借鉴意义（表6.6）。

（2）单体建筑层面。

① 结合地形。适应地形是作为山地聚落的巴麻堂村民居建筑的突出特征，村中庄廓之间有机组合，各自结合所在具体地形环境，进行多样化的分布。大门的入口位置依据地形变化，一般放置在东南和西南向，庄廓内居住正房一般与入口大门相对，且正房地坪处于院内地面的最高处，可以说单体建筑竖向设计与村落整体北高南低的地形相吻合，做到了统一中有变化、变化中显和谐的建筑特点。

② 分期建设。庄廓的修建过程主要分为：打庄墙、盖正房、修厢房、搭倒座四个步骤。它们之间往往并不同时建造，而是根据自家具体情况，有选择性地加以修建。同时针对既有庄廓，也可以选择临时居住厢房内，从而便于拆除更新正房，这样民居建设就具有极大的灵活性。

③ 空间的合理组织。当地气候干燥严寒，对于居住建筑而言，合理划分空间可使生活空间获得较好的舒适度。庄廓外墙直接面对外界寒冷气流，当地常在庄廓内墙与居住房屋之间建有空气缓冲区，按照分布地点不同分为厨房及杂物间缓冲区和正房北墙夹层两种类型。村民常将厨房和杂物间放置在正房东西两侧，形成居住房

---

① 砖茶不是原茶，而是一种加工紧压茶，由于形似砖块，故名砖茶。砖茶主要产于我国四川、云南、湖南、湖北等地，但其消费地在我国西部少数民族地区，包括西藏、青海、新疆、甘肃和宁夏、内蒙古部分地区。砖茶与西北少数民族地区的气候、海拔、水质、居住形式、食物、生产方式、生活节奏、消费水平、社会交往形式等具有重要的内在整体的关联性（参见：段继业.砖茶与西北少数民族社会［J］.青海民族研究，2007（4）：46-53.）。

屋东西方向与室外寒冷空气的阻尼区。同时利用正房内木结构立柱与庄廓北墙内侧的间距,建有隔墙,隔墙一方面美化室内墙面,另一方面也形成一道室外寒冷空气缓冲区。

表6.6 巴麻堂村传统庄廓民居及聚落生存智慧分析

	要　素	智　慧　总　结	特　点　说　明
聚落格局	聚落选址	山谷台地背山向阳	抵御西北寒风的侵袭;形成相对温暖的区域小气候
	竖向布局	聚落北高南低	减少建筑之间阴影面积,保证每户均能获得充足日照
	村落肌理	适应地形有机生长	山地变化多样,结合具体环境展开建设,因而有机成为聚落平面肌理的显著特点
	河　道	紧邻水源	地区干燥少雨,临近河道,保证了必要的生产生活用水
	植　被	避风和涵养水源	利用植被减弱风速和减少民居热损耗;涵养水分
单体建筑	建筑形体	形态规整	减少建筑形体系数,有利于减少热损失、获取太阳能
	建筑材料	就地取材	在地区建筑资源匮乏的条件下,有效利用本土资源,石材做墙基,生土夯筑墙体
	空间组合	设置空气缓冲区	应对地区高原严寒、昼夜温差大的气候特点,空气阻尼区可以使得室内保持较为稳定的室温环境
	空间形态	大面宽、小进深	增加室内日照面积,相对减少阴影区,增加热量获取
	屋顶类型	平屋顶	与地区干旱少雨自然环境相适宜,同时屋顶可晾晒谷物,相对增加了农业生产面积
	建筑用能	热炕、灶台、火炉 (生物质燃料)	地区气温长冬无夏,建筑热能的获取方式多样;利用乡土生物质资源,与自然环境和谐相处
生产生活	农业结构	上牧下耕	村子位于脑山地带,上临近高山草甸可放牧牛羊,下临近浅山谷地可农耕种植
	田埂类型	旱地梯田	治理坡地建成水平梯田,起到蓄水、保土、增产作用
	生活态度	轻物质、重精神	受宗教教义影响,"节制、勤俭"是藏族生活方式的重要特征

资料来源:作者调研制表。

6.3.2 庄廓民居更新整合设计

1. 当前民居更新改造现状与问题(表6.7)

(1)建筑选址不当。随着村中人口数量的增加,建房的土地资源相对减少,加之当地为脑山地带适宜建房的空间有限,同时村中缺少合理的规划设计,从建筑选址角度看,这势必造成新建房屋存在众多问题。首先,是在河滩地带建房,原有的巴麻堂村三个生产队分别位于河道两侧的台地上,但目前在河道上游滩地新建了一些民房,这将给雨季民居建筑的安全带来隐患。其次,是新建房屋沿村落边缘化蔓延,房

表 6.7　巴麻堂村当前民居建设现状与问题

	现　　象		原　因
建筑选址不当	 (a1)河滩地建房,雨季面临安全隐患,同时占用谷地良田,土地资源浪费	 (a2)冲沟边沿建房,濒临风口,庄廓院内热损耗较大	人口增加,适宜建房空间不足;旧有老庄廓缺乏更新改造;缺少科学规划引导
建筑能耗较高	 (b1)"土改砖",拆除夯土墙,改为240 mm砖墙,与传统宽厚夯土外墙相比,墙体围护结构蓄热保温热工性能降低	 (b2)片面加大开窗面积,室内热舒适度降低,新建砖房往往成为一种摆设,冬季无法居住	现代工业建材涌现,村民被动接受,丢弃传统用能模式;未能对传统用能模式进行必要的更新优化
民族特色衰落	 (c1)"村学乡、乡学县、县学城",城市化的建筑模式蔓延到乡村(图为雄先乡主干道)	 (c2)钢筋水泥、白瓷片等现代工业建筑材料千篇一律,与我国内地乡村建筑类似	工业建材缺乏地区意识;村民对自身民族文化缺乏自信;城市消费文化慢慢渗透进乡村
新老技术脱节	 (d1)传统与现代技术并置,缺乏衔接	 (d2)工业技术材料逐渐替代传统工艺	当代本土适宜技术尚未建立;乡村依然受困于城乡差别;新老技术缺乏融合

资料来源:作者调研拍摄、绘制(拍摄时间:2014年2月)。

屋紧邻村落的冲沟边缘,山风相对强劲,面对风口导致建筑散热量相对较高,与青海高原严寒的气候环境极不适宜。

（2）建筑能耗较高。传统土木庄廓在传统农业生产生活模式下具有能耗低、自给自足的生态特质,但当前新建民居面临着社会、经济、技术的多重影响,传统建筑模式逐渐解体,用能模式丢弃传统、过度依赖商品能源,造成建筑能耗过高,带来一定的资源浪费和经济负担。目前当地新建民居普遍存在"土改砖"现象,即拆除原有宽厚的夯土庄廓外墙,改用烧结黏土实心砖作为庄廓外墙,经调研发现砖砌墙体厚度多为240 mm,与传统夯土墙体相比,墙体围护结构蓄热保温的热工性能降低。新建房屋受地形限制,过度增加房屋进深,室内获得日照面积减少,降低了太阳能供暖率。部分农户为了表现自家经济实力,一味加大室内层高,并选用粗大的木料建构新房,对当地木材资源是一种浪费,也加大了建筑室内的热损耗。

（3）民族特色衰落。调研发现,新建民居中人们对维护本民族建筑风貌的关注度不高,在他们的建造实践中,民族特色往往被工业化、城市化的建筑材料所替代,原有丰富多元的民族建筑语言正走向趋同。当地乃至全国农村地区普遍存在"村学乡、乡学县、县学大城市"的建筑观,认为城市的建筑就是乡村建筑发展的方向,由此新建出众多城市化的类似小洋楼的民居建筑,其建筑结构、材料乃至样式模仿城市建筑。从主观意愿来看,这并不是当地农户所愿意看到的,虽然受到快速城市化以及当代信息社会的冲击,他们思想意识正发生巨大转变,但是对本民族的认同依然在心中占据重要地位。之所以出现城乡趋同、地域及民族特色丧失的现象,本书认为他们属于被动地接受,当前的民居建造行为受控于如今尚不健全的城市化建筑工业体系,从当地新建民居以及既有民居改造中千篇一律的铝合金门窗、白瓷片、黏土砖等能够反映出来。

（4）新老技术脱节。现代化的生产生活方式注定传统庄廓民居将发生巨大改变,人们逐渐抛弃传统建造技艺,大量使用城市化的建筑语言,但是因为各种经济、文化、技术条件的综合限制,当前农村建造技术并不成熟,新老技术并置十分突兀,新老之间缺少衔接与融合,根本地讲就是本土适宜技术的缺失。在此过程中,农民对自身又缺少足够的文化自信,这当然是由长期的历史原因造成的,但就目前而言,农户在建造新房过程中以及日常生活中,对传统建造技艺采取排斥态度,认为那是一种落后的象征,例如人们不再热衷对牛粪柴薪传统可再生资源的利用,转而把精力放在城市化的电力、燃煤上,传统优秀的房屋采暖技艺濒临消亡。

2. 语境把握与对策措施

青海东部河湟地区藏族庄廓多位于海拔较高的脑山地带,这里自然地形环境特殊、生产及生活方式有自身特点,加之民族宗教文化不同,民居营造方式有别于海拔较低的川水平原地区的庄廓。如前文所述,语境是此人、此地、此时和人间、空间、时间的综合体现,本书基于对巴麻堂村庄廓民居及聚落环境的分析,较为清晰地了解到当地自然与人文环境,进而获得与之地域建筑对话的有效途径（图6.15）。

（a）脑山地貌

（b）台地式聚落

（c）屋顶利用

（d）牛粪及秸秆

（e）牲畜圈

（f）建筑形体规整

（g）正房门廊

（h）门楼

（i）生产方式

（j）灶连炕

图6.15　河湟地区脑山地带的民居建筑语境分析
资料来源：作者拍摄（拍摄时间集中在2011年至2014年）。

查尔斯·柯里亚（Charles Correa）评价哈桑·法赛说："为穷人的建筑，不是说如何为穷人设计一栋建筑，而是要创造一种把那些实际已经存在的东西，加以继承和发展，故其解决方案是有活力的。"[1] 从中可以体会到柯里亚对本土建筑智慧的肯定，同时也清晰地看到柯里亚强调对传统营建智慧的继承和发展。本书从青海东部农业地区脑山地带自然环境与民族文化入手，吸收借鉴传统民居营造智慧，综合考虑自然气候、本土适宜技术、民族文化、地形环境等因素，对脑山地区藏族乡土民居更新设计进行探讨和分析（表6.8）。

3. 民居更新整合设计要素的综合运用

针对脑山地带藏族庄廓自然与人文综合环境，展开民居更新整合设计的探讨。该方案宅基地面积273.9 m²，居住建筑面积117.4 m²，整合设计模式要素的综合运用具体体现在以下方面（图6.16）：

（1）延续传统绿色经验，合理优化空间布局：① 延续"凹、L"形传统空间布局形态，形态规整，减少外墙散热面积；② 居住空间进深控制在4.2 m以内，达到进深与层高比1.5，确保房间获得较多日照和尽量减少阴影区；③ 将厨房、储物间等附属空间设置在北墙，以便形成室外寒冷气温的阻尼区；④ 背阴向阳的院落布局，南向加大开窗面积，北向尽量避免开窗。

（2）延续传统生态节能技艺，提升能源利用效率：① 卧室沿用热炕技术，优化提升传统技艺，并采用新型吊炕技术，对此可减少商品能源消耗，减轻农民经济负担，同时实现农业废弃物如秸秆、牲畜粪便等再生资源的循环利用。② 厨房沿用柴灶生活用能模式，在提高柴草燃烧效率的同时优化传统火灶并将灶炕相连，在空间布局上满足"灶连炕"功能需要。厨房与卧室之间用墙体分割，一方面避免烟尘对居住空间的污染，另一方面提高了柴灶余热的高效利用。③ 发挥高原太阳能资源优势，引入玻璃阳光间技术，考虑到河湟地区是青海四大地区中气温相对较高的地区，当地普遍存在带顶"虎抱头"的建筑形式，对此利用门廊空间增加大面积玻璃墙

① 吴良镛.广义建筑学［M］.北京：清华大学出版社，1989：78.

表6.8 青海东部脑山地区藏族庄廓民居更新整合设计分析

因素		现状、特点、问题	设计方法、措施
自然环境	日照	太阳能资源丰富	引入太阳能建筑现代设计方法与技术
	气温	长冬无夏、昼夜温差大	从建筑布局到空间构造,实现蓄热保温
	降雨	干旱少雨、蒸发大	平缓屋顶,利用房顶扩大使用面积
	建材	黄土及冲沟岩石	以本土建材为主,引入现代绿色建材
本土技术	被动式阳光间	已广泛使用,但热工效能并没有充分发挥	优化阳光间材料与构造形式
	热炕	传统煨炕存在烟气安全隐患	炕与建筑空间组合设计,优化空间布局
	火灶	烟熏火燎,带来污染和安全隐患	合理划分空间,加强通风排风设计
	火炉	室内烟尘较多,柴薪利用落后	采用现代生物质炉具,优化传统柴薪
	夯土墙	"土改砖",传统夯土技术面临消亡的危险	改良传统夯筑技艺,提升保温抗震性能
	排水	缺乏雨水再利用的意识,污水随意排放	收集屋顶雨水,建小型集流系统,对于村落而言利用地形建设生态澄清池
民族建筑文化	佛堂	宗教信仰空间相对独立,但当前受现代化的影响有弱化的趋势	文化空间与建筑节能设计相结合,尊重藏族宗教习俗
	煨桑炉	作为院内庭院景观的重要民族元素	与庭院景观相结合,保护民族宗教传统文化,美化庭院的同时彰显民族特色
	风马旗	风马旗是有别于其他民族的民居建筑突出外观特征	风马旗色彩丰富类型多样,可与院内院外景观设计相结合
	照壁	遮挡视线,避风	合理确定入口与照壁间距与长宽尺寸,满足交通工具出入要求
地形地貌	整体布局	布局散乱,道路及基础设施落后	调整住区规划,提高村落基础设施建设水平
	地形	地形高差变化大、河谷冲沟	利用地形合理组织聚落形态,沿等高线布置建筑空间
	选址	村落盲目扩张,选址不当	加强废弃老宅的重新利用,新建选址注意日照朝向、风向以及防洪要求
	竖向	脑山地区坡度较陡,建筑与出行均受到较大影响	灵活组织院内空间,采用错层、提高勒脚、筑台、掉层等设计方法

资料来源:作者制表,本书研究观点。

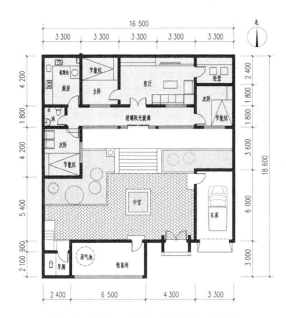

（a）平面图（五开间，L形平面，小进深）

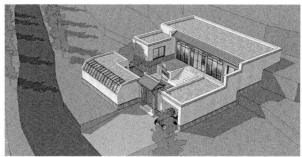

（b）院墙（增加车库入口，人车分流）

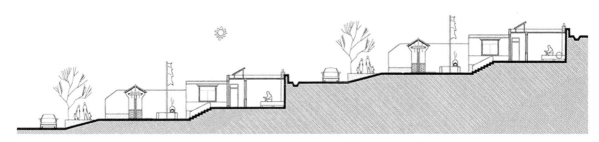

（c）民居效果

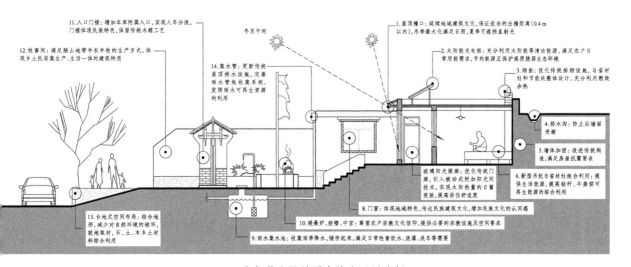

（d）河湟地区脑山地带聚落组合形式分析

（e）整合设计要素综合运用分析

图6.16 河湟地区脑山地带之庄廓民居更新整合设计分析
资料来源：本书研究观点，方案及制图为作者设计、绘制；效果由西安建筑科技大学2010级研究生赵一凡绘制。

面,形成蓄热保温的玻璃阳光暖廊。

（3）尊重住户主体地位,保护和弘扬民族文化:① 居住空间设置了经堂,可满足住户的宗教生活需求;② 在院内设置"中宫",用于安置经幡及煨桑炉等宗教设施,尊重民间传统习俗;③ 在现代玻璃暖廊的基础上,融入传统檐廊的地域特色,使其既满足阳光蓄热保温的功能,又满足建筑民族特色的弘扬,提高民居更新中的民族认同感;④ 提炼传统门楼建筑语言,在保持民族特色的基础上,采用新旧技术的融合,传承地域建筑风貌;⑤ 建筑色彩以本土建筑材料为基色,河湟地区多以生土墙体夯筑,建筑基本色彩采用生土色,具体色彩的量化方法应以与建筑所在地域环境相协调为标准。传统河湟民居墙体涂有白色的多为出家的喇嘛居住,为此寺庙中民居色彩基色也可以白色为主。

（4）吸收传统山地建筑经验,节约土地、利用地形减少对环境的破坏:①"山多地少"是青海地貌的客观现状,尤其在浅山、脑山地区基本为山地型聚落建筑,设计中吸收传统"套庄"空间形态,采用南低北高的台地式布局,一方面体现出适应气候获取日照的布局特点,另一方面实现结合地形和节约土地的目的。② 南低北高意味着居住建筑屋顶与北侧地坪高度接近,方案中强化北侧墙体防潮抗震的要求,同时结合屋后道路可满足屋顶空间的综合利用。例如,在屋顶晾晒谷物,满足一定的生产功能,这也与河湟民居"房上跑马"的地域特色相符合。③ 建筑单体与邻里建筑有机组合,形成沿等高线平行发展的聚落形态,进而为山地民居更新建设提供有益探索。

6.4 青海南部地区碉楼民居更新整合设计实践

青南地区是青海四大地域环境之一,具有自身显著特质,由西北至东南方向主要由无人区、草地牧区和少量河谷林地组成,人口绝大部分从事草原牧业,仅在河谷谷地存在半农半牧农业方式。青南地区生态地位十分重要,是我国著名的三江源头,稀有动植物物种丰富多样,保护地区生态环境是人居环境建设的基础和前提。

该区海拔高、气温低,平均海拔在 $4\,000 \sim 6\,000$ m,年均气温在0℃,是青海四个自然区海拔最高和年均气温最低的地区,与严寒相比高海拔也带来地区太阳能高辐射量$[\,6\,300\ \text{MJ}/(\text{m}^2 \cdot \text{年})\,]$,这意味着太阳能利用在民居更新中具有重要作用。青南地区石材广布,与东部生土民居不同,石木结构是该地域建筑的显著特点。青南藏族建筑文化色彩浓厚,佛堂、煨桑炉等宗教设施是建筑语言的重要元素,同时一些风俗禁忌仍然普遍存在和被遵守。综合以上地域特质落实在青南民居更新设计中,本书将从青南民居设计实践案例中选取传统碉楼更新设计进行论述。

6.4.1 果洛州班玛县马可河河谷地带擎檐柱式碉楼解读

1. 班玛与玉树碉楼的差异

青南地区地广人稀,碉楼民居多分布在高山河谷地带,其他地区多为土木、石木结构的一层游牧民冬居房,其零散分布于广阔的高山草原中。正如前文提到的,青南地区总体土地利用类型是西北海拔高且植被稀疏，东南海拔低且林地面积相对较多，果洛州正位于青海省的东南角，这里年平均降水量在600 mm左右，在班玛县马可河河谷地带年降水量达到近800 mm。因此果洛州碉房与玉树州碉房虽然同属石木结构碉房，但果洛州碉房中木的成分较多，尤其在班玛县马可河谷地，碉房建筑主体西北侧多建有木结构附体构筑物，成为典型的"擎檐柱式碉楼①"。

　　2. 班玛与四川阿坝、甘孜藏族碉房的差异

　　班玛县位于青海省的东南角，与四川省阿坝及甘孜藏族自治州接壤，从藏族语系划分区域来看，该地区属安多语系与康巴语系②交界处（图6.17）。由于紧邻四川阿坝、甘孜，碉楼在建造技艺上有较大的相似之处。例如班玛县的马可河即为四川大金川和大渡河的上游，三者同为一江，只是处于不同的地段而已，其建筑在空间布局、建造技艺、装饰色彩等方面有较多相似之处。

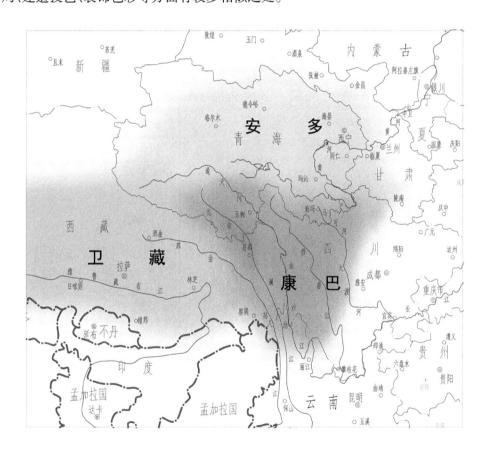

图6.17 藏区语系分布示意图
资料来源：作者绘制。

---

① 藏族的木构架建筑和石墙建筑在原始社会时代的卡若遗址中已初具规模，与古代西南广大地区"依树积木，以居其上"的干栏建筑相同，底层架空，利用下部空间圈养牲畜，楼层住人，外墙石砌，由于平顶出檐悬挑，出现擎檐柱，这类建筑具有木构架和碉房的梁墙结合的特点，我们称它为"擎檐碉房式"。

② 藏区按方言划分可以分为卫藏、康巴、安多三种。以拉萨为中心的周边地区叫做"卫藏"；四川甘孜、云南迪庆、青海玉树以及西藏东部的昌都为"康巴"语系区；青海果洛、黄南、环青海湖地区，四川阿坝北部、甘肃甘南及天祝等地区为"安多"语系区。

但是，青海班玛县马可河一带的藏族碉楼与四川阿坝州及甘孜州藏族碉楼也存在一些明显的差别，主要体现在石砌墙体外围木构架的建造形式上。马可河一带的碉房外围木质檐廊立于地面，其梁、架的立柱落在地面，从地面到屋顶上下贯通，而四川一带的碉房外围木质檐廊主要采用悬挑的形式，常在二三层处做"挑楼、挑廊、挑台、挑厕"（图6.18）。因此，青海班玛县马可河河谷地区的藏族碉楼有其自身的特色。

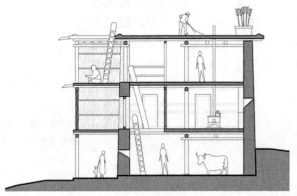 

西向剖面　　　　　　　　　　　　　　　建筑单体

（立柱立于地面，木质檐廊多为架空廊架，旱厕为"架空厕"）

（a）青海班玛县（马可河河谷地带）碉楼民居建筑特征

（班玛县灯塔乡科培村党曾措宅）

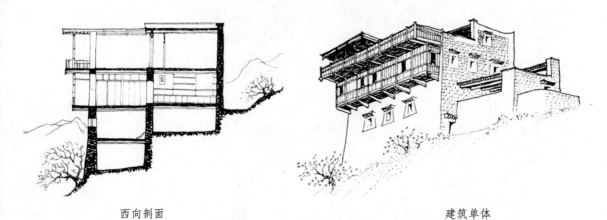

西向剖面　　　　　　　　　　　　　　　建筑单体

（木质檐廊多为"挑楼、挑廊、挑台、挑厕"）

（b）四川马尔康县（马可河至大金川之间河谷地带）碉楼民居建筑特征

（马尔康县查白寨况尔宅）

图6.18　班玛县马可河河谷碉楼民居与周边地区的差异

资料来源：(a)作者绘制拍摄；(b)引自：陈耀东.中国藏族建筑[M].北京：中国建筑工业出版社，2007：137.

6.4.2　典型碉楼民居调研分析——以班玛县灯塔乡科培村为例

如果说城市化浪潮改变着全国各地乡村面貌，传统民居尤其是正在居住使用的传统建筑日渐消亡的话，青藏高原一些偏远山村仍旧保留着"原汁原味"的居住建筑以及村落,成为我国为数不多的典型传统"活态"民居村落的聚集地,青海果洛州班玛县灯塔乡周边乡村即如此。

1. 科培村自然与人文环境

科培村所在的班玛县为典型的高原山地类型。班玛县地处巴颜喀拉山与阿尼玛卿山之间果洛山的南麓,地势西北高东南低,西北部海拔较高(多在4 100～4 800 m),地势相对东南部较为平缓,地貌类型多为高山草甸,草原游牧是其主要生产方式。班玛县东南部海拔较低(多在3 500～4 300 m),这里沟谷纵横,呈典型高山峡谷地貌,马可河由西北到东南贯穿其间,河谷谷底至周边山顶落差近1 000 m,河道蜿蜒曲折,大大小小的藏族碉房聚落位于河谷两岸,科培村即为其中之一(图6.19)。据班玛县气象站测定的资料,该区多年来平均气温为2.4℃,极端最高气温为28.1℃,极端最低气温为-29.7℃,升温快、降温急,昼夜温差大,年平均降水量为638.4 mm,年均降雨天数为142 d,是青海省年降雨量最多最为集中的地区。同时该地区海拔较高,空气稀薄,缺氧严重,对人畜行为模式影响较大。

据史料记载,900多年前一些外来藏族农民在班玛河谷一带务农,由于人口的增多及生产活动的拓展,600多年前小块农业区的农民开始从事畜牧业生产,并沿马可河自南向北迁徙,逐步遍布全县及果洛州全境。历史上班玛县长期属于川、甘、青三不管地区,历代的中央和地方政府从未在这里建立政权,封建牧主、喇嘛寺院、部落头人共同管辖班玛700余年,直至1955年正式成立班玛县人民政府[①]。科培村所

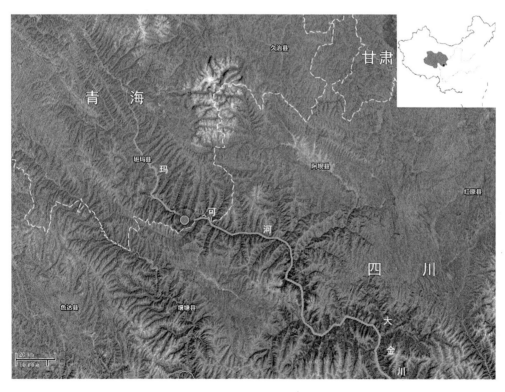

图6.19 科培村地理区位
资料来源:基于google地图,作者整理绘制。

---

① 资料来源:青海省统计局.青海省社会经济统计年鉴[M].北京:中国统计出版社,1986:378.

在的班玛县90%以上人口是藏族,文化区位位于康巴与安多语系的交汇处,班玛县马可河上游地势相对平坦的地区其农业生产方式多为牧业,在班玛县境内的马可河下游由于山高谷深,河谷两岸的村落生产方式多为半农半牧。除科培村所在的灯塔乡灯塔寺以外,沿马可河还有多贡玛寺和班前寺,聚落中宗教景观十分丰富。

2. 村落格局

科培村位于马可河南岸陡峭的山坡上,由新村和老村组成,老村地势较高,海拔高度约3 300 m,位于相对平坦的台地上,新村位于东侧河谷谷底的滩地。老村户数约20户,碉房民居较为古老,多为解放前建造,有的长达300多年,新村户数约13户,多为近年新建房屋。从村落景观格局构成来看,主要由碉房院落、村中道路、宗教设施、谷底农田、山顶草甸、阴坡林木、马可河等组成(图6.20)。

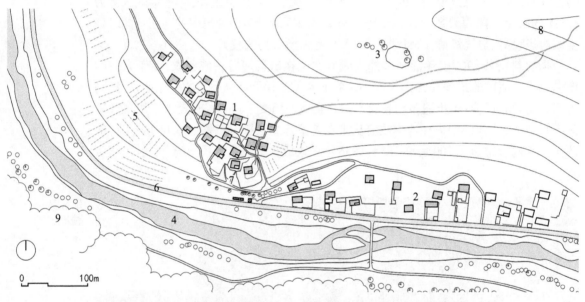

1—老村;2—新村;3—山顶经幡台;4—马可河;5—耕地;6—公路;7—村口小庙;8—山顶草甸;9—阴坡林木

(a) 村落总平面图(该处海拔多在3 300 m左右)

(b) 从东南角远望山谷台地上的老村

(c) 站在山谷崖壁处向下远望科培村及马可河

图6.20 科培村平面图及现场照片

资料来源:作者调研绘制、拍摄(拍摄时间:2014年1月)。

碉房院落：碉房不同于青海东部的庄廓，庄廓属北方合院式民居，而青海南部碉房为独栋式民居，每栋碉房周边都有低矮的石砌院墙围合，形成各家的院落空间。处在村落边缘的住户常在院墙的基础上，又向外用木篱将自家田地围合进来，空间规模相对较大。碉房院落空间依据地形、生产需要以及邻里之间的社会关系综合形成，大小不一、形态各异，带有浓郁的乡村有机"无序"的发展特点。除独立的碉房之外，院落中多由牲畜草料间、生活柴薪及备用场地组成，由此构成完整的传统碉房院落。

村中道路：科培村所在的马可河河谷聚落之一，属典型高山峡谷的山地村落，道路系统尤其反映出山地建筑的特点。老村所在位置与河谷公路最近直线距离30 m的高差约在30多米，坡度达到45°以上，看似距离村子很近，但入村道路需向东绕行350多米，沿等高线上行才可到达村子。该地区海拔高达3 300 m，加之氧气稀薄，人畜行进过程十分缓慢。受经济条件的制约，科培村村中道路仍为传统的土路，日照强，地表土壤干燥，行进中村中道路浮土扬尘较多。路网系统主要由3 m主路和0.9～2 100 m的邻里院落巷道组成，除此之外村中多饲养牦牛，村子背后有宽度仅为0.4 m"羊肠小道"供牲畜上山觅食，道路十分陡峭，村民很少在此行走。

宗教设施：即使生存环境十分恶劣，但人们的精神追求十分丰富，村中宗教文化设施从村落到建筑均有展现。首先，位于村落背后山坡高处建有一处玛尼经石土台，上面插满了经幡和风马旗，远处望去十分醒目。其次，在村子入口处建有一间转经筒小庙以及16连座的白塔，成为村落入口空间的重要的景观标识。最后，村中每家每户院前院后常插满高高耸立的经幡旗杆，屋顶处多悬挂色彩丰富的风马旗，位居村落高处俯瞰，整座村子散发出浓郁的乡土气息和民族文化特色。

谷底农田、山顶草甸："上牧下耕"农业生产方式与青海东部半农半牧地区十分相似，只是农耕的程度相对青海东部地区并不高，2003年实行退耕还林还草政策，该地区除小面积土地种植青稞、马铃薯、豌豆等以外，大面积的还是以山地牧业和山林的经济作物为主。

阴坡林木：不论是青海东部河湟地区还是祁连、门源山谷地区以及科培村所在马可河流域，广泛存在阴坡林木生长茂密的现象。这主要因为高原日照强和蒸发量

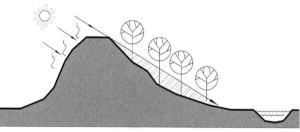

图6.21 阴坡植被多茂密
图片来源：作者分析绘制。

大，山体阳坡水分蒸发快，植被不易生存，而阴坡多能保留住山体积雪，涵养住水分，故阴坡植被相对茂密，这成为当地林木自然景观的地域特色。在个别地区由于土质差别以及降雨量充足，也少量存在山体整体植被茂密的情况（图6.21）。

3. 传统民居建筑要素解析——党曾措宅

党曾措家碉房位于科培老村入口处，是该村年代较早（距今两百多年）的碉房建筑，建筑主体占地面积约135 m²，石砌墙体内部总使用建筑面积为225 m²（单层75 m²），外围廊架总使用面积为147 m²（一层41 m²、二层50 m²、三层56 m²）。院落空间由碉房、内院、院外农田三大部分组成，家中共有老人、儿子和儿媳3人居住。该户碉房建筑传统元素保存较为完整，在班玛县马可河河谷两岸的传统碉房建筑中具有一定的代表性，对它的解读有助

于更为清晰地认识传统民居在应对地区自然与人文环境方面所具有的地区特质(图6.22)。

结构形式：碉楼主体由长9.6 m、宽7.8 m的长方形三层石砌墙体构成，墙体由下至上做收分处理，底层处墙体厚度达0.9 m。碉楼主体的东西两侧及南侧分别为宽度1.8 m和2.4 m的木结构廊架围合，碉楼北侧不设廊架。碉楼整体以石砌"核心筒"作为主体，木质廊架为附体，为典型的石木结构。

空间形态：碉楼一般层高2～3层，碉楼一层石砌墙体内部为牲畜间，外部的围廊墙壁多开敞，由独木楼梯上到二层；二层石砌墙体内部为厨房、客厅、卧室，外部的围廊西侧设架空厕，南侧为储物堆放处，东侧围廊不设墙壁，便于碉楼主体东南向的采光，同样由独木楼梯达到三层；三层石砌墙体内部一部分空间作为临时卧室，另一部分作为谷物晾晒储存之用，外部围廊西侧同样设一处架空厕，围廊东侧多晾晒衣物，围廊南侧围廊多不设顶，为整座碉楼的露天阳台，由独木楼梯可到达屋顶。

生产生活方式：碉楼的建筑形式与其地区生产方式密不可分，形式充分反映出地区生产生活的内容。党曾措家饲养了近20头牦牛，早晨8点多主人打开房门，牦牛走出一层牲畜间，沿山坡羊肠小道上山自行觅食，但仍需要人工收集牲畜草料，草料被放置在牲畜间门口二层的廊架上，便于主人择取，牲畜难于偷食。与青海东部地区脑山地带的半农半牧生产方式相比，"上牧下耕"依然是马可河河谷一带的主要农业生产方式，碉楼一层为牲畜间，二层、三层多为谷物晾晒储存之所。碉楼石砌墙体内部作为生活空间，外围木质廊架多作为生产、休憩之所，受宗教习俗"洁净观"的影响，厕所远离起居室，多位于碉楼外围廊架一角。

用能模式：早期传统碉楼生活用能多为火塘，如今不论新老碉楼二层客厅多配有铁质火炉，柴薪来源主要为晒干牲畜粪饼及山林枝叶，可以说传统生物质燃料维系了数千年来人们的生活所需，但目前新建民房逐渐抛弃了传统用能模式，乡村生物质燃料的使用逐渐减少。班玛地区昼夜温差大，夜间燃烧火炉热量主要集中在二层客厅及卧室，三层卧室多布置在二层火炉通高烟筒旁，借用烟筒余热采暖。

排烟通风：早期碉楼没有如今常见的铁质火炉，而是多为火塘，排烟就成了碉楼建筑必须面对的问题，党曾措家碉楼依然保留着传统的排烟设计。碉楼三层之间的垂直交通空间常作为传统排烟通道，二楼火塘烟气沿二层屋顶镂空处排出。碉楼墙体厚重，早期传统碉楼开窗大小有一定的规律，一层为牲畜间，基本不开窗，二层开窗较小(宽度多小于0.7 m)，采光面积有限，三层局部为木构件，井干式布局情况下开窗，面积达到最大化，整体来看早期传统碉楼开窗较小，这主要是抗震需要，同时也是减少室内热损耗的一种措施。如此相对封闭的建筑空间，通风在建筑中十分必要，党曾措家碉楼一到三楼设多处小型通风口，且形状"内大外小"，与窗洞形式类似。

传统建造技艺：擎檐式碉楼主体为厚重的石砌结构，内部由木柱、木梁支撑屋顶，木板及黏土构成地面，外围围廊的木柱立于地表逐层支撑楼面，围廊的部分木梁由石砌墙体内部穿出，并与木立柱搭接，由此形成一栋完成的碉楼建筑。碉楼内局部老化的木料可进行拆除替换，如外围檐廊的立柱老化，可在旁边另择新木料进行替换，由此房屋得到维护。与中原地区传统民居相比，班玛县马可河河谷一带的擎檐柱式碉楼建造工艺略显粗犷，这与地区自然地理环境不无关系。马可河流域海拔高，人畜活动强度有限，同时交通闭塞，带来物质、人员、技术交流的匮乏，很难形成

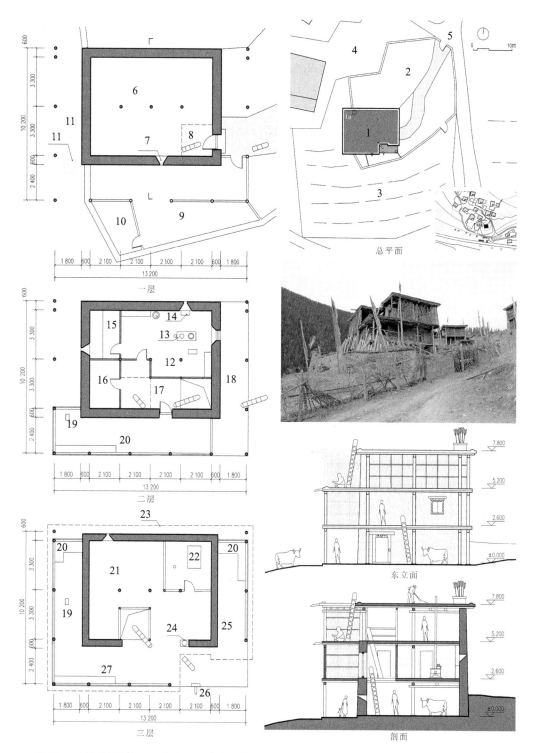

1—屋顶；1a—屋顶剑旗台；2—内院；3—外院田地；4—邻居院；5—村巷；6—牲畜间；7—通风口；8—独木楼梯；9—木料堆放；10—杂物；11—污物；12—客厅兼厨房；13—火炉；14—佛龛；15—卧室；16—储物；17—过道；18—草料棚；19—架空厕；20—杂物；21—谷物晾晒及储藏；22—卧毯；23—屋檐；24—煨桑炉；25—被褥晾晒；26—排水水舌；27—晒干牛粪

图6.22 传统碉楼建筑解析——"党曾措宅"测绘

资料来源：作者测绘、制图、拍摄（拍摄时间：2014年1月）。

类似江南地区那种小巧精细的建筑技术，该地区碉楼建筑的古朴粗犷的建筑风格反而与高原自然资源气候环境相吻合，是地区建筑原真性的表现。

宗教文化空间：在如此严酷的自然地理环境中生存，物质资源十分贫乏，但人们对精神世界的追求却十分强烈，以至于民居建筑带有鲜明的宗教文化色彩。例如在党曾措家就有佛龛、煨桑炉、屋顶剑旗台、五彩风马旗等宗教设施，不时还会从村中邻里那里传来诵读藏传佛教经文的声音。党曾措家传统碉楼面积有限，没有单独设佛堂，而是在客体西侧墙壁处设了一处佛龛，摆放一些酥油铜灯供奉佛像。与青海东部庄廓民居不同的是，班玛一带的碉楼平屋顶的西北角多放置一处剑旗台，以为房屋主人祈福消灾、驱鬼慰神。

4. 传统营建智慧分析

从中观聚落及微观建筑单体两个层面归纳处传统营建智慧。首先，聚落层面的营建智慧主要体现在顺应山势、背山向阳、与河谷谷底保持一定距离等方面。其次，单体建筑层面的营建智慧主要体现在背阴向阳、墙体木料拉筋、采光孔"内大外小"、灵活通风、生物质资源利用、就地取材等方面。（表6.9）从历史上长期积淀下的传统传统营建智慧，对于如今民居更新建设具有重要的启示意义。

表6.9 传统擎檐柱式碉楼民居及聚落营建智慧分析

	营建智慧	说 明	图 示
聚落层面	顺应山势	选址位于山体坡度相对平坦的地方	
	背山向阳	背靠大山，坐北朝南	
	河谷台地	位于河谷高处，避免水患威胁	
	上牧下耕	上为高山草甸可放牧，下为河谷滩地便于耕种	
单体建筑层面	背阴向阳	房屋主要采光面为东南向，且西北墙面基本不开窗	
	墙体拉筋	石砌墙体内部放置横向木条，起到拉接筋的作用，减少地震灾害	
	扩大采光	窗洞"内大外小"，增加进光量，同时减少对墙体结构的破坏	室内 / 室外

营建智慧	说　明	图　示
东西长、南北窄	可增加室内采光面积,减少阴影区	
生物质资源利用	牦牛粪便、山林枯木枝叶做燃料,废物利用	
就地取材	以石为主体,同时与木质框架、柳条枝叶等地方材料综合运用	
通风灵活可控	依据不同功能空间灵活布置通风小孔,进风量可控	

（注:表格最左列"单体建筑层面"纵向合并）

资料来源:本文研究整理,作者制表(拍摄时间集中在2011年8月及2014年1月)。

6.4.3　擎檐柱式碉楼更新整合设计

1. 对传统民居的反思

传统民居是过去传统经济社会条件下生存状态的反映,如今中国正经历有史以来最大规模的工业化及城市化建设时期,城乡人居建筑环境发生了翻天覆地的变化,乃至在偏远的高原山区也不例外,班玛县当地传统碉楼民居建筑模式也正发生着改变。

党曾措家碉楼作为传统碉楼的一个案例,虽然蕴含着丰富的传统营造智慧,但面对经济社会的发展和农业生产方式的改变以及新技术新材料的涌现,传统民居中的空间功能、构造形式、建造方法越来越与现代生产生活想脱离,多数传统碉楼建筑遭到遗弃。虽然党曾措家碉楼仍然有人居住使用,但该户经济条件不高,碉楼年久

表6.10　党曾措家碉楼客厅温度记录

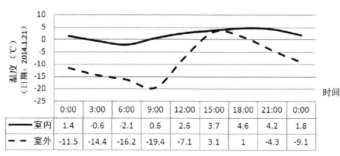

时间	0:00	3:00	6:00	9:00	12:00	15:00	18:00	21:00	0:00
室内	1.4	-0.6	-2.1	0.6	2.6	3.7	4.6	4.2	1.8
室外	-11.5	-14.4	-16.2	-19.4	-7.1	3.1	1	-4.3	-9.1

资料来源:作者绘制,数据由青海省建筑建材科学研究院提供,作者现场参与测试(测试时间:2014.1.20)。

失修,建筑内部部分木质隔断不全,三楼室内与室外无遮挡,门窗等建筑构件密闭性不高,造成建筑蓄热能力降低,室内热量损耗较大。从现场客厅室内外温度记录数据来看(表6.10),冬季室温并不理想,即使增加火炉柴薪燃烧量,室内整体温度多在 $0 \sim 5℃$,居住舒适度不高,但是对于昼夜温差较大的室外气候环境,传统碉楼厚重的石砌墙体,依然起到了良好的蓄热保温的作用,室内气温较为稳定,这也成为该地区传统碉楼建筑得以存在及延续的关键一点。

随着产业结构的调整以及现代化生产生活设施的出现,传统民居日益暴露出与现代生产生活不相适应的一面。为加强三江源生态环境建设,2004年以来班玛县在达卡、吉卡、知钦、马可河、多贡麻乡先后实施了"退牧还草"工程,项目涉及16个牧委会,2 438户[①]。"减畜禁牧"的实施使得马可河河谷一带的牲畜量减少,传统碉楼一层牲畜间的作用也日渐降低。同时为发展经济,科培村所在的马可河河谷地区将河滩地由传统青稞种植转变为藏茶、羊肚菌等特色产品种植基地,大力发展林下经济[②],农业生产方式的改变对传统碉楼民居空间模式产生了重要影响。青海南部山区,尤其类似马可河深山河谷地区,生活设施、生产工具还相对落后,如果说传统民居尚存一定的发展空间,但随着交通、物流的快速发展,现代化的生产工具拖拉机、摩托车、小汽车,以及家用电器电视、洗衣机、炉灶等不断普及到普通农户家庭,现代化的生产生活设施都对传统民居带来了巨大冲击。从实地调研情况看,现在新建民居已不再延续传统碉楼建造模式了。

2. 民居更新改造现状与问题

正如前文4.1.3所述,传统与现代存在一定的冲突,目前新建民居逐渐脱离传统碉楼建筑模式,广泛采用新的建筑技术和材料进行"混搭""拼贴"式[③]建造。总之,在农业生产方式和现代生活诉求以及城市化建筑共同影响和作用下,地区民居建筑正发生着改变。

科培村新村由地势较高河谷台地迁移到地势较低的河谷滩地,这里地势相对平整,建房受坡度影响的因素在减少,物资的运输及交通出行条件相对老村便利了许多,同时新村农户们从事的农业生产方式多为农业运输、山林经济作物采集种植等,受生产方式及现代文化观念的综合影响,村民的生活方式也发生着改变。

综合以上新的变化,集中体现在新建民居建筑上。

队长阿洛次成家:该宅为一户新建民居,位于科培新村西端,紧邻河谷公路,背靠崖壁。该民居背后崖壁为通往老村的道路,该户人家共5口人,夫妻及3个孩子,所居住的碉楼建筑总面积为170 m²,上下共两层。建筑形体为长方形,柱网模数为3 m,共5开间,中间为楼梯,内部空间依据梁柱位置灵活划分,一层已不再是传统的牲畜间,改为客厅及储物间,二层西南侧为佛堂,内部装饰是建筑中最为精细华丽的房间,东南侧为起居室兼做卧室,房屋靠近北墙的房间为杂物和卧室,在二层北墙处有门通往室外的架空厕(图6.23)。

---

① 王春庆.班玛县退牧还草实施情况的调查报告[J].中国畜牧兽医文摘,2013(2): 3-5.

② 张海虎.绿色生态成为班玛县域经济发展重要支撑[N].青海日报,2013(11): 30.

③ 本书"混搭""拼贴"式建造是指,在本土适宜建造模式尚未建立的时代背景下,农户出于自家具体经济物质条件所做出的自主、自发的建造方式。其往往是依据自己所能掌握的建筑资源,不论新材料还是老材料、城市化的还是本土化的,全由户主自由"嫁接""并置"(从历史发展的角度看,这反映出的是社会转型背景下的新老建筑综合环境的"冲突",预示着适应时代变化的新型本土建筑模式正逐渐建立)。

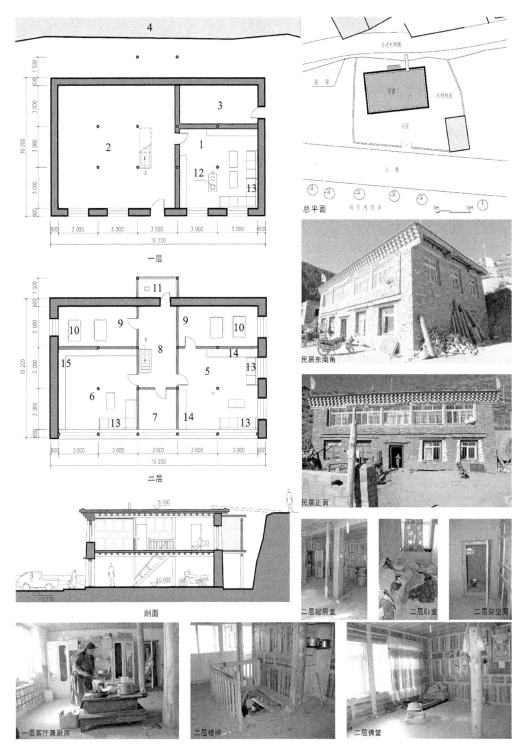

1—客厅兼厨房；2—储物、摩托车库；3—农具间、杂物；4—崖壁；5—起居室；6—佛堂；7—储物；8—过道；9—卧室；10—卧毯；11—架空厕；12—火炉；13—卡垫床；14—藏柜；15—佛龛

图6.23 科培新村"阿洛次成"家建筑测绘

资料来源：作者调研绘制、拍摄（拍摄时间：2014年1月）。

阿洛次成家请四川的匠人给自家房屋做了装修,在客厅、佛堂、起居室铺了地板和做了吊顶,室内墙体刷有清漆,并在檐口及墙体表面雕刻佛教万字符及佛八宝等装饰图案。值得一提的是,该地区藏民家卧室中的床多为"卡垫床"(藏床)①,多由几个木箱组成,可坐可睡,长近2 m,高0.3 m,宽0.9 m左右,上铺厚约0.1 m的卡垫或藏毯,这与青海庄廓热炕及内地木床有很大区别,卡垫床体轻便短小且便于携带运输,这与藏民族长期游牧或半农半牧的生活习俗不无关系。

阿洛次成家作为新建民居的一员,其建筑模式具有一定的普遍性。目前该地区新建民居基本延续传统碉楼石木结构形式,但在建筑形体、空间组织、开窗布局、建筑构件、室内装饰等方面均发生了较大变化,其中既有适应时代变化合理的成分,也有丢弃传统经验盲目建设的现象(表6.11)。

表6.11 班玛县擎檐柱式碉楼建设现状问题

	现 状	问 题	图 示
建筑选址	由山腰台地到河谷滩地	建房土地资源不足,新址存在安全隐患	山腰处的老村多被废弃,新房占用河谷良田滩地
空间形式	多由三层变为两层;一层也开始住人	二层采光较好,但一层多处为"黑空间"	生产及交通方式有别以往,空间形式正逐渐发生着改变
生活用能	由传统的火塘转变为火炉,并增加了太阳能设施	火炉采暖兼做烹饪,室内烟气较大;太阳能设施与建筑缺乏衔接融合	依然以木材传统燃料为主,光伏发电尚未完全普及
结构形式	开窗面积"由小变大"	盲目加大窗洞宽度,建筑整体抗震性能降低	依然沿用传统石木结构体系,但开窗面积盲目扩大

---

① 卡垫床(藏床)为藏族居室普遍的家具类型,普通藏民家庭的家具主要有三样:卡垫床、藏桌及藏柜。卡垫床白天打坐,晚上睡觉,早晨起来,把被子收入柜内。

	现　状	问　题	图　示
建筑材料	新材料涌现，"新老并置"现象普遍	新老材料之间缺少衔接；部分工业化材料成本较高	 水泥墙面、瓷砖墙面以及单一化的工业门窗，逐渐在乡村蔓延
建筑形体	木质檐廊空间减少，石砌主体建筑空间加大	建筑生产空间相对减少；院落占地面积加大，存在土地浪费现象	 建筑形体趋于简洁，传统木制擎檐柱廊空间逐渐被剥离出来

资料来源：作者调研拍摄、制表。

3. 民居更新整合设计要素的综合运用

综合传统擎檐柱式碉楼及既有民居的考察，发现当前传统碉房面临生存危机，新建房屋已很少依照传统营建模式进行建设，其原因是当前人们生产生活方式相对传统有了很大的改变，传统碉房已不能完全适应现代生产生活的需要。但是，由于缺乏适宜的民居更新建设模式的指导，民居更新建设现状是材料新老并置、风格不伦不类，房屋的安全性既得不到满足，地域建筑特色又丧失殆尽。这反映出基于青南传统碉房的本土营建模式的缺失。从地域乡土建筑语境环境出发（图6.24），考虑本土人居环境现状，本书针对青南地区擎檐柱式碉房进行更新设计实践，将气候适应、技术适宜、文化传承进行整合考虑，为青南碉房更新良性发展积累经验。

（a）高山林场

（b）河谷聚落

（c）擎檐柱式碉房

（d）石木结合

（e）火炉炊事采暖

（f）装饰色彩丰富

（g）架空旱厕

（h）一层封闭

（i）佛堂

（j）藏床

图6.24　青南班玛县马可河河谷地带乡土建筑语境分析
资料来源：作者拍摄。

该案例为三层砌体机构，由主体居住空间和附体储物空间组成，主体空间为砌体结构，附体空间为木框架结构，主体居住建筑面积280 m²，总建筑面积436 m²（图6.25）。整合设计模式之气候适应体现在：

① 将杂物附属空间布置在建筑西、北侧，这是从传统擎檐柱式空间布局中汲取的营造智慧，附属空间起到抵御西北寒冷空气的作用；② 生活居住空间尽量布置在建筑南侧，摒弃一层作为牲畜间的传统使用功能，将客厅、卧室、厨房放置在一层，并在入口处增加被动式阳光间，二层将佛堂、次卧朝南，卫生间放置在建筑的东北角，三层设置室外露台，形成"南低北高"的空间形态，进一步增加日照面积和光热获取量；③ 北墙尽量不开窗，仅在卫生间设置小型高侧窗。

整合设计模式之技术适宜体现在：

① 延续碉房就地取材的做法，建筑材料整体为石木；② 采用混凝土构造柱和圈梁，传统墙体做法是局限于较低的技术条件，形成的下宽上窄的墙体"收分"做法，故优化更新墙体围护结构，采用抗震新型结构体系，为开窗面积的加大，获取更多日照热量提供了可能；③ 优化更新部分传统营建技艺，如当地俗称"木楞子"井干式房屋以及藏式窗檐和屋檐制作工艺。

整合设计模式之文化传承体现在：

① 尊重藏族"洁净观"的文化习俗，借鉴传统碉房厕所的空间布局规律，将卫生间设置在附属空间的东北角，并与主体居住空间相对独立，以适应当地习俗；② 延续传统碉房建筑外观肌理，石与木是当地林区主要的建筑材料，民居更新应体现出擎檐柱式碉房的地域特征；③ 传承藏式建筑丰富的建筑装饰色彩，在墙体、檐口、门窗等处结合现代技术和材料优化更新传统做法，在玻璃阳光间、塑钢门窗等工业建筑构件的选用上，与地域建筑色彩及样式相协调（图6.26）。

6.5 青海乡村新型社区建设实践案例分析

为了更好地保护高原生态环境和提高当地农牧民生活水平，近年来青海境内出现了一些新型农村社区建设实例，其中民居建筑设计采用太阳能可再生资源利用等绿色建筑技术，同时注重保护传承民族建筑文化，这些实践案例为高原地区乡土民居更新可持续发展提供了宝贵的探索经验。

6.5.1 青海刚察县牧民定居新村建设

2008年青海海北藏族自治州刚察县启动了藏族牧民定居点建设，该项目位于刚察县沙柳河镇，总占地面积95 hm²，总建筑面积7 800 m²。单体民居基本户型面积为78 m²，层高2.8 m，主要结构为砖混单层建筑。其中被动式太阳能采暖民房80套（6 240 m²），主被动结合太阳能采暖住宅20套（1 560 m²）。2010年底基本完工，目前大部分藏族游牧民已搬入新居。

1. 刚察县自然气候条件

青海省刚察县位于青海湖以北，距离青海湖北岸15 km，该地区平均海拔3 300 m，绝大部分地区海拔在3 500 m以上。按照我国建筑热工设计分区，该地区

一层平面

二层平面

三层平面

南立面

西立面

东立面

（a）民居平立面图

平面：附属生产空间设置在西北侧，形成室
内外温度阻尼区，增加建筑隔热保温效果

立面：北高南低

（b）建筑体型分析

（c）效果图

图6.25　青南班玛县攀檐柱式碉楼民居更新整合设计方案

资料来源：作者方案设计、制图，模型由2011级研究生何积智绘制。

图6.26
班玛县攀檐柱
式碉楼民居更
新整合设计分
析

资料来源：作者绘
制。

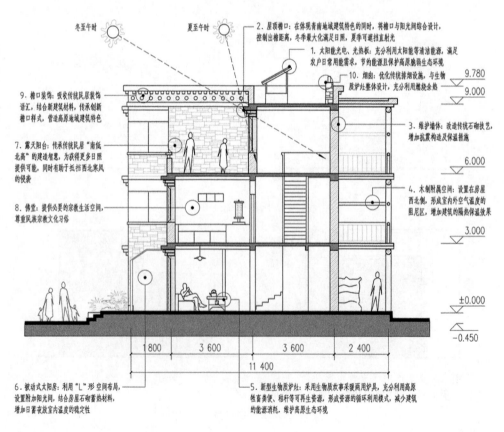

（a）牧民定居新村

（b）新村实景

图 6.27　青海刚察县牧民定居新村

资料来源：(a)来源网络google地图；(b)作者调研拍摄(拍摄时间：2012年7月)。

属于严寒地区，昼夜温差大、日照时间长、长冬无夏，1月的平均气温是−17.5℃，7月的平均气温仅为11℃，生活采暖期长达242 d。与严寒气候相比，该地区日照时数为3 037 h，日照率68%，5～9月日照时间日均可达14 h以上，属于长日照地区，年总辐射可达6 580 MJ/m²，太阳能资源仅次于西藏拉萨，位居全国第二（图6.27）。

2. 建筑节能空间组织

（1）场地选址：青海刚察县长冬无夏，一年中有半年时间处于严寒恶劣气候环境中，为获取较多的日照量，建筑选址中必然要考虑到"背阴向阳"地理环境。新村整体地势是北高南低，符合传统聚落选址的规律，建筑北墙的阴影区面积相对减少，同时建筑之间日照间距缩小，这样起到节约土地和集约建设的目的。

（2）平面空间组织及形体设计：在民居平面空间组织上，采用"南暖北冷"的空间布局设计，这样可减少采暖温差，降低采暖能耗。将生活使用频率较高的空间，如卧室、客厅布置在南向采暖区，将厨房、卫生间放置在建筑的北侧，由此形成室外低温的温度阻尼区，将对南向采暖空间起到很好的保温作用。同时北侧厨房和卫生间开窗仅为采光需要，为减少失热量，窗洞宽度尽量要小。建筑整体形体较为规整，平面建筑形态为传统民居常见的"凹"字形，体现出传统民居规整形体的建造智慧。民居南墙面为主要的采热面，利用吸热材料收集太阳能，东西墙及北墙为失热面，尽量不做凹凸变化，避免增加失热面积。从传统民居中"形态规整""大面宽小进深"建造智慧中汲取经验，将建筑平面总进深和总面宽之比定为1∶2。

（3）层高和进深：青海为我国严寒地区且长冬无夏，建筑的蓄热保温是民居建筑设计重点考虑的问题，层高不能像我国南方地区那样高，新区建筑的层高定在2.8 m。为了南向房屋获得较多的日光热量，并能尽量减少室内阴影区，进深不宜过大，在传统民居进深与层高之比1.6的基础上，将进深设在3.9 m，如此南向卧室进深与层高之比达到1.39（图6.28）。

3. 被动式太阳能采暖技术

考虑到刚察地区气候严寒但太阳能资源丰富的特征，建筑南向立面采用了集热

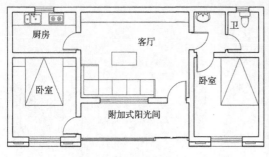

（a）民居平面，南侧采暖，北侧为温度阻尼区

（b）牧民新居实景

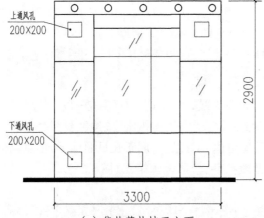

上通风孔
200×200

下通风孔
200×200

2900

3300

（c）集热蓄热墙正立面

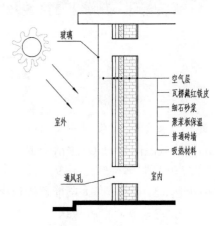

玻璃

空气层
瓦楞藏红铁皮
细石砂浆
聚苯板保温
普通砖墙
吸热材料

室外

室内

通风孔

（d）集热蓄热墙剖立面

（e）附加阳光间

（f）厨房　　　　　　（g）客厅兼佛堂　　　　　（h）檐口民族文化符号

图6.28　刚察县牧民定居民居建设室内外实景及太阳能被动式采暖技术

资料来源：作者绘制、拍摄（拍摄时间：2012年7月）（集热墙构造形式参考清华大学建筑节能研究中心.中国建筑节能年度发展研究报告2012［M］.北京：中国建筑工业出版社，2012：219）。

蓄热墙加直接受益窗整合的被动式太阳能采暖技术,入口处凹形空间设附加阳光间。

(1)集热蓄热墙设计:墙体构造由外向内依次为4 mm玻璃板、100 mm空气层、10 mm藏红色瓦楞铁皮、15 mm细石砂浆、40 mm聚苯板、240 mm黏土砖和15 mm细石砂浆。瓦楞铁皮颜色与房屋外立面檐口一致,都采用藏红色涂料,暗色色系可有效吸收太阳热量,同时色彩也与藏族传统色彩喜好一致。蓄热墙上下各设两个通风孔,可有效形成冷热空气的室内循环,蓄热墙整体立面共设5个通风孔,2个在上,3个在下,空洞尺寸均为200 mm×200 mm,并且室内通风孔处设可开启盖板。南向卧室对外窗户为中空玻璃窗,尺寸为1.5 m×1.8 m,空气层厚度为4 mm。[①]

(2)附加阳光间设计:入口处的建筑凹形空间设被动式阳光间,整体结构为铝合金框架玻璃间,并在阳光间立面设推拉窗户,可根据室内温度情况,灵活开启通风散热。为了避免夏季强烈日光晒伤皮肤,在阳光间顶部设一推拉遮阳布帘。

4. 主动式太阳能采暖技术

由于当地冬季气候寒冷,仅仅依靠被动式设计难以完全实现冬季室内热环境舒适度的要求,需要结合主动式采暖技术进行综合设计。为了保证太阳能供暖系统的稳定性和安全性,增加了电辅助加热系统。主动式太阳能采暖系统设备主要有,太阳能集热器、蓄热水箱、供及回水管网、电加热水箱、控制器、分集水器(图6.29)。考虑到电辅助采暖长时间开启造成耗电量增加,该项目工程采暖系统也与刚察县城市政供暖管网相连接,以便作为备用采暖选择,民居内采暖系统末端为地板辐射散热方式。从主动式太阳能采暖系统蓄热水箱内,引出一根热水管线作为生活热水。

(a)太阳能集热器　　　　(b)蓄热水箱　　　　(c)供回水管道及电子控制箱

图6.29　主动式太阳能采暖现代化设备

资料来源:作者调研拍摄(拍摄时间:2012年7月)。

---

① 清华大学建筑节能研究中心.中国建筑节能年度发展研究报告2012[M].北京:中国建筑工业出版社,2012.

5. 对当地乡土民居更新建设的启示

刚察县牧民新村位于刚察县城附近,严格来说该民居属于县镇社区型民居,生产与生活分离,它具有城市居住建筑的一般特征,虽然与本书论述的重点乡土民居有一定的差异,但其建筑空间形态、层数、建造技术与乡土民居建筑相同,仍具有重要的启示意义。

(1) 启示一:技术适宜性方面

① 被动式采暖技术简便易行,示范推广价值大:该建设项目在被动式太阳能采暖技术方面分别采用了集热蓄热墙设计和附加阳光间设计,二者技术要求都不是很复杂,通过农户自己建造即可实现。首先这要求农户合理划分空间,尽量延续传统民居"回""凹""L"形平面空间形态,将南向墙面作为集热的重要部位,布置太阳能集热墙以及附加阳光间。其次要合理划分窗墙面积比,窗孔不宜过大也不宜过小。然后要选择导热系数小的建筑材料作为集热墙、附加阳光间的构造材料,同时做好门窗的密闭性,减少失热通道。以上技术措施,从当前农户家庭经济状况以及乡村建材市场条件来看,均能做到农户自主建设,因此被动式太阳能采暖技术"集热墙"、"附加阳光间"对于广大乡村地区民居更新建设,具有重要的示范推广价值。

② 主动式采暖技术复杂、要求高,农户不易掌握:乡村民居与城镇民居有较大区别,乡村远离城市,乡村的基础设施相对落后,唯有发展相对独立、自给自足的能源供给方式才切实可行。刚察牧民新村紧邻县城,具备市政采暖条件,同时有政府企事业的支持,一些现代主动式采暖技术能够得以实施,但面对广大普通的农村地区,这种"空降式"技术,过于复杂,对于普通农户而言掌握起来需要一定的时间。

(2) 启示二:民族文化传承方面

① 尊重民族生活习俗,合理布置空间:刚察牧民新村居民生产与生活分离,民居建筑已脱离生产功能,在建筑空间组织上体现出集中、集约的原则,同时尽量符合藏族生活习俗。整栋房屋面积78 m²,三开间两室夹一厅,卫生间与厨房分别布置在房屋东西两侧,延续了传统民居"凹"字形民居平面空间形态。客厅兼做佛堂,内部布置唐卡、佛像等宗教设施,卫生间外另设洗手间,作为进入客厅的过渡空间,符合藏族"洁净观"的风俗要求。

② 民族建筑色彩及符号的传承:新村民居采用砖混结构,与传统土木结构不同,在檐口、梁枋等部位体现出现代建筑的简约特点,考虑到民族建筑风格,在建筑色彩及符号方面尽量采用民族建筑语言。例如在太阳能集热墙内部集热体的选用上,就采用了藏红色瓦楞铁皮,外观与传统藏族建筑色彩相一致。为了取得整体效果,在檐口处仍采用藏红色作为装饰色带,并配以白、蓝、黄进行搭配,造型有圆形和椽头形,与藏族传统门窗檐口装饰习俗相符,外观体现出较强的民族特色。

对于常规能源匮乏而太阳能和风能等自然资源相对丰富的青藏高原地区,应充分使用自然资源,实现降低建筑能耗和减少环境污染的目标。刚察县游牧民定居新居建设综合运用建筑围护结构被动式太阳能采暖与主动式采暖系统组合优化设计方法,在满足采暖期室内热环境要求的同时,实现了明显的节能效果。青海刚察县该牧民定居点建设,采用主被动太阳能采暖技术,虽然主动式采暖设备技术操作复杂,农牧民使用不易掌握,但是对于解决高原地区资源短缺、减少污染、提高当地农牧民生活水平仍具有积极的探索意义。

6.5.2 青海湟源县兔尔干新型社区建设

日月乡兔尔干村地处湟源县西南部,拉脊山北麓,距离湟源县城约23 km,距离省会西宁约55 km。兔尔干村南临若药堂村,北靠前滩村,西与寺滩村相邻,西宁至倒淌河一级公路穿境而过,是通往青海湖的必经之路。村内药水河蜿蜒而过,兔尔干村所在的日月乡少数民族人口占总人口49%,是湟源县唯一的民族乡,兔尔干村村民民风淳朴、村落历史文化悠久。

1. 村落现状

兔尔干村总体处于河湟地区脑山地带,属于拉脊山黄土地貌类型,周边山多地

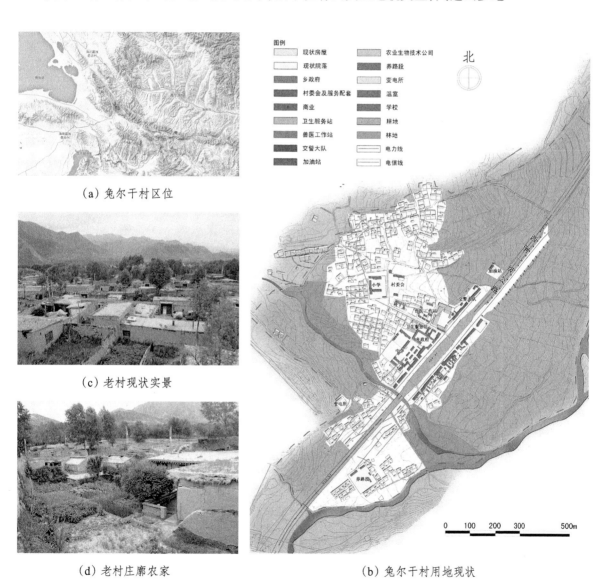

（a）兔尔干村区位

（c）老村现状实景

（d）老村庄廓农家

（b）兔尔干村用地现状

图6.30 兔尔干村地理区位及村落现状

资料来源:(a)网络google地图;(b)商选平提供;(c)、(d)作者调研拍摄(拍摄时间:2014年9月)。

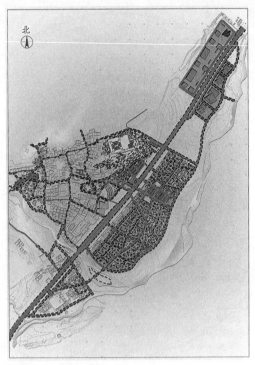
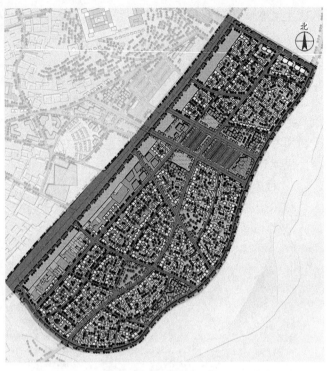

（a）新型社区规划总平面   （b）社区新村规划平面

图6.31　兔尔干村新型社区总体规划

资料来源：兔尔干村新型农村社区村落规划设计文本，商选平提供。

少，沟壑纵横，地形相对复杂。村落地势由西北向东南倾斜，大部分地表覆盖有厚达几十米的第四纪黄土，黄土呈中期侵蚀状。村落中街巷、林木、河溪、庄廓、村庙等要素共同构成兔尔干村聚落景观，该村传统聚落肌理依然保持完整（图6.30）。

2. 近期村落发展规划

近年来随着当地旅游业的快速发展，村落规模不断扩大，加之兔尔干村是日月藏族乡乡政府所在地，原有兔尔干村日渐并入城乡一体化发展布局之中。依靠临近日月乡的优势，兔尔干村基础设施建设相对较好，目前考虑到日月乡所管辖的大茶石浪、小茶石浪、乙细村三个村地处偏僻，存在自然地质灾害隐患，村民生活不便、产业落后、公共服务设施落后等问题，规划将三个村子整体搬迁至兔尔干村。新区建设用地面积为27.38 hm²，社区范围内规划人口约为2 560人。

为此湟源县对日月乡兔尔干村进行了整体规划，在西倒一级公路南侧开辟大片居住用地用于新村建设，同时将老村进行原址优化整治，在药水河两岸设置了自然绿地保护区和沿河景观带（图6.31）。

3. 新村民居建设

新村民居建筑在建筑节能绿色设计及民族建筑文化传承方面均作出有益尝试。

（1）建筑节能技术方面

新建民居主体结构采用钢筋混凝土复合墙板（CL体系）技术，作为建筑节能方面的重要技术支撑（图6.32）。

（a）兔尔干新村施工工地　　　　（b）建筑工人施工现场　　　　（c）两侧混凝土

图6.32　兔尔干新型社区CL结构施工现场

资料来源：作者拍摄（拍摄时间：2014年9月）。

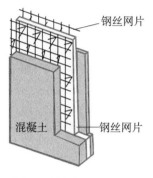

（a）CL网架板　　　　　　（b）CL网架板与构造柱结合　　　　（c）CL网架板细部

图6.33　CL建筑结构体系

资料来源：作者绘制及拍摄（拍摄时间：2014年9月）。

　　CL建筑结构体系（Composite Light-weight building system），也称复合保温钢筋焊接网架混凝土剪力墙，它是由CL墙板、实体剪力墙组成的剪力墙结构。它是将保温层与剪力墙的受力钢筋组合成CL网架板，作为墙体的骨架，然后两侧浇筑混凝土，墙体起到受力和保温的双重作用。CL建筑体系不仅可以达到国家规定的节能标准要求，还解决了目前外墙粘贴外挂保温层产生的易裂缝、空鼓、渗漏、脱落等安全隐患。该结构符合墙体改革及国家节能政策的要求，以自重轻、抗震性能好、保温层与建筑主体同寿命、隔音性能优良等特点，显示出较好的优越性（图6.33）。

　　① 具有较好的保温性能：CL结构体系保温性能相当于砖混结构的3倍，可达节能50%的要求。其室内一侧至少100 mm厚的混凝土层可满足建筑蓄热要求，室外的50 mm混凝土层对保温板能起到很好的保护作用。同时CL板中的钢丝网片，可有效地控制混凝土干缩现象发生（表6.12）。

　　② 结构形式安全可靠：CL网架板（指受力钢筋网架）是一立体空间桁架，除了作为剪力墙的配筋外，还起到将两层混凝土层连接的作用。在满足安全的前提下，墙体相对其他常见墙体结构类型具有自重轻、厚度薄的特点，比砖混结构墙体重量减轻50%，但其抗震性能又比砖混结构提高了2～3个抗震等级。

表 6.12　CL 墙体热工性能

保温层厚度 （mm）	薄侧混凝土厚度（mm）	厚侧混凝土厚度（mm）	墙体总厚度（mm）	墙体主断面传热系数 K［W/(m²·K)］	
				EPS 板	XPS 板
30	50	100	180	1.321	1.005
70	50	100	220	0.718	0.513
80	50	100	230	0.645	0.457
90	50	100	240	0.585	0.413
100	50	100	250	0.534	0.376
110	50	100	260	0.493	0.345
120	50	100	270	0.457	0.319
130	50	100	280	0.427	0.293

注：庄廓传统民居 270 mm 土墙传热系数为 0.62 W/(m²·K)；碉楼传统民居 400 mm 石砌墙体传热系数为 1.72 W/(m²·K)（庄廓、碉楼墙体传热数据源自青海省建筑建材科学研究院 2014 年 1 月、2 月现场测试）。

资料来源：青海省建筑勘察设计研究院有限公司．DB63/T 997—2011.青海省工程建设地方标准——复合保温钢筋焊接网架混凝土剪力墙（CL 建筑体系）技术规程［S］.青海省质量技术监督局,2011：47.

③ 环保节能，不使用烧结砖：CL 结构体系不使用烧结砖，对环境友好，节约耕地，减少了大气污染。

（2）地域建筑文化传承方面

① 创新院落空间组织形式：新民居设计打破了传统庄廓各自独立的院落空间布局形态，按照集中、集约的设计原则，采用多户并联，并且各户之间交错布置，由 8 ～ 10 户围合出共用庭院。如此，方案有别于目前常见的"兵营化"布局，建筑单体与院落之间形态各异、空间形态丰富，避免了以往新农村建设中村落形态呆板的缺点。

② 多样化户型设计：考虑到新村村民是由山上搬迁下来的牧民，其生产方式有了较大改变，为适应多样化的生活模式，采用了多样化的设计策略。新村中基本户型由单纯居住、商业经营、居住加商业三种类型构成，层数基本为两层、局部三层，多是并联错位布置。三种类型的户型设计，基于空间模块化设计方法，各功能空间可灵活组合，满足多样化生产生活需要。

③ 设计结合地形：新村所在药水河北岸，地势高差是北高南低，符合传统聚落背山向阳的特点，民居及院落设计适应地形，局部依据高差变化灵活组织建筑布局，形成了丰富多样的空间形态。院落组合中的各个建筑单体，依据北高南低的设计原则，使得每一户都能获得较多的日照量。

④ 传承地域建筑色彩：从传统寺庙、民居中提取设计元素，将建筑色彩确定为"土黄色""藏红色""青砖色"三大类。土黄色沿用传统庄廓民居墙体色彩，与地区传统聚落风格相一致，在檐口、窗檐处采用简化的藏红色色带，与以藏红色为主体的民居类型形成了呼应关系，在门楼等处依然采用青砖材料。土黄、藏红色、青砖色融合搭配，有主有次，且变化中有统一、统一中有变化，一方面形成较好的视觉效果，同时与地域建筑文化相协调，增加了当地群众对本土文化的认同感（图 6.34）。

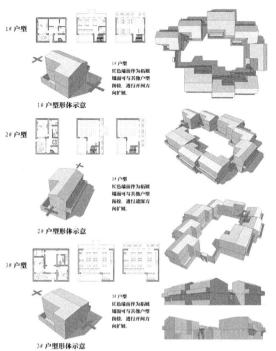

（a）院落组合分析

（b）院落空间组合丰富多样

（c）户型多样

（d）建筑空间适应地形高差变化

（e）建筑色彩彰显地域特色

图6.34　院落空间组织与建筑单体

资料来源：兔尔干村新型农村社区村落规划设计文本,商选平提供。

4. 对当地乡土民居更新建设的启示

（1）技术适宜性方面

① 乡村普通民居更新应基于本土建筑技术：兔尔干新村由日月乡所在的湟源县政府主持建设，社区总建设面积为27.38 hm²，采用城市房地产工程承包方式进行建设施工。施工过程中材料、设备、技术人员基本通过工程招投标方式进行统一的施工管理，这对技术工艺、施工质量都有较高要求。但面对广大乡村地区，普通的乡土民居更新往往是基于地区本土建筑技术建造而成，通过家庭或者邻里相助即可建造完成，且技术为村民所熟悉和掌握。由此可见，政府主导型民居建设多适用于统一的新村建设项目，但对于广大普通既有乡村民居建设并不适用。

② CL墙体技术要求高，普通农户难以掌握：虽然CL墙体在建筑节能方面具有一些优点，但对于本书乡土民居更新而言简单的技术移植并不适宜。CL墙体建造工艺当地普通农户不熟悉，如丢弃本土建造方式，简单套用外来新技术，一方面本土建筑资源没有得到有效利用，另一方面也有可能造成材料运输不必要的能源浪费，增加农户建房经济负担。

（2）民族文化传承方面

① 个性化的创作倾向应与地域场所精神相融合：虽然兔尔干新村院落空间组合形式多样，组团式庭院居住方式新颖独特，避免了以往兵营化的规划布局形式，但考虑到当地草原游牧及半农半牧生活习俗，以及长期形成的辽阔、自由、松散的心理定式，面对相对封闭、狭小、集中生活的庭院空间，生产生活心理定式面对现代化建筑空间需要一定的适应时间。目前兔尔干新村部分新居还处于建设阶段，新村建成村民入住后，有待对生活环境、行为方式做进一步研究分析。

② 建筑设计应从传统民居生存智慧中汲取营养：青海传统民居具有"形态规整""大面宽、小进深""北高南低""南向开窗、北向少开窗"等生存智慧，这是当地人与自然环境长期相处历史经验的总结，也成为当地乡土民居有别于我国其他地区民居的建筑特质，当前民居更新建筑设计对以上传统民居智慧结晶应给予充分的重视。兔尔干村个性化复杂多变的庭院空间组合形式，使得建筑形体外露面积过多，相对失热面积也就越大，这与"形态规整"的地区建筑特质相反。新村民居单体布局形式与传统"凹""L"形布局形式相反，往往将外露面积大的一面布置在北向，这一方面会造成集热面积减少、失热面积增加，另一方面增加了阴影区，也不利于防风避风，这对于青海高原高寒的自然气候而言极为不利。根据现场调研，新村单体建筑南向一层紧邻庭院一侧往往不设窗，与相关设计人员交流得知这是搬迁农户的个人要求，户主唯恐外人直视，家庭隐私得不到围护，由此一层南向较少开窗。从现场调研与相关村民交流访谈中，也发现民居更新建设中的矛盾及复杂性，对此更需要建筑师转换设计思路，从设计最初建立起建筑创作的整体设计思维。

6.5.3　青海门源县农户自建太阳能暖房

1. 腰巴槽村农户自建太阳能暖房

腰巴槽村位于门源县泉口镇以北6 km处，东与多麻滩村相连，西与东沙河相连，南临荒田村，北连西河坝村。腰巴槽村共290户，1 270人，人口大多数为回族群众。村庄占地面积33 hm²，耕地面积231 hm²，具有半农半牧的农业生产特点。近年来青海省实施村庄整治、政府奖励性住房等项目，腰巴槽村改建和新建住宅中广泛采用了墙体保温、被动式太阳能阳光间等节能措施（图6.35）。

（a）腰巴槽村落平面　　　　　　　　　（b）腰巴槽村实景

图6.35　门源县泉口镇腰巴槽村

资料来源：（a）网络google地图；（b）作者调研拍摄（拍摄时间：2014年9月）。

腰巴槽村太阳能暖房建设具有以下特点：民居更新建设在原有村落肌理形态的基础上有序建设，利用老旧房屋原有宅基地新建民居，节约了土地，又保留了传统村落景观风貌；建设资金通过"项目+自筹"的管理形式，政府补助一部分资金，农户自己承担一部分；建造方式采取政府技术指导加农户自建的模式，农户可依据自己的家庭状况，有针对性地灵活建设；民居建设采用外墙保温、玻璃暖廊、屋顶太阳能热水同步实施的方式，其施工过程由农户自建。

经过实地调研，选取"罗少英"家对农户自建太阳能暖房做进一步解读（图6.36、表6.13）。该户民居建筑占地424 m²，正房6开间，大面宽、小进深，正房面积142 m²（其中太阳能阳光间33 m²，占居住建筑面积的23%）。正房为居住建筑，是院落空间的核心，其建筑空间构成主要有太阳能阳光间、客厅、卧室、厨房、净房等组成。卧室中依然采用热炕，其进料口多位于室外，老人房位于东侧，并且室内布置节能暖炉，厨房也从传统锅灶形式转变为现代生物质炉具，从中可以发现该户生活采暖方式依然采用传统做法，但不同的是炕体构造、炉具形式都发生了改变，在充分利用本土麦秆、牛粪等生物质资源的基础上，提高了燃烧效率，节省了燃料。

房屋结构形式由传统土木结构转变为现在的砖木结构，与周边乡村不同的是腰巴槽村太阳能暖房墙体外侧增加了60 mm厚的聚苯板保温材料，墙体总厚度从240 mm增加到370 mm，室内隔热保温效果有了显著提高。该户玻璃太阳能阳光间主要由单层玻璃和铝合金框架构成，宽度为2.4 m，高度控制在2.3 m左右，铝合金材料没有隔热构造，其失热量较大，农户多通过增加构件密封效果尽量减少热损失，虽然铝合金构造形式有失热的缺憾，但室内温度仍有较大改善，对于广大普通农户而言，铝合金玻璃阳光间仍是其乐于接受的建造形式。该户屋顶加装了真空管式太阳能热水器，虽然形式略显突兀，但家庭生活热水需求有了较好的保障（图6.37）。

（a）调研测绘

（b1）院内正房外观

（b2）被动式太阳能阳光间

（b3）室内尽量扩大采光面积

1—节能炕；2—节能炉灶；3—被动式玻璃阳光间；4—客厅；5—厨房；6—净房；7—牲畜间；8—旱厕；9—菜地；10—阳光间内夏季常做临时卧室

图6.36　罗少英家自建被动式太阳能暖房调研测绘
资料来源：作者调研测绘、拍摄（拍摄时间：2014年9月）。

　　自2006年建成至今，腰巴槽村自建式太阳能暖房受到住户的好评和普遍认同，其建造模式被周边乡村所借鉴，起到了较好的推广示范效果。经现场调研了解，腰巴槽村新建太阳能暖房在节能、生活质量、经济方面起到了较好的综合效益。

　　在节能方面，在无辅助热源的情况下，被动式太阳能暖房冬季室内温度比普通住宅高8℃以上，其室内外温差可达15℃，夏季室温则低2～3℃。暖房内部有了被动式太阳能阳光间，从而减少了燃煤取暖，室内干净卫生，同时达到节能保温和减少碳排放的效果，生态效益明显。

　　在生活质量方面，暖房项目实施后，冬天农户室内均温可保持在20℃左右，取得较好的热舒适度，同时太阳能热水器24 h供应热水，方便了农户洗漱、炊事等生活需要，提高了农户的生活质量，取得了良好的社会效益。

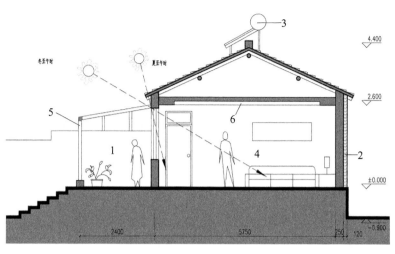

（a）罗少英家建筑构造形式

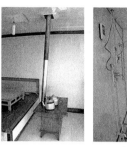

（b）节能炉具　（c）太阳能热水装置

（d）节能炕，填料口在室外

1—被动式太阳能阳光间；2—墙体外侧增加聚苯板保温层；3—屋顶架设真空管式太阳能热水器；4—客厅；5—铝合金框架；6—吊顶

图6.37　罗少英家建筑节能构造与用能设施
资料来源：作者绘制、拍摄（拍摄时间：2014年9月）。

表6.13　罗少英家住宅信息调查

基本信息	调研地点	门源县泉口镇腰巴槽村
	调研时间	2014年9月26日12:00
	民族	回族
	户主	罗意
	家庭人口	4人
住宅建筑	建设方式	自建
	建成时间	2006年
	建造费用	总计15万元
	居住面积	142 m²
	结构形式	砖木
	屋顶形式	双坡顶
	门窗形式	铝合金
能源使用	炊事用能	铁质炉具
	采暖用能	太阳房、采暖炉、热炕
	空调降温	无
	洗浴热水	太阳能热水器

资料来源：作者制表。

　　在经济效益方面，与普通农户住宅相比，太阳能暖房每年可节省经济开支1 300元，减少燃煤1 500 kg、耗电500 kw·h、碳排放15 750 m³（表6.14）。

表6.14　腰巴槽村自建被动式太阳能暖房经济效益分析

	室温(℃)	年耗电	年耗煤	年经济支出	年碳排放
普通农宅	20	600 kW·h	2 000 kg	1 700 元	21 000 m³
太阳能暖房	20	100 kW·h	500 kg	400 元	5 250 m³
经济效益		减少 500 kW·h	减少 1 500 kg	减少 1 300 元	减少 15 750 m³

注：此表为在面积及室温相同的情况下，普通农宅与太阳能暖房年耗能及费用支出的数据对比。
资料来源：腰巴槽村村委会提供。

2. 麻当村农户自建太阳能暖房

麻当村位于门源县东川镇东8 km处，东邻仙米乡，北与祁连山接壤，西邻东川镇巴哈村，南临大通河(浩门河)，自然地理环境优美。全村共有5个社，204户，864人，由汉、蒙、土、藏族等多民族构成。近年来当地政府为进一步推广可再生能源利用工作，对农村牧区住房进行节能改造，2013年麻当村开始实施被动式太阳能暖房项目(图6.38)。

（a）麻当村平面图　　　　　　　　　　（b）麻当村实景

麻当村的太阳能暖房建设项目主要包括外墙保温、被动式阳光间、集热墙、太阳能热水器等内容。项目总户数为20户，项目总投资47.1万元，农户每户自筹1.65万元，共筹33万元，政府补助资金14.1万元(平均每户可补助0.6万~0.75万元)。与腰巴槽村太阳能暖房不同的是，麻当村采用了"集热墙"和防风"门斗"做法，相比腰巴槽村单独的玻璃阳光间而言，居室整体热舒适度有了较大提高。

选取"邓生寿"家自建太阳能暖房进行解读。

麻当村邓生寿家太阳能暖房相比腰巴槽村罗少英家有其自身特点，主要表现在被动式集热墙、入口防风门斗和生物质采暖炉等方面(表6.15、图6.39)。

表6.15　邓生寿家住宅信息调查

	调研地点	门源县东川镇麻当村
基本信息	调研时间	2014年9月26日 15:00
	民族	汉族
	户主	邓生寿
	家庭人口	5人

住宅建筑	建设方式	自建
	建成时间	2013 年
	建造费用	总计11.5万元
	居住面积	142 m²
	结构形式	砖木
	屋顶形式	双坡顶
	门窗形式	铝合金
能源使用	炊事用能	炊事及采暖：生物质炉具
	采暖用能	集热墙式太阳房、采暖炉、热炕
	空调降温	无
	洗浴热水	太阳能热水器

资料来源：作者制表。

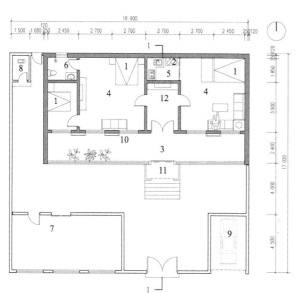

邓生寿家自建太阳能暖房平面图

（a）调研测绘

（b1）院内正房外观

（b2）被动式太阳能阳光间

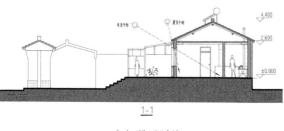

（b3）室内

1—节能炕；2—节能炉灶；3—被动式玻璃阳光间；4—客厅；5—厨房；6—卫生间房；7—商店；8—旱厕；9—车库；10—集热墙；11—防风门斗；12—堂屋

图6.39 邓生寿家自建被动式太阳能暖房调研测绘

资料来源：作者调研测绘、拍摄（拍摄时间：2014年9月）。

被动式集热墙：按照建成时间先后顺序，麻当村邓生寿家晚于腰巴槽村罗少英家，邓生寿家在被动式太阳能阳光间的基础上，又在正房南侧墙面加建了集热墙。其做法与刚察县游牧新村集热墙做法相似，但在具体节能构造形式上并不规范，例如该户独立集热墙包裹在阳光间内，造成集热墙内冷热气流循环流动不畅，刚察县新居中正确的做法是阳光间与集热墙各自独立，各自承担吸热蓄热功能。正如本书第4章（图4.24）所示那样，可对太阳能附加阳光间内墙体采用蓄热量较大的材料，通过上下通风孔，形成居室内冷热空气的循环，以取得较好的室内温度的稳定性。阳光间与蓄热墙体整合建造相对简便，农户也完全可以通过自建方式加以优化和调整，为此在邓生寿家后期建设的农户中就将阳光间内集热墙外侧玻璃去掉，南向墙体仍旧保留深色集热材料，并与玻璃阳光间共同构成一个完整的太阳房。由此可见，被动式太阳房建造技术方便易行，农户易于掌握。

入口防风门斗：门源县位于门源谷地，南临达坂山，北靠祁连山，谷地呈现东西狭长的特点，由于受到西北西伯利亚寒冷气流的影响，当地风多风大，麻当村位于谷地东端，西北大量寒风到此集聚，形成较大风压，相比腰巴槽村风量要大得多。为此，该村太阳能暖房入口处增设了防风门斗，对减少阳光间内的热损耗效果明显。

生物质采暖炉：该户采用集炊事、采暖为一体的新型生物质炉具，并与家庭热水采暖系统统一安装，炊事剩余热量得到充分利用，同时炉具采用生物质燃料，减少了商品能源的消耗，节省了经济支出（图6.40）。

3. 对当地乡土民居更新建设的启示

与刚察和兔尔干政府主导型新村建设不同，门源农户自建太阳能暖房有其特殊意义，对广大普通乡村民居更新更具有现实的可操作性。

（1）技术适宜性方面

① 被动式太阳房技术简便易行，已成为乡土民居绿色更新重要的技术支撑。被动式太阳房不依靠任何机械动力，通过建筑围护结构本身完成"吸热、蓄热、散热"的过程，实现利用太阳能采暖的目的。被动式太阳房又分为直接受益式、集热墙式、附加阳光间式三种。直接受益式节能措施主要为控制合理的窗墙面积比，增加门窗的密闭保温。集热墙式节能措施主要为选择蓄热量大的材料，控制墙体厚度和设置上下通风孔。附加阳光间式节能措施主要有框架构件的隔热保温，与蓄热材料结合增加蓄热量等。以上技术在门源太阳能暖房建设中已广泛使用，加工建造过程简便易行，受到当地群众的普遍欢迎。

② 基于本土建造技术的优化创新具有旺盛的生命力。在传统建造技术日渐消解的今天，乡村民居建设混乱局面的表象背后是本土适宜技术的缺位，门源自建太阳能暖房在延续传统空间设计的基础上，吸收现代绿色建筑技术，增加了被动式阳光间、集热墙、防风门斗、生物质炉具等节能措施，探索出一条本土适宜的绿色更新之路。门源自建太阳能暖房现代建筑构造及材料的引入，有别于传统庄廓，但其在适应当地自然气候及文化环境的地区建筑特质方面又一脉相承，日渐成为高原地区新时代背景下乡土民居的新风尚。

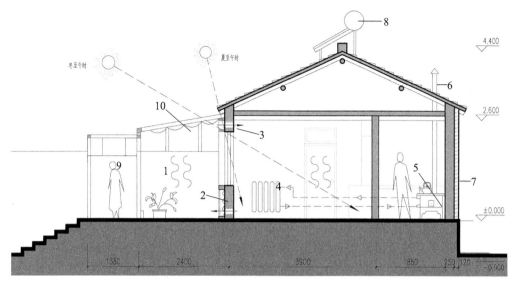

（a）邓生寿家建筑构造形式

1—被动式阳光间；2—集热墙蓄热材料；3—通风孔；4—水采暖器（热源由采暖炉提供）；5—生物质炊事采暖炉；6—烟囱；7—聚苯板保温层；8—太阳能热水器；9—入口防风门斗；10—遮阳帘

（b1）生物质炊事采暖炉

（b2）水采暖器

（c1）防风门斗内景

（c2）防风门斗外景

（d1）阳光间内独立集热墙

（d2）改进后的集热墙

图6.40　邓生寿家建筑节能构造与用能设施

资料来源：作者调研绘制、拍摄（拍摄时间：2014年9月）。

（2）民族文化传承方面

① 现代材料的选用应体现民族特色。受到经济、技术等多方面综合条件的影响，当地农户自建太阳能暖房千篇一律，民族建筑特色不明显。例如在建筑材料方面，工业化生产的玻璃阳光间铝合金、屋顶红色彩钢瓦、烧结黏土砖等不分地域也不分民族"遍地开花"，对于当地丰富多样的少数民族建筑文化无疑具有负面影响。

② 农户自建方式较好地传承了传统生活习俗。门源自建式住宅体现出农户建房的主体地位，住户可根据自己的民族生活习俗、家庭经济实力、人口状况对建筑灵活建设。调研中发现罗少英家为回族，且家庭人口为老少两代人，该家居室内就设置了两处净房，客厅居中，两处净房所在的居住单元位于两侧，相对独立起居互不影响。邓生寿家为汉族，汉族传统住宅在正房都要设堂屋，该户依照传统习俗在正房入口保留了堂屋，考虑房屋6 m进深，在堂屋北侧改设厨房，空间得到有效利用。与刚察和兔尔干政府主导式新村建设不同，门源农户自建房的户型每户都不一样，它是农户家庭状况及生活习惯的具体体现，具有重要的现实启示意义。

6.5.4　对乡土民居更新整合设计的思考

1. 建设实践案例综合对比分析

从刚察牧民新村、兔尔干新型社区和门源农户自建房三个建设实践案例分析中，我们可以大致了解青海当地民居更新建设现状。这其中包含政府主导新村建设型和农户自主更新改造型两种基本民居建设类型，三个案例也分别具有生产与生活分离、生产生活经营一体、生产生活一体的三种基本属性。三个案例在设计中都十分重视建筑的节能，并尽量做到传承地方建筑文化，它们之间有许多相同之处，但也存在基于各自建设环境下的不同之处，可以说三个案例都是当前青海乡土民居更新建设的真实表现（表6.16）。

表6.16　建设实践案例综合对比分析

	刚察县牧民"定居新村"	湟源县兔尔干"新型社区"	门源县农户"自建"太阳能暖房
建设模式	政府主导新村型	政府主导新村型	农户自助更新改造型
施工方式	施工企业	施工企业	农户自建
节能技术	主、被动太阳能采暖技术	CL墙体	被动式阳光间、集热墙
炊事用能	天然气、电（燃气炉、电磁炉）	天然气、电（燃气炉、电磁炉）	秸秆、牛羊粪、煤（生物质炉具）
火炕使用	无	无	节能炕
生产方式	生产、生活分离	生产、生活、经营一体	生产、生活一体
生活方式	趋向城市化生活	农家乐，与农业逐渐脱离	乡村生活
户型设计	单一	较为单一	灵活多样

资料来源：作者调研归纳总结。

刚察县牧民定居新村依托距离县城距离近和公共基础设施相对完善的地区优势，采用被动式与主动式太阳能采暖技术相结合的技术，减少了建筑的能耗，探索出高原地区民居更新绿色节能设计的新途径。兔尔干新社区采用新型节能围护墙体CL结构体系，在取得较好的墙体热工性能的同时，重视地域建筑文化的保护，探索在新的生产生活模式下乡土民居更新建设可持续发展的可能性。

虽然三个案例同属民居更新建设实践，但在诸多方面仍存在较大差异。从乡村建设普遍性看，显然门源农户自建房具有较大的代表性，那种完全由政府主导建设的新村毕竟是少数，对于广大普通农村地区而言，民居更新改造还是要靠农户自助完成。门源农户自建太阳能暖房立足乡村生产生活方式，采用自助建造方式，积极引进现代绿色建筑技术，取得了较好的综合效益，为普通农户的民居更新提供了重要的探索经验。

2. 对民居更新整合设计的思考

通过以上建设实践案例的分析，引出本书对乡土民居更新整合设计的如下思考。

一：整合设计需要建筑师和工业材料生产企业的共同努力。

"理想化"的整合设计不符合现实复杂的建筑环境，单靠建筑师个人力量也难以实现，需要多方共同的努力，尤其建筑师与工业材料生产商的配合。对建筑而言首先要树立整合设计的思维模式，在节能设计的同时努力融合当地的文化习俗，对于工业材料生产企业来说，产品风格、样式、色彩等应尽量考虑到不同地区和不同民族的风俗喜好，提供多样化的工业产品。正如本书提到的要素协同那样，唯有建筑各要素做到协调一致，我们距离理想的整合设计就越近。

二：节能设计应与民族文化相融合。

通过以上实践案例的分析，发现节能设计"易"、文化传承"难"，而二者的融合更是在考验建设者们的综合能力。节能设计可以通过具体物质形态表现出来，而文化传承则需要农户心理认同来实现，地区文化的差异和民族风俗习惯又为心理认同增添了难度。对此更需要一种"落地"精神，从具体的社会经济背景、生产生活方式、民族建筑文化入手，将节能设计与民族文化传承有机融合，物质与精神相统一，真正做到整合更新设计。

三：整合设计应尊重农户建房的主体地位。

乡村民居与城镇小区住宅有很大不同，它呈现的多是一种自主建造的特点，具有"设计者、建造者、投资者、使用者"的四种属性，这要求普通乡村民居的更新必然是一种以"自下而上"为主的建造过程。为此建筑师应摒弃自身的高傲与自大，虚心向乡土民居建筑学习，尊重农户建房的主体地位，利用本专业技术优势，为农户提供技术服务和专业指导。

6.6 小结

正如前文所提到的，青海乡村建设面临着高原生态环境保护和多元民族文化传承双重历史使命，民居更新设计树立整体思维尤为重要，整合设计模式的提出便是基于以上的思考。本章首先对整合设计模式概念进行了解析，并针对运行机制进行了探讨，指出整合设计模式是"自下而上""适时适度""有序生长""多元一体"的有机统一体。其次，从气候适应、技术适宜、文化传承、结合地形等方面总结青海乡土民居更新整合设计要素，并强调更新整合设计应当是设计模式要素之间的协同与综合运用的创作过程，提出智慧延续、新旧融合、多元共生民居更新设计理念。最后，本章结合青海乡土民居更新设计创作实践及当前民居更新建设实践典型案例，进一步论述了民居更新整合设计模式的综合运用。

7 走向可持续发展的
青藏高原新乡土建筑

"大美青海"，青海作为青藏高原重要组成部分，一方面是我国重要的生态安全屏障，另一方面也是高原多元民族文化汇聚的地区，承担着维护全国乃至世界生态安全格局及多元民族文化多样性的重要角色。青海地域广袤、自然气候多样，乡土民居作为高原文化重要的物质载体和智慧结晶，具有十分重要的科学价值和文化价值。本书选取高原乡土民居为研究对象，通过对传统民居建筑原型的考察分析，总结其生成与演变的基本规律，并提取传统民居生存智慧，针对乡土民居更新中所面临的生态困境以及民族文化丢失等现象，研究论述了民居更新中的绿色设计、本土适宜技术、民族文化传承的途径与方法。全书提出民居更新整合设计模式概念，并对整合设计的内涵、机制、理念做了进一步的阐述，同时结合设计创作实践对更新设计要素进行综合运用，探讨乡土民居更新适宜性设计方法，以期充实高原乡村人居环境建设理论体系，并最终为实现高原地区自然与人文环境的可持续发展作出一定的贡献。

青海由于地处高原，经济社会发展滞后，加之交通不便，高原特色的乡土民居不为人们所熟知。与我国东部经济发达省份"乡愁难觅"的尴尬境况相比，青海具有自身的资源优势，境内历史悠久、类型多样的高原聚落乡土文化资源十分丰富。也正是因为地处偏僻、交通闭塞，青海境内仍旧保留着许许多多"原汁原味"的乡土民居及聚落。但是，随着我国城乡体系的剧烈变革，青海传统民居及聚落正经历着消亡的危险。人们建房已很少沿用传统建造方法，到处是"城市化"建筑模式，带来资源的巨大浪费和地域风貌的丧失。我们不禁要问，高原特色乡土民居该何去何从？本书正是基于以上的思考，采用现场田野考察、文献综合分析、理论与实践相结合的研究方法，系统分析地区乡土民居建筑原型，找出建筑生成、演变的客观规律，总结出传统民居的生存智慧，对青海乡土民居绿色更新、民族文化传承做了全面系统的论述，提出了乡土民居更新整合的设计方法。

7.1 研究结论

通过以上基于乡土民居建筑原型、现型、新型的系统分析研究和理论探讨，本书研究结论如下：

（1）审视地区乡土民居生成及演变规律，应具有综合性思维，对其背后所蕴含的自然及人文因素做出系统且具体的分析。

本书通过大量的史料记载及多学科的相关文献分析，对青海特有庄廓民居建筑类型的生成与演变做了系统梳理，提出重要的"自然生成、文化驱动"的研究成果。"自然生成"是指自然环境是民居最初原型产生的主导因素，"文化驱动"是指人文环境是促进民居原型演变发展的必备要素，自然与人文是民居生成发展的主要推动力量。研究对于当前民居建设中违背自然条件、忽视文脉传承的建筑乱象具有重要的启示作用，这也为本书整合自然与人文的适宜设计方法的建构提供了理论铺垫。

在此研究成果基础上，本书以庄廓民居为例，基于庄廓民居所处的河湟地区多民族文化多元汇聚的背景，提出"资源气候共性"与"民族文化差异性"的地区建筑特质，即虽然宗教、习俗、文化观念不同，但面对河湟地区相同的自然气候及地理资源条件，各民族均做出了一致的选择，即都把庄廓作为自己的居住建筑。这种地区建筑特质同样适用于其他自然气候地区。

（2）新民居建设应从传统民居中汲取营养，对传统民居的生存智慧要有清晰的认知，并在新民居建设中予以传承。

本书从自然气候、地区资源、地形地貌、建造技术、文化观念五个方面，全面系统总结了传统民居所具有的生存智慧。

在适应自然气候方面，本书归纳出应对高原严寒、干旱少雨、风大风多气候条件下，"形态规整""宽厚墙体""内聚向阳""住屋类型多样""平缓屋顶""L、凹、回形平面形态"等传统民居营建智慧。在有效利用地区资源方面，本书从获取日照、本土建材、生物质能、水力利用方面，总结出"北高南低""大面宽、小进深""就地取材""可再生资源有效利用"等营建智慧。在适应地形地貌方面，本书针对川水平原、浅山丘陵、高山峡谷地貌特征，归纳出"密集院落型民居""台地套庄型民居""独立碉房型民居"三大类型。在传统建造技术方面，对传统土木、石木、毛帐建造技术进行分析，指出传统建造技术"简便易行"，在今天新民居建设中仍具有广阔空间。在文化观念方面，运用文化生态学的研究方法，对儒道、藏传佛教、伊斯兰教的生态观进行分析，指出各民族文化中共同具有与自然为伴、和谐共生的精神诉求。

（3）乡土民居绿色更新适宜技术策略的建立应立足当地，发挥本土资源地区优势，从设计、技术、材料等方面择取适宜本地区的技术路线。

保护高原生态环境是人居环境建设首要面对的重要课题。基于高原环境生态承载力逐年下降的客观压力，反观当前地区聚落重构与民居更新建设现状，总结"农牧民自助更新改造型"和"政府主导农牧民定居新村型"在建筑节能方面出现的问题，研究指出建立基于保护环境、节约资源的新型绿色民居是高原乡村建设的重要方向。本书通过乡土民居更新绿色设计、新型本土适宜技术、新型绿色建材的综合分析论述，指出乡土民居的绿色更新首先应建立适应本土的新型技术体系。研究指出，立足本土，优化更新传统建造模式，使传统建造技术焕发新的活力，是建立新型技术体系的重要方面，同时应结合地区差异对低技术、轻技术、高技术采取综合利用的技术策略。

（4）面对多元民族文化汇聚的地区人文环境，各民族建筑文化应得到充分的重视，在乡土民居更新建设中保护和传承各民族优秀文化。

青海是西北多民族聚居的典型省份，多元文化交汇融合，各民族宗教及价值观念各有不同,如何在民居建筑技术更新的同时,取得文化更新的同步发展?这是我们必须面对的一个问题。本书经过全省范围内的现场实地调研及大量文献综合分析,归纳总结出汉、藏、回、土、撒拉、蒙古族6个民族世居民居的建筑文化特征,指出多元民族建筑文化多样性,源于各自所处的自然地理环境、所从事的生产生活方式、所信仰的民族宗教文化的共同作用。由此,全书提出乡土民居更新应采取"多样化表达"的设计方法。

多样化表达要重视不同地域、不同生产生活方式、不同语境环境的差异,扎根当地,有针对性地进行设计。在地域多样化表法方面,依据青海四大地域文化区,研究将青海乡土民居划分为:东部地区"河湟庄院"、柴达木地区"绿洲新居"、青南地区"多彩藏居"、环湖地区"环湖藏居"四大类型。在生产生活多样化表达方面,研究提出"传统农业型"(生产与生活一体)、"现代社区型"(生产与生活分离)、"乡村旅游型"(生产、生活、经营一体)三种民居更新设计方法。在建筑语言多样性表达方面,提出"由封闭到开敞""有繁到简""由无到有"的动态设计对策。

(5)利用系统科学研究方法,将绿色节能设计与民族文化相融合,做到空间、技术、文化等各要素的协同整合,实现高原人居环境的可持续发展。

民居更新的整合设计模式是指"植根本土建筑环境,着眼民居更新中生产及生活现状,优化提升传统营建智慧,整合自然及人文等各要素,努力提高建筑绿色节能与文脉传承的综合效应,最终实现地区人、建筑、环境的和谐统一协调发展"。全书借鉴传统营建智慧,并结合现代新型建筑技术,总结出乡土民居更新中气候适应、技术适宜、文化传承、适应地形四个方面的营建要素。研究指出要素及要素之间是一种良性互动的关系,它们共同推动乡土民居的可持续发展。为获取冬季民居热工数据,作者利用1月、2月冬季两个多月时间,分别深入海拔3 000 m以上的班玛县和华隆进行了现场调研、测绘、访谈,取得大量的第一手资料,重要的是感受到当地农民冬季严寒的居住生活状况,为研究积累了宝贵的素材。由此,结合班玛县科培村和化隆县巴麻堂村调研成果,展开乡土民居更新整合设计研究分析,指出设计应是建立在深入了解地区自然人文环境及农户生产生活状况基础上做出的整合设计表达。本书选取已建成和在建的民居更新项目实施案例,进一步论述乡土民居更新技术与文化融合可能性,为全书适宜性设计模式研究提供了必要的案例支撑。

7.2 研究成果的应用前景

1.为当前传统民居绿色更新提供设计方法

绿色生态是高原民居更新发展的必然趋势,高原的可再生能源具有优势,可通过太阳能、生物质能的利用,结合现代生态新技术和绿色建材的使用,进行建筑一体化综合设计研究,形成本土绿色更新的设计方法,推动传统营建模式的更新进步,促进民居建设规范化、科学化。

2.为多元民族建筑文化保护与发展提供专业素材

受地理交通的限制,青海多民族建筑艺术并不为人们所熟知,相关研究还相对滞后，多民族聚居环境下民居建筑的地区共性与民族差异性没有清晰的论述，基于以上情况，本研究展开对地区多元建筑文化的梳理，探讨少数民族民居建筑更新发展策略，整理出少数民族传统民居建筑艺术资料与民居更新风貌控制标准，可为建筑业相关产品生产加工提供专业素材。

3. 为旅游经济发展提供特色民居建设支持

大美青海旅游潜力巨大，但高原特有乡村景观被破坏的情况也日趋严重，当地政府正大力开展特色村容村貌整治，由于缺乏系统研究，出现规划不合理、资源浪费等现象，高原应有的地域特色没有发挥出来，本书通过传统与现代、传承与发展的综合研究，有针对性地制定适应不同民族宗教生活习俗的民居更新风貌保护设计策略，有助于缓解上述问题。

4. 为新农村建设政策制定提供智力支持

由于缺乏相关研究，政策制定往往带有盲目性，实际建设中存在大量脱离地域资源环境和缺乏民族文化认同感的伪乡土建筑，本书以青海自然气候条件与多元民族文化为基础，提出传统民居更新适宜模式，可为传统民居保护、既有民居改造提供指导，也为当地农区牧区民居建设的政策制定提供科学参考。

7.3 后续研究展望

本书通过研究，取得了一定的学术成果，但是，在高原地区乡村人居环境营造理论和实践课题中，还可以继续进行以下层面的后续研究，以便进一步深化对高原自然与人文环境的理解和认识，不断完善高原地区人居环境可持续发展的理论建设。

（1）继续收集高原乡村文献资料，进一步开展乡村民居的调查研究，加强具体村落聚居单元的研究，以及针对特定民族建筑更新进行深入研究。

（2）针对当前高原农业产业结构调整带来聚落及民居更新重组，结合最新生态学、民族学、人类学等多学科成果，对新型乡村社区营建及民居更新设计开展进一步研究。

（3）工业化建筑材料、设备、技术如何与地区多元民族文化进行融合，有待后续深入研究。

（4）有待继续加强高原乡村人居环境建设理论研究，构建系统的高原人居环境营建理论体系。

附　　录

附录1　玉树及环青海湖地区民居更新整合设计分析图示

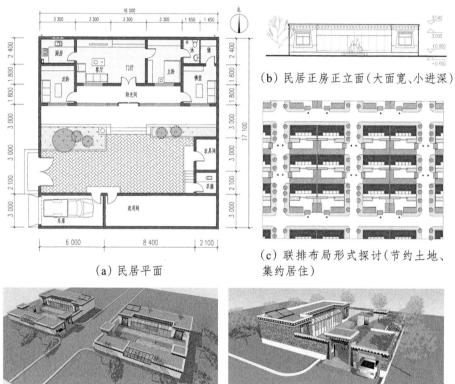

（a）民居平面

（b）民居正房正立面（大面宽、小进深）

（c）联排布局形式探讨（节约土地、集约居住）

（d）单体及联排组合效果

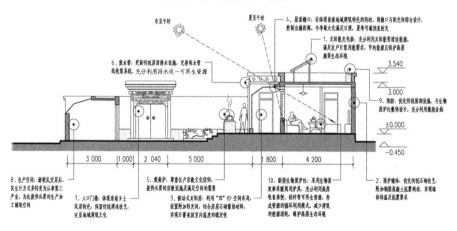

（e）民居更新整合设计模式综合运用分析

青南玉树地区游牧民新居整合设计分析

资料来源：（a）、（b）、（c）、（e）作者方案设计、制图；（d）模型由西安建筑科技大学2011级研究生魏友嫚、陈青绘制。

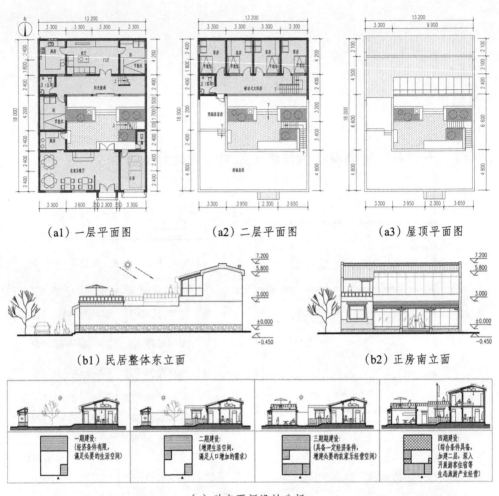

（a1）一层平面图　　　　（a2）二层平面图　　　　（a3）屋顶平面图

（b1）民居整体东立面　　　　　　　　（b2）正房南立面

（c）动态更新设计分析

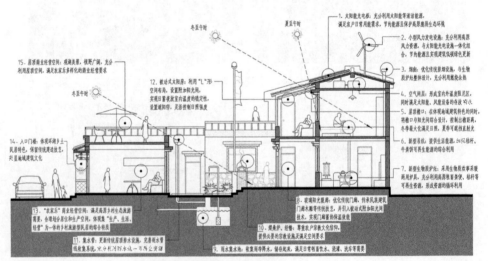

（d）民居更新整合设计模式综合运用分析

环青海湖地区民居更新整合设计实践分析

资料来源：本书研究观点，方案及制图均由作者绘制。

附录2 青海省特色民居推荐图集——东部地区"河湟庄院"①

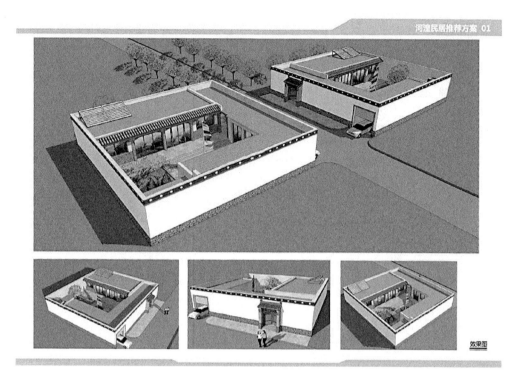

效果图

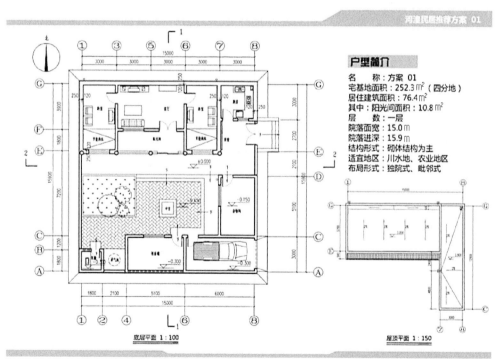

底层平面 1:100

屋顶平面 1:150

户型简介

名　　称：方案 01
宅基地面积：252.3㎡（四分地）
居住建筑面积：76.4㎡
其中：阳光间面积：10.8㎡
层　　数：一层
院落面宽：15.0 m
院落进深：15.9 m
结构形式：砌体结构为主
适宜地区：川水地、农业地区
布局形式：独院式、毗邻式

---

① 资料来源：《青海特色民居推荐图集》。作者方案设计、制图。模型由西安建筑科技大学2009、2010级硕士研究生剧欣、赵一凡、赵薇娜、张瑞涛、霍敏、张璠绘制。

效果图

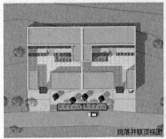

院落并联顶视图

效果图

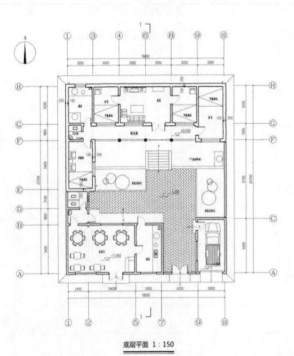

底层平面 1:150

户型简介

名　　称：方案12
宅基地面积：389.4 ㎡（五分地）
居住建筑面积：212.5 ㎡
其中：阳光间面积：23.9 ㎡
层　　数：一层
院落面宽：18.0 m
院落进深：20.7 m
结构形式：砌体结构为主
适宜地区：脑山地、农业地区
布局形式：独院式、毗邻式

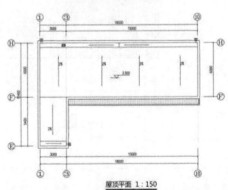

屋顶平面 1:150

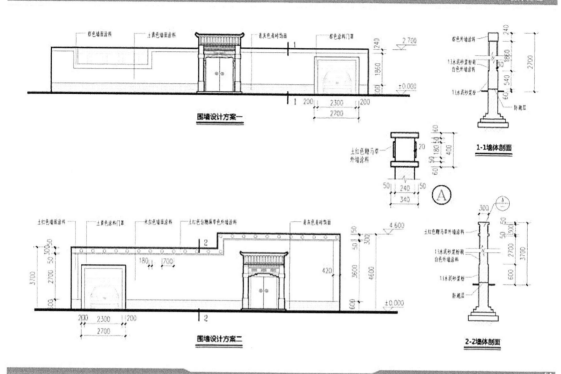

围墙设计方案一

1-1墙体剖面

围墙设计方案二

2-2墙体剖面

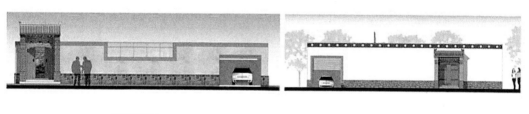

墙面设计方案A

墙面设计方案B

墙面设计方案C

墙面设计方案D

附录3　青海省特色民居推荐图集——青南地区"多彩藏居"①

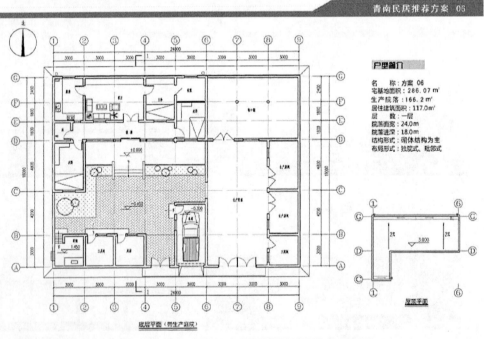

① 资料来源：《青海特色民居推荐图集》。作者方案设计、制图。模型由西安建筑科技大学2011级硕士研究生魏友嫚、何积智、张博强、林道果、郝思怡、陈青、李诗娴绘制。

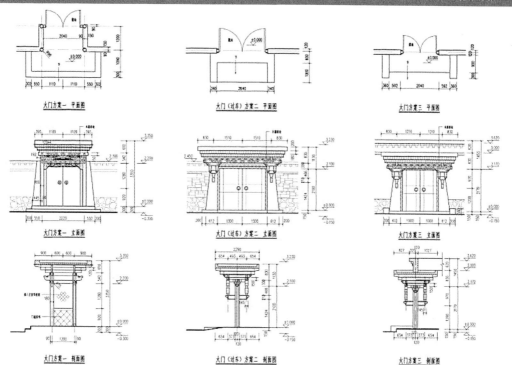

大门方案一 平面图　　　　大门（过车）方案二 平面图　　　　大门方案三 平面图

大门方案一 立面图　　　　大门（过车）方案二 立面图　　　　大门方案三 立面图

大门方案一 剖面图　　　　大门（过车）方案二 剖面图　　　　大门方案三 剖面图

民居大门方案一

民居大门方案二

民居大门方案三

民居大门方案四

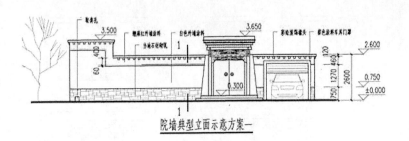

院墙典型立面示意方案一

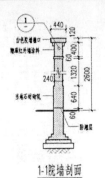

1-1院墙剖面

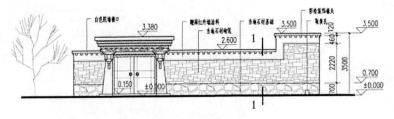

院墙典型立面示意方案二

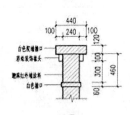

①

民居院墙方案一

民居院墙方案三

民居院墙方案二

民居院墙方案四

附录4　民居更新方案设计构思草图

资料来源：作者构思手稿。

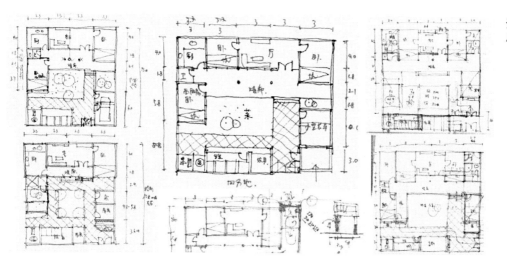

（1）青海东部"河湟庄院"构思草图（时间：2011年3月）

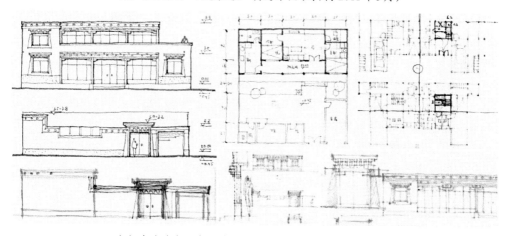

（2）青海南部"多彩藏居"构思草图（时间：2012年3月）

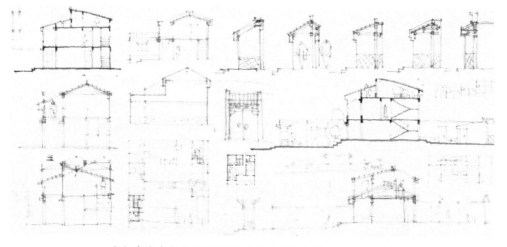

（3）青海中部"环湖藏居"构思草图（时间：2012年11月）

参 考 文 献

［ 1 ］ 吴良镛.国际建协《北京宪章》——建筑学的未来［M］.北京：清华大学出版社,2002：259.

［ 2 ］ 刘致平.中国伊斯兰教建筑［M］.乌鲁木齐：新疆人民出版社,1985.

［ 3 ］ 陈耀东.中国藏族建筑［M］.北京：中国建筑工业出版社,2007.

［ 4 ］ 王军.西北民居［M］.北京：中国建筑工业出版社,2009：239-256.

［ 5 ］ 孙鸿烈.青藏高原国家生态安全屏障保护与建设［J］.地理学报,2012(1)：3-12.

［ 6 ］ 塞缪尔·亨廷顿.文明的冲突和世界秩序的重建［M］.北京：新华出版社,1998.

［ 7 ］ 吴良镛.中国建筑文化研究文库总序——论中国建筑文化的研究与创造［J］.华中建筑,2002(6)：2.

［ 8 ］ 郝时远.中国少数民族分布图集［M］.北京：中国地图出版社,2002：7.

［ 9 ］ 马成俊,贾伟.青海人口研究［M］.北京：民族出版社,2008：120-121.

［10］ 秦永章.费孝通与西北民族走廊［J］.青海民族研究,2011(3)：1-6.

［11］ 鲁光,解书森.青海省的人口状况及其特点［J］.人口与经济,1983(3)：22-25.

［12］ 陈明.作为范式的辩证法的历史建构［M］.北京：中国社会科学出版社,2008：28.

［13］ 马世骏,王如松.社会-经济-自然复合生态系统［J］.生态学报,1984,4(1)：1-9.

［14］ 肖广岭.盖亚假说：一种新的地球系统观［J］.自然辩证法通讯,2001,23(1)：87-91.

［15］ 曾坚,蔡良娃.建筑美学［M］.北京：中国建筑工业出版社,2010：162.

［16］ 刘加平,等.绿色建筑概论［M］.北京：中国建筑工业出版社,2010：2.

［17］ 杨通进,高予远.现代文明的生态转向［M］.重庆：重庆出版社,2007.

［18］ 卓玛措.青海地理［M］.北京：北京师范大学出版社,2010：136.

［19］ 崔文河,王军,岳邦瑞,等.多民族聚居地区传统民居更新模式研究——以青海河湟地区庄廓民居为例［J］.建筑学报,2012(11)：83-87.

［20］ 崔文河,王军.青海南部地区传统碉房民居更新探索［J］.南方建筑,2012(6)：13-17.

［21］ 李晓峰.乡土建筑——跨学科研究理论与方法［M］.北京：中国建筑工业出版社,2005：210.

［22］ 中国科学院自然区划工作委员会.中国气候区划［M］.北京：科学出版社,1959.

［23］ 刘光明.中国自然地理图集［M］.北京：中国地图出版社,1997：43.

［24］ 贾兰坡,黄慰文,卫奇.三十六年来中国旧石器考古［M］.北京：文物出版社, 1988：10.

［25］ 陈新海.历史时期青海经济开发与自然环境变迁［M］.西宁：青海人民出版 社,2009：31.

［26］ 谢端琚.甘青地区史前考古［M］.北京：文物出版社,2002：71.

［27］ 崔永红.青海通史［M］.西宁：青海人民出版社,1999：7.

［28］ 中国科学院考古研究所甘肃工作队.甘肃永靖大何庄遗址发掘报告［J］.考古 学报,1974（2）：36.

［29］ 傅熹年.陕西扶风召陈西周建筑遗址初探：周原西周建筑遗址研究之一［J］. 文物,1981（1）：72.

［30］ 崔树稼.青海东部民居：庄窠［J］.建筑学报,1963（1）：12.

［31］ 江道元.西藏卡若文化的居住建筑初探［J］.西藏研究,1982（3）：112.

［32］ 郭声波,陈新海.青藏高原历史地理研究——青海地区历史经济地理研究 ［M］.成都：四川大学出版社,2011：33.

［33］ （汉）班固.汉书（卷69）：赵充国,辛庆忌传.

［34］ （后晋）刘昫,等.旧唐书列传第一百四十八：西戎,吐谷浑.

［35］ 张岱年,方克立.中国文化概论［M］.北京：北京师范大学出版社,2004： 87-93.

［36］ 张彤.整体地区建筑［M］.南京：东南大学出版社,2003：36.

［37］ 中国科学院自然区划工作委员会.中国气候区划［M］.北京：科学出版社, 1959.

［38］ 钟仕科,大江.简明物理手册［M］.南昌：江西人民出版社,1982：41-42.

［39］ 西北师范大学地理系.青海地理［M］.西宁：青海人民出版社,1987：59.

［40］ 吴山.中国历代服装、染织、刺绣辞典［M］.南京：江苏美术出版社,2011：76.

［41］ 清华大学建筑节能研究中心.中国建筑节能年度发展研究报告2012［M］.北 京：中国建筑工业出版社,2012：70.

［42］ 青海省地方志编纂委员会.青海省志五：气象志［M］.合肥：黄山书社,1996： 49.

［43］ 何泉.藏族民居建筑文化研究［D］.西安：西安建筑科技大学建筑学院,2009： 86.

［44］ 史克明.青海经济地理［M］.北京：新华出版社,1988：8.

［45］《青海省土地利用总体规划研究》编委会.青海省土地利用总体规划研究 ［M］.西宁：青海人民出版社,2003.

［46］ 张忠孝.青海地理［M］.北京：科学出版社,2009：6.

［47］ 汪之力.中国传统民居建筑［M］.济南：山东科学技术出版社,1994：145.

［48］ 向达.青海藏族地区传统聚落更新模式研究［J］.中外建筑,2011（5）：72-73.

［49］ 尹建民.比较文学术语汇释［M］.北京：北京师范大学出版社,2011.

［50］ Steward Julian H. Theory of culture change — the methodology of multilinear evolution[M]. Urbana: University of Illinois Press, 1955.

［51］ 中国大百科全书总编辑委员会.中国大百科全书——社会学［M］.北京：中国大百科全书出版社,2002：417.

［52］ 佘正荣.中国生态伦理传统的诠释与重建［M］.北京：人民出版社,2002：56-85.

［53］ 刘俊哲,罗布江村.藏传佛教哲学思想资料辑要［M］.北京：民族出版社,2007.

［54］ 杨改河.江河源区生态环境演变与质量评价［M］.北京：科学出版社,2008：259.

［55］ 尕藏才旦,格桑本.天葬：藏族丧葬文化［M］.兰州：甘肃民族出版社,2000.

［56］ 杨虎德.西北世居民族伦理思想研究［M］.西宁：青海人民出版社,2008：36.

［57］ 林松.《古兰经》韵译［M］.北京：中央民族学院出版社,1988：461.

［58］ 马明良.伊斯兰生态文明初探［J］.世界宗教研究,2003：116.

［59］ 冯怀信.伊斯兰的生态观及现代意义［J］.中国宗教,1999：18.

［60］ 周鸿.人类生态学［M］.北京：高等教育出版社,2001：42.

［61］ 马洪波.青海实施生态立省战略研究［M］.北京：中国经济出版社,2011：15.

［62］ 刘芄岩.环境保护概论［M］.北京：化学工业出版社,2011：31.

［63］ 汝信,付崇兰.中国城乡一体化发展报告［M］.北京：社会科学文献出版社,2011：127.

［64］ 吴良镛.人居环境科学导论［M］.北京：中国建筑工业出版社,2001：47.

［65］ 伯纳德.鲁道夫斯基.没有建筑师的建筑——简明非正统建筑导论［M］.高军,译.天津：天津大学出版社,2011.

［66］ 冉茂宇,刘煜.生态建筑［M］.武汉：华中科技大学出版社,2008：27.

［67］ 夏云.生态与可持续建筑［M］.北京：中国建筑工业出版社,2001：39.

［68］ 江亿,林波荣,曾剑龙,朱颖心.建筑节能［M］.北京：中国建筑工业出版社,2006：49.

［69］ 中国建筑设计研究院,中国建筑西南设计研究院,国家住宅与居住环境工程技术研究中心,等.被动式太阳能建筑技术规范：JGJ/T 267—2012［S］.北京：中国建筑工业出版社,2012.

［70］ 中国建筑科学研究院,中国建筑设计研究院,北京市建筑设计研究院,等.建筑采光设计标准：GB/T 50033—2013［S］.北京：中国建筑工业出版社,2013.

［71］ 清华大学建筑节能研究中心.中国建筑节能年度发展研究报告2012［M］.北京：中国建筑工业出版社,2012：91.

［72］ 武敬.节能工程概论［M］.武汉：武汉理工大学出版社,2011：296.

［73］ 杨维菊.绿色建筑设计与技术［M］.南京：东南大学出版社,2011：353.

［74］ 孙卫国.气候资源学［M］.北京：气象出版社,2008：222.

［75］ 陈晓扬,仲德崑.地方性建筑与适宜技术［M］.北京：中国建筑工业出版社,2007：13.

［76］ 吴恩融,穆钧.基于传统建筑技术的生态建筑实践——毛寺生态实验小学与

无止桥[J].时代建筑,2007(4):50.

[77] 王晖.西藏阿里苹果小学[J].时代建筑,2006(7):115.

[78] 吴贵蜀.农牧交错带的研究现状及进展[J].四川师范大学学报:自然版,
2003(1):108.

[79] 兰州大学人口研究室.西北人口[M].西北人口编辑部,1980:60.

[80] 费孝通.对文化的历史性和社会性的思考[J].思想战线,2004(2):1-6.

[81] Ashby E. Technology and the academics[M]. London: Macmillan, 1966: 81-97.

[82] 雷姆·库哈斯.广普城市[J].王群,译.世界建筑,2003(3):64-69.

[83] 裴盛基.生物多样性与文化多样性[J].科学,2008,60(4):33-36.

[84] Chris Abel. Architecture, technology and process[M]. Kidlington: Elsevier Ltd,
2004.

[85] 汪芳.查尔斯·柯里亚[M].北京:中国建筑工业出版社,2003.

[86] 樊敏.硕士论文:哈桑·法赛创作思想及建筑作品研究[D].西安:西安建筑
科技大学,2009.

[87] 吴良镛.乡土建筑的现代化,现代建筑的地区化——在中国新建筑的探索道
路上[J].华中建筑,1998(1):1-4.

[88] 阴帅可.硕士论文:青海贵德玉皇阁古建筑群建筑研究[D].天津:天津大
学,2006:8.

[89] 裴丽丽.博士论文:土族文化传承与变迁研究[D].兰州:兰州大学,2007:
35.

[90] 族史编写组.撒拉族简史[M].北京:民族出版社,2008.

[91] 王军,李晓丽.青海撒拉族民居的类型特征及其地域适应性研究[J].南方建
筑,2010(6):40.

[92] 赵旭东.文化的表达:人类学的视野[M].北京:中国人民大学出版社,2009.

[93] 曾绪.浅论语境理论[J].西南科技大学学报:哲学社会科学版,2004(6):95-
98.

[94] 王纪武.人居环境地域文化论:以重庆、武汉、南京地区为例[M].南京:东南
大学出版社,2008:27.

[95] 王昱.青海历史文化与旅游开发[M].西宁:青海人民出版社,2008:45.

[96] Kuhn T S. The structure of scientific revolution[M]. Chicago: University of
Chicago Press, 1970.

[97] (美)冯·贝塔朗菲(Von Bertalanffy L).一般系统理论——基础发展与应用
[M].林康义,魏宏森,译.北京:清华大学出版社,1987:279.

[98] 董肇君.系统工程与运筹学[M].北京:国防工业出版社,2011:3.

[99] 方浩范.儒学思想与东北亚"文化共同体"[M].北京:社会科学文献出版社,
2011:139.

[100]李以渝.机制论:事物机制的系统科学分析[J].系统科学学报,2007(4):
22-23.

[101]贺勇,孙炜玮,马灵燕.乡村建造:作为一种观念与方法[J].建筑学报,2011

（4）：19-22.

［102］韩长赋.勿把城镇居民小区照搬到农村赶农民上楼［J］.中国农民合作社，2012（8）：8.

［103］舒尔兹.场所精神——迈向建筑现象学［M］.武汉：华中科技大学出版社，2010.

［104］王竹，魏秦，贺勇.地区建筑营建体系的"基因说"诠释：黄土高原绿色窑居住区体系的建构与实践［J］.建筑师，2008（1）：29-35.

［105］卢建松.自发性建造视野下建筑的地域性［J］.建筑学报，2009（S2）：49-54.

［106］王澍.营造琐记［J］.建筑学报，2008（7）：58-61.

［107］冯纪忠.方塔园规划［J］.建筑学报，1981（7）：40-45.

［108］费孝通.中华民族多元一体格局［M］.北京：中央民族大学出版社，1999.

［109］Amos Rapoport. House form and culture［M］. London: Pearson Education, 1969.

［110］费孝通.文化与文化自觉［M］.北京：群言出版社，2010.

［111］肯尼思·弗兰普顿.建构文化研究——论19世纪和20世纪建筑中的建造诗学［M］.王骏阳，译.北京：中国建筑工业出版社，2007.

［112］Klaus Daniels. Low-tech light-tech high-tech: Building in the information age［M］. Basel, Boston, Berlin: Birkhäuser Publishers, 1998.

［113］夏国强.博士论文：《汉书·律历志》研究［D］.苏州：苏州大学，2010.

［114］赵树智.系统科学概论［M］.长春：吉林大学出版社，1990.

［115］Lewis Mumford. Technics and civilization［M］. New York: Harcourt, Brace & Company, 1934.

［116］罗小未.外国近现代建筑史［M］.北京：中国建筑工业出版社，2004：318.

［117］青海省住房和城乡建设厅村镇处.关于报送全省新农村建设村庄环境整治长效管理机制建设情况的调研报告［R］//青海省住房和城乡建设厅文件（公开），2010：2-8.

［118］Paola Sassi. Strategies for sustainable architecture［M］. London: Taylor & Francis Group, 2006.

［119］Moseley M J, Owen S. The future of services in rural England: The drivers of change and a scenatio for 2015［J］. Progress in Planning, 2008, 69(3): 99-125.

［120］虞春隆，周若祁，李东艳.黄土高原沟壑区村镇体系生态化重构［J］.建筑学报，2010（S2）：5-9.

［121］李晓峰.乡土建筑保护与更新模式的分析与反思［J］.建筑学报，2005（7）：8-10.

［122］梅洪元，张向宁，林国海.东北寒地建筑设计的适应性技术策略［J］.建筑学报，2011（9）：10-12.

［123］王竹，范理杨，陈宗炎.新乡村"生态人居"模式研究［J］.建筑学报，2011（4）：23-26.

［124］（英）Bill Dunster. From A to ZED（走向零能耗）［M］.史岚岚，郑晓燕，

Topenergy,译.北京:中国建筑工业出版社,2008.

［125］Peter F Smith. Architecture in a climate of change: A guide to sustainable design ［M］. London: Elsevier Ltd, 2005.

［126］杨维菊.绿色建筑设计与技术［M］.南京:东南大学出版社,2011(6):7-9.

［127］Alison G Kwok, Walter T Grondzik. The green studio handbook: environmental strategies for schematic design［M］. London: Elsevier Ltd, 2005.

［128］仇保兴.在"严寒和寒冷地区绿色建筑联盟成立大会"上作主旨报告——北方地区绿色建筑行动纲要［J］.建设科技,2012(20):15-17.

［129］江亿.深刻认识我国农村用能现状和用能特点［J］.建设科技,2012(9):12-13.

［130］刘加平.新农村建设与建筑节能对策［J］.建设科技,2012(9):26-28.

［131］刘加平,谭良斌,何泉.建筑创作中的节能设计［M］.北京:中国建筑工业出版社,2009.

［132］林宪德.绿色建筑——生态·节能·减废·健康［M］.北京:中国建筑工业出版社,2011.

［133］金虹.低能耗低技术低成本——寒地村镇节能住宅设计研究［J］.建筑学报,2010(8):14-16.

［134］Lynne Elizabeth, Cassandra Adams. Alternative construction: Contemporary natural building methods［M］. John Wiley & Sons, 2000.

［135］Vicky Richardson. New vernacular architecture［M］. London: Laurence King Publishing Ltd, 2003.

［136］克里斯·亚伯.建筑与个性——对文化和技术变化的回应［M］.张磊,等译.北京:中国建筑工业出版社,2010.

［137］杨大禹.传统民居及其建筑文化基因的传承［J］.南方建筑,2011(6):8-11.

［138］王竹,魏秦,贺勇.地区建筑营建体系的"基因说"诠释——黄土高原绿色窑居住区体系的建构与实践［J］.建筑师,2008(2):29-36.

［139］岳邦瑞,王军.绿洲建筑学研究基础与构想——生态安全视野下的西北绿洲聚落营造体系研究［J］.干旱区资源与环境,2007(10):1-5.

［140］谢英俊.西藏纳木湖示范牧民安居房［J］.建筑学报,2011(4):80-82.

［141］单军,吴艳.地域性应答与民族性传承滇西北不同地区藏族民居调研与思考［J］.建筑学报,2010(8):6-9.

［142］梁琦.青海少数民族民居与环境［M］.西宁:青海人民出版社,2005.

［143］曹文虎,李勇.青海省实施生态立省战略研究［M］.西宁市:青海人民出版社,2009:6.

［144］赵海峰.当代中国的青海［M］.北京:当代中国出版社,1991:293.

［145］竺可桢.中国近五千年来气候变迁的初步研究［J］.考古学报,1971(1):2-20.

［146］阿摩斯·拉普卜特.文化特性与建筑设计［M］.常青,张昕,张鹏,译.北京:中国建筑工业出版社,2004.

[147] Hassan Fathy. Architecture for the poor: An experiment in rural Egypt [M]. Chicago: University of Chicago Press, 1976.

[148] Hassan Fathy. Natural energy and vernacular architecture — Principles and examples with reference to hot arid climate [M]. Chicago: The University of Chicago Press, 1986.

[149] Charles Correa. The new landscape [M]. The Book Society of India, 1985.

[150] 岳邦瑞.绿洲建筑论——地域资源约束下的新疆绿洲聚落营造模式 [M].上海:同济大学出版社,2011.

[151] 卢健松.博士论文:自发性建造视野下建筑的地域性 [D].北京:清华大学,2009.

[152] 雷振东.博士论文:整合与重构关中乡村聚落转型研究 [D].西安:西安建筑科技大学,2005.

[153] 吴葱.硕士论文:青海乐都瞿昙寺建筑研究 [D].天津:天津大学,1994.

[154] 李钰.陕甘宁生态脆弱地区乡土建筑研究——乡村人居环境营建规律与建设模式 [M].上海:同济大学出版社,2012.

[155] 骆桂花.青海民族地区多元文化与社会秩序的当代建构 [J].青海民族研究,2012(4):42-47.

[156] 李军环.川西中路嘉绒藏族民居的生态智慧与更新设计 [J].西安建筑科技大学学报:自然科学版,2012(4):512-516.

[157] 克里斯·亚伯.福斯特与建筑技术的进步 [J].徐知兰,译.世界建筑,2012(1):27-31.

[158] Brown G Z. Sun, wind and lingt, architectural design strategies [M]. New York: John Wiley & Sons Inc, 1985.

[159] 周若祁,等.绿色建筑体系与黄土高原基本聚居模式 [M].北京:中国建筑工业出版社,2007.

[160] 石硕.青藏高原"碉房"释义——史籍记载中的"碉房"及与"碉"的区分 [J].思想战线,2011(3):110-115.

[161] 李桦,宋兵,张文丽,等.藏式民居灾后重建设计研究——以青海省玉树州结古镇新寨村实施方案为例 [J].建筑学报,2011(4):1-6.

后　记

　　本书源于作者博士论文。首先感谢导师王军教授。记得2004年硕士研究生刚入学不久的国际建协UIA竞赛中，王老师就引导我关注青藏高原生态安全，提出众多有关生态文明的设计思想，对我触动很大，在王老师的启发下，我构思创作了"可可西里——生态祭场"的设计方案，没想到七年之后，当年的学习经历竟成为我博士论文重要的研究素材。本人自2008年攻读建筑学博士学位，2010年确立博士研究方向，2012年博士论文初稿完成，2015年完成博士学位论文答辩，七年的攻读博士学位时光使我对西北民族地区乡土景观与聚落民居的认识逐渐清晰，这为博士研究打下了坚实基础，本文也有幸获得校"2016年优秀博士学位论文"。

　　感谢青海省住房和城乡建设厅王涛总工程师、熊士泊总工程师、衣敏处长、杨敏政处长、乔柳等同志，在青海省特色民居研究课题组调研考察期间，提供的热情帮助和对工作的重视和支持。感谢西北工业大学刘煜教授和西安建筑科技大学杨豪中教授、李志民教授、刘晖教授、张沛教授、雷振东教授、任云英教授，在我2013年12月毕业答辩及2015年1月学位答辩中认真评阅和悉心指导。感谢师兄岳邦瑞教授对我研究论文提供的支持和帮助。2013年8月我与岳老师深入青海海东地区的尖扎、贵德、同仁、循化，以及甘肃的积石山、临夏、永靖调研考察，其间与岳老师站在坎布拉山脚下，远望贵德黄河水，促膝长谈，谈学术谈人生，此情此景至今记忆犹新。岳老师将自己的科研经验及研究机会无私地与我分享，这不仅弥补了我论文研究的不足，同时还提高了本课题的研究深度，与岳老师相处受益良多。感谢师兄李钰副教授、师姐靳亦冰副教授，自我2004年就读王老师研究生起，就与两位师兄姐相识，研究期间他们多次就本文提出大量建设性的意见。同时感谢博士同学张晓瑞老师以及燕宁娜、贺文敏、许建和、郝占鹏、李晓丽、吴晶晶、孟祥武、钱利等学友长期以来的帮助和支持。

　　同时还要感谢王老师的2009级硕士研究生剧欣、赵薇娜、张瑞涛、张瑶、霍敏，2010级赵一凡，2011级魏友嫚、何积智、张博强、林道果、郝思怡、陈青、李诗娴等硕士研究生，在青海特色民居方案图集绘制过程中的辛勤工作。

　　感谢国家自然科学基金委的资助（项目号51308431）。

　　感谢为本书付梓花费心血的同济大学出版社胡毅编辑和吕炜编辑。

　　在此特别感谢我的家人，感谢亲人对我工作的理解和支持。

　　乡土民居更新处在永续的变化之中，涉及到生产方式、文化观念、自然资源、技术条件、经济状况等诸多方面，其理论与方法的研究是一个极其复杂的课题，作为一名博士研究生，在学术积累、理论研究等方面都非常浅薄。因此，论文中难免出现不妥甚至谬误之处，敬请各位学者、专家、同仁斧正！

崔文河

2017年3月20日